普通高等学校机械类系列教材

机械工程控制基础

第2版

主　编　李连进
参　编　王明贤
主　审　李会山

U0220324

机械工业出版社

本书主要讨论了控制系统的基本理论、一般分析方法以及综合方法，主要内容包括：绪论，控制系统的数学模型、时域分析、频率特性、稳定性、误差分析、根轨迹、分析与校正，并结合工程应用实际介绍了经典控制理论在现代工业生产中的应用。本书在内容的编写上着重拓宽基础知识面，加强工程背景知识的介绍，以培养学生创新能力和工程实践能力为原则，通过对应用实例的分析提高学生解决问题的能力。为帮助读者理解掌握各章内容，书中有针对性地设置了一定量的习题。

本书的特点是论述深入浅出，精讲多练，简洁实用，适用于应用型本科院校机械类专业，也可作为相关专业的教学参考书，同时还可供有关专业的工程技术人员参考。

本书配有电子课件及习题参考答案，向授课教师免费提供，需要者可登录机工教育服务网（www.cmpedu.com）下载。

图书在版编目（CIP）数据

机械工程控制基础/李连进主编. —2 版. —北京：机械工业出版社，2022.6（2023.8 重印）

普通高等学校机械类系列教材

ISBN 978-7-111-70358-7

Ⅰ.①机…　Ⅱ.①李…　Ⅲ.①机械工程-控制系统-高等学校-教材
Ⅳ.①TH-39

中国版本图书馆 CIP 数据核字（2022）第 043597 号

机械工业出版社（北京市百万庄大街 22 号　邮政编码 100037）
策划编辑：段晓雅　　　　　　责任编辑：段晓雅
责任校对：樊钟英　张　薇　封面设计：王　旭
责任印制：张　博
北京雁林吉兆印刷有限公司印刷
2023 年 8 月第 2 版第 4 次印刷
184mm×260mm · 14.25 印张 · 348 千字
标准书号：ISBN 978-7-111-70358-7
定价：43.50 元

电话服务　　　　　　　　　　网络服务
客服电话：010-88361066　　　机 工 官 网：www.cmpbook.com
　　　　　010-88379833　　　机 工 官 博：weibo.com/cmp1952
　　　　　010-68326294　　　金 书 网：www.golden-book.com
封底无防伪标均为盗版　　机工教育服务网：www.cmpedu.com

前　言

本书第 1 版自 2013 年出版至今，已历经 9 年时间。本书是面向应用型本科的专业基础课教材，受到广大读者的欢迎，重印多次，其社会影响已大大超出预期，在此向读者、编辑等相关人员表示衷心的感谢。

为了适应新工科对"机械工程控制基础"课程的教学要求，加快推进党的二十大精神进教材，编者在总结了多年来的教学和育人经验，并汇总了广大读者的宝贵意见的基础上对第 1 版进行了修订。本次修订在保持教材原有特色的前提下，突出了以下四大特点：

1）内容紧扣工程实际应用。本书密切结合机械工程实际需要，突出实用性，应用案例以常见的质量-弹簧-阻尼系统为主，通俗易懂，使教与学都更加方便。

2）优化全书的结构与内容。编者进行了结构和内容的调整，使书的结构更清晰、内容更突出、逻辑性更强；对原来过渡不是很自然的内容进行了完善，使内容的衔接更流畅，提高了可读性。

3）重视综合能力和素质的提升。在现有内容的基础上，力求更详细地涵盖机械工程控制基础的相关理论知识，通过例题和习题提高学生的理论应用能力和综合素质，培养学生精益求精的职业精神与操守。

4）融入了读者的意见。书中综合融入了这些年来热心读者的意见和建议，在与他们的交流、讨论与互动中，编者的认识有所提高，因此增添了有助于读者更好地理解本书的一些内容。

本书由李连进担任主编，王明贤参加了部分编写工作。本书由军事交通学院李会山教授担任主审。

由于编者水平有限，书中的错漏之处在所难免，恳请读者批评指正。

编　者

目　录

前　言

第1章　绪论 ················· **1**

1.1　控制系统举例 ············· 1

1.2　自动控制系统的基本概念 ····· 3

1.2.1　自动控制系统的工作原理 ···· 3

1.2.2　对控制系统的基本要求 ····· 5

1.2.3　控制系统的基本控制方式 ···· 5

1.2.4　自动控制系统的基本组成 ···· 7

1.2.5　机械控制系统的常用名词术语 ··· 8

1.3　自动控制系统的分类 ········ 9

1.3.1　按输入量的变化规律进行
　　　　分类 ················ 9

1.3.2　按系统中传递信号的性质
　　　　分类 ················ 9

1.4　控制理论发展简史 ·········· 9

1.5　本课程的教学方法 ········· 12

习题 ······················ 12

第2章　控制系统的数学模型 ···· **14**

2.1　概念 ·················· 14

2.1.1　数学模型的概念 ········· 14

2.1.2　线性系统与非线性系统 ····· 15

2.2　控制系统的微分方程 ······· 15

2.2.1　建立微分方程的基本步骤 ···· 15

2.2.2　机械系统的微分方程 ······ 16

2.2.3　电气系统的微分方程 ······ 19

2.2.4　机电系统的微分方程 ······ 20

2.2.5　非线性微分方程的线性化 ···· 23

2.3　拉氏变换和反变换 ········· 24

2.3.1　拉氏变换的定义 ········· 24

2.3.2　几种典型函数的拉氏变换 ···· 24

2.3.3　拉氏变换的性质 ········· 28

2.3.4　拉氏反变换 ············ 31

2.3.5　应用拉氏变换解线性微分
　　　　方程 ················ 33

2.4　传递函数 ··············· 35

2.4.1　传递函数的定义 ········· 35

2.4.2　典型环节的传递函数 ······ 36

2.5　系统的方框图和信号流图 ···· 43

2.5.1　系统方框图的组成 ······· 43

2.5.2　环节的基本连接方式 ······ 44

2.5.3　方框图的变换与简化 ······ 46

2.5.4　系统的信号流图及其简化 ···· 49

2.5.5　梅逊公式及其应用 ······· 52

习题 ······················ 54

第3章　控制系统的时域分析 ···· **57**

3.1　时间响应与典型输入信号 ···· 57

3.1.1　时间响应及其组成 ······· 57

3.1.2　典型输入信号 ·········· 58

3.1.3　瞬态响应的性能指标 ······ 60

3.2　一阶系统的时间响应 ······· 61

3.2.1　一阶系统的数学模型 ······ 61

3.2.2　一阶系统的单位阶跃响应 ···· 61

3.2.3　一阶系统的单位脉冲响应 ···· 62

3.2.4　一阶系统的单位斜坡响应 ···· 62

3.2.5　线性定常系统时间响应的主要
　　　　特征 ················ 63

3.3　二阶系统的时间响应 ······· 63

3.3.1　二阶系统的数学模型 ······ 63

3.3.2　二阶系统的单位阶跃响应 ···· 65

3.3.3　二阶系统的单位脉冲响应 ···· 67

3.3.4　二阶系统的瞬态响应性能
　　　　指标 ················ 68

3.4　高阶系统的时间响应 ······· 72

3.4.1　高阶系统的时间响应分析 ···· 72

3.4.2　高阶系统的简化 ········· 73

3.4.3　高阶系统的瞬态响应性能指标
　　　　估算方法 ·············· 74

3.5　计算机辅助时域分析 ······· 74

习题 ···························· 77

第4章　控制系统的频率特性 ········· **79**

4.1　频率特性的基本概念 ········ 79
4.1.1　频率响应与频率特性 ····· 79
4.1.2　频率特性的求取方法 ····· 80
4.1.3　频率特性的表示方法 ····· 82

4.2　典型环节的极坐标图 ······ 84
4.2.1　比例环节 ············· 84
4.2.2　积分环节 ············· 85
4.2.3　微分环节 ············· 85
4.2.4　惯性环节 ············· 85
4.2.5　一阶微分环节 ········· 86
4.2.6　振荡环节 ············· 86
4.2.7　二阶微分环节 ········· 87
4.2.8　延迟环节 ············· 88
4.2.9　系统奈奎斯特图的画法 ··· 88

4.3　典型环节的对数坐标图 ····· 90
4.3.1　比例环节 ············· 90
4.3.2　积分环节 ············· 90
4.3.3　微分环节 ············· 91
4.3.4　惯性环节 ············· 92
4.3.5　一阶微分环节 ········· 93
4.3.6　振荡环节 ············· 94
4.3.7　二阶微分环节 ········· 94
4.3.8　延迟环节 ············· 96
4.3.9　伯德图的一般绘制方法 ··· 96

4.4　系统频率特性的实验确定
方法 ·················· 100
4.4.1　频率特性的实验分析法 ······· 100
4.4.2　由实验获得的对数坐标图确定（估计）
系统的频率特性 ·········· 101

4.5　闭环频率特性与频域性能
指标 ·················· 104
4.5.1　闭环频率特性 ········· 104
4.5.2　闭环系统的频域性能指标 ····· 105
4.5.3　系统的频域性能指标与时域性能
指标之间的关系 ·········· 106

4.6　最小相位系统与非最小相位
系统 ·················· 107

4.6.1　最小相位传递函数与最小相位
系统 ················ 107
4.6.2　产生非最小相位的一些环节 ··· 109
习题 ···························· 109

第5章　控制系统的稳定性 ········· **111**

5.1　稳定性的基本概念 ········· 111
5.1.1　稳定性的定义 ········· 111
5.1.2　控制系统的稳定性条件 ··· 111
5.1.3　线性系统稳定的充分必要
条件 ················ 113

5.2　代数稳定性判据 ··········· 113
5.2.1　劳斯判据 ············· 113
5.2.2　赫尔维茨判据 ········· 116

5.3　几何稳定性判据 ··········· 119
5.3.1　辐角原理 ············· 119
5.3.2　奈奎斯特稳定性判据 ····· 120
5.3.3　对数频率特性的稳定性判据 ··· 123

5.4　系统的相对稳定性 ········· 126
5.4.1　相位稳定裕度 ········· 126
5.4.2　幅值稳定裕度 ········· 126
5.4.3　影响系统稳定性的主要因素 ··· 129

5.5　切削的数学模型及稳定性
分析 ·················· 130
5.5.1　切削系统的数学模型 ····· 130
5.5.2　切削稳定性分析 ······· 131
习题 ···························· 133

第6章　控制系统的误差分析 ········· **136**

6.1　误差的概念 ············· 136
6.1.1　误差 ················ 136
6.1.2　偏差信号 ············· 136
6.1.3　误差信号 ············· 137
6.1.4　期望输出信号的确定 ····· 137
6.1.5　偏差信号与误差信号的关系 ··· 137

6.2　系统的类型 ············· 138

6.3　静态误差 ··············· 138
6.3.1　静态误差系数和静态误差的
计算 ················ 139
6.3.2　干扰输入作用下的静态误差 ··· 143
6.3.3　复合控制系统的误差分析 ····· 144

6.4 动态误差 ……………… 145
6.5 工程中的误差分析实例 ……… 146
习题……………………………… 149

第7章 控制系统的根轨迹……… **152**
7.1 根轨迹与控制系统特性 ……… 153
  7.1.1 根轨迹的基本概念 ……… 153
  7.1.2 根轨迹与系统性能 ……… 154
7.2 绘制根轨迹的基本法则 ……… 155
  7.2.1 绘制根轨迹的相位条件和幅值
       条件 ………………… 155
  7.2.2 绘制根轨迹的基本规则 ……… 156
7.3 用根轨迹分析控制系统的
    性能 ……………………… 167
  7.3.1 确定具有指定阻尼比 ξ 的
       闭环极点和单位阶跃响应 …… 167
  7.3.2 指定 K_1 时的闭环传递函数 … 168
  7.3.3 用根轨迹确定系统的有关
       参数 ……………………… 169
7.4 利用 MATLAB 绘制系统根
    轨迹 ……………………… 170
习题……………………………… 178

第8章 控制系统的分析与校正……… **180**
8.1 控制系统校正的基本概念 ……… 180
  8.1.1 控制系统的校正与校正装置 … 180
  8.1.2 控制系统的性能指标 ……… 181
  8.1.3 校正方式 ………………… 181

8.2 校正装置及其特性 ………… 182
  8.2.1 超前校正装置 …………… 182
  8.2.2 滞后校正装置 …………… 184
  8.2.3 滞后-超前校正装置 ……… 185
8.3 串联校正 ………………… 187
  8.3.1 相位超前校正 …………… 187
  8.3.2 相位滞后校正 …………… 189
  8.3.3 串联滞后-超前校正 ……… 190
8.4 反馈校正和复合校正 ………… 192
  8.4.1 反馈校正 ………………… 193
  8.4.2 复合校正 ………………… 195
8.5 典型控制器的控制规律及
    设计 ……………………… 197
  8.5.1 控制器的类型 …………… 197
  8.5.2 典型控制器 ……………… 198
  8.5.3 控制规律的实现 ………… 198
8.6 控制系统的最优设计模型 …… 204
  8.6.1 伯德图形状对控制系统性能
       指标的影响 ………………… 204
  8.6.2 典型的系统最优模型 ……… 206
  8.6.3 期望开环对数频率特性的
       高频段 ……………………… 207
8.7 工程中的控制系统设计实例 … 208
习题……………………………… 217

参考文献………………………… **219**

第1章 绪 论

控制理论不仅本身是一门极为重要的科学，而且又是一门哲理卓越的科学方法论。控制理论在工程技术领域中体现为工程控制论，在机械工程领域中体现为机械工程控制论。机械工程控制论是一门新兴学科，它紧密地将控制理论与工程实践结合起来，以解决实际问题。

本书主要介绍控制理论中经典部分的主要内容及其在工程实际中的应用。

本章列举机械工程控制论的一些应用实例，着重介绍机械工程控制论的基本含义及其有关的几个重要概念，并且对本门课程的学习特点及内容作简要说明。

1.1 控制系统举例

机械工程科学的主要任务之一就是要了解、掌握机械工程系统或工艺过程的内在规律，这也就是系统或状态的动态特性。要研究机械系统内部信息传递、变换规律以及受到外加作用时的反应，从而决定控制它们的手段和策略，使之达到人们所预定的最佳状态或最理想的状态，这正是机械工程控制的主要内容。

大多数自动控制系统以及伺服机构，都是应用反馈控制原理控制某一个机械刚体（如机床工作台、振动台、电气机车、飞机），或是一个机械生产过程（如切削过程、锻压过程、焊接过程等）的机械控制工程实例。

图1-1所示工业机器人要完成将工件放入指定孔中的任务，其基本的控制方框图如图1-2所示。其中，控制器的任务是根据指令要求，以及传感器所测得的手臂实际位置和速度反馈信号，考虑手臂的动力学，按一定的规律产生控制作用，驱动手臂各关节，以保证机器人手臂完成指定的工作并满足性能指标的要求。

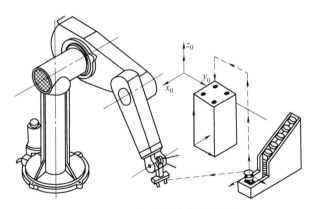

图 1-1 工业机器人完成装配工作

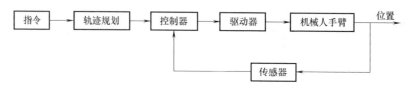

图 1-2　工业机器人控制方框图

　　图 1-3 所示的车削过程，往往会产生自激振动，这种现象的产生与切削过程本身存在内部反馈作用有关。当刀具以名义进给量 x 切入工件时，由切削过程特性产生切削力 F_y。在 F_y 的作用下，机床与工件系统发生变形退让 y，从而减少了刀具的实际进给量，刀具的实际进给量变成 $\alpha = x - y$。上述的信息传递关系可用图 1-4 所示的闭环系统来表示。这样，对于切削过程的动态特性和切削自激振动的分析，完全可以应用控制中的稳定性理论进行，从而提出控制切削过程、抑制切削振动的有效途径。

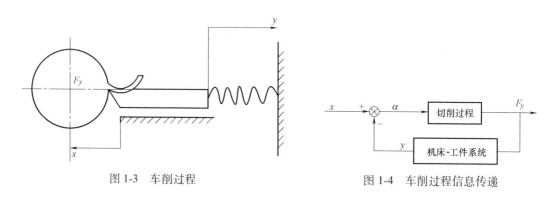

图 1-3　车削过程　　　　　　　　　　　图 1-4　车削过程信息传递

　　图 1-5 所示为薄膜反馈式径向静压轴承。当主轴受到负荷 F 后产生偏移 e，因而使下油腔压力 p_2 增加 Δp，上油腔压力 p_1 减少 Δp。这样，与之相通的薄膜反馈机构的下油腔压力增加 Δp，上油腔压力减少 Δp，从而使薄膜向上变形弯曲。这就使薄膜下半部高压油输入轴承的流量增加，而上半部减少，轴承主轴下部油腔产生反作用力 F_R（$F_R = 2A_r \Delta p$，A_r 为油腔面积），与负荷 F 相平衡，以减少偏移量 e，或完全消除偏移量 e（即达到无穷大刚性）。上述有关静压轴承内部信息传递关系可以由图 1-6 表示为一个闭环系统。利用控制论有关动态特性分析理论，即可对轴承的设计与分析提供更有效的途径。

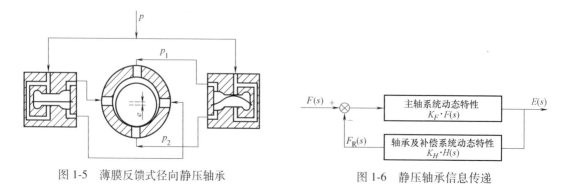

图 1-5　薄膜反馈式径向静压轴承　　　　　图 1-6　静压轴承信息传递

图 1-7 所示为反调控制的液压压下式钢板轧机原理图。由于钢板轧制速度及精度要求越来越高，现代化轧钢机已用电液伺服系统代替了旧式的机械式压下机构。图 1-7 中工作辊的辊缝信息 δ 或钢板出口厚度信息 h（或者 δ 与 h 两者兼有）由检测元件 3 测出并反馈到电液伺服系统 2 中，发出控制信号驱动液压缸 1，以调节轧辊的辊缝 δ，从而使钢板出口厚度 h 保持在要求的公差范围内。

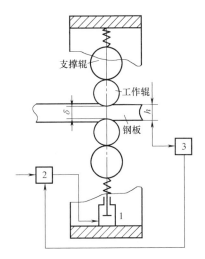

图 1-7　液压压下式（钢板厚度自动控制）钢板轧机原理图
1—液压缸　2—电液伺服系统　3—检测元件

为了使上述钢板轧机伺服系统能发挥其高灵敏度、高精度的优良特性，必须应用机械工程控制有关理论进行分析和设计。

1.2　自动控制系统的基本概念

1.2.1　自动控制系统的工作原理

所谓控制系统，是指系统的输出能按照要求的参考输入或控制输入进行调节的系统。下面以人工控制恒温箱温度为例，分析人工控制和自动控制的过程。图 1-8 所示为人工控制恒温箱温度的示意图。人工控制的任务是克服外界干扰（如电源电压波动、环境温度变化等），保持箱内温度恒定，以满足物体对温度的要求。操作者可以通过调压器改变通过加热电阻丝的电流，以达到控制温度的目的。箱内温度是由温度计测量的。人工调节过程可归纳如下：

1）操作者观察温度计的温度读数（被控制量），这是人眼的功能。

2）将实际的温度与给定的温度值（给定值）进行比较，得出温度偏离给定值的大小和方向，这是人脑的功能。

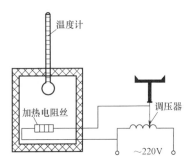

图 1-8　人工控制的恒温箱

3）根据偏差的大小和方向再进行控制。当恒温箱内温度高于所要求的给定温度值时，就调节调压器使电流减小，温度降低。若温度低于给定的值，则调节调压器使电流增加，温度升到正常范围。

由此可见，人工控制过程就是观测、求偏差及纠正偏差的过程，简言之，就是"求偏与纠偏"的过程。如果将上述人工控制过程中操作人员的作用由自动控制器来代替，一个人工调节的系统就变成一个自动控制系统。

图 1-9 所示为恒温箱的自动控制系统。在这个自动控制系统中，用热电偶作为测量元件代替人眼，用电位计作为比较器代替人脑，用放大器、电动机及减速器作为驱动环节代替人手。恒温箱温度的自动控制过程为：恒温箱所需的温度由电压信号 u_1 给定，当外界因素引起箱内温度变化时，作为测量元件的热电偶把温度转换成对应的电压信号 u_2，并反馈回去与给定信号 u_1 相比较，所得结果即为温度的偏差信号 Δu，$\Delta u = u_1 - u_2$。偏差信号经过电压、功率放大后，用以改变执行电动机的转速和方向，并通过传动装置拖动调压器的动触头。当温度偏高时，动触头向着减小电流的方向运动，反之加大电流，直到温度达到给定值为止。即只有在偏差信号 $\Delta u = 0$ 时，电动机才停转，这样就完成了所要求的控制任务。而所有这些装置便组成了一个自动控制系统。

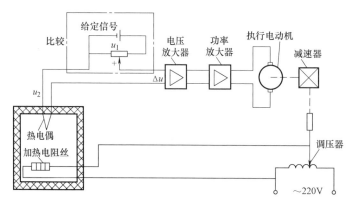

图 1-9 恒温箱的自动控制系统

在控制系统中，给定量又称系统的输入量，被控制量也称系统的输出量。输出量的返回过程称为反馈，它表示输出量通过测量装置将信号的全部或一部分返回输入端，使之与输入量进行比较，比较产生的结果称为偏差。在人工控制中，这一偏差是通过人眼观测后，由人脑判断、决策得出的；而在自动控制中，偏差则是通过反馈，由控制器进行比较、计算产生的。

自动控制将检测偏差、纠正偏差过程自动化。控制系统的工作原理可以归纳如下：

1）检测被控制量或输出量的实际值。

2）将实际值与给定值进行比较得出偏差值。

3）用偏差值产生控制调节作用去消除偏差。

这种基于反馈原理，通过检测偏差再纠正偏差的系统称为反馈控制系统或闭环控制系统。通常反馈控制系统至少具备测量、比较和执行三个基本功能。

恒温箱自动控制系统方框图如图 1-10 所示。图 1-10 中箭头表示信号作用的方向，⊗代表比较元件，每一个方框代表一个环节。每个环节的作用是单向的，且输出受输入控制。图 1-10 清楚地说明了反馈控制的基本原理。可以说，反馈控制是实现自动控制最基本的方法。

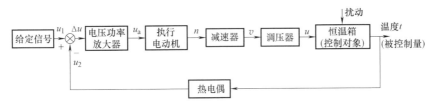

图 1-10 恒温箱自动控制系统方框图

1.2.2 对控制系统的基本要求

自动控制系统应用的场合不同，对系统性能的要求也不同。但从控制工程的角度出发，对每个控制系统却有相同的基本要求，一般可归纳为稳定性、准确性和快速性。

1. 稳定性

稳定性是保证控制系统正常工作的首要条件。因为控制系统中都包含储能元件，若系统参数匹配不当，就可能引起振荡。稳定性就是指系统动态过程的振荡倾向及其恢复平衡状态的能力。对于满足稳定性要求的系统，当输出量偏离平衡状态时，应能随着时间收敛并且最后回到初始的平衡状态。

2. 准确性

准确性是指控制系统的控制精度，一般用稳态误差来衡量。所谓稳态误差，是指以一定变化的输入信号作用于系统后，当调整过程结束趋于稳定时，输出量的实际值与期望值之间的误差值。准确性是衡量控制系统性能的重要指标，如数控机床稳态误差越小，加工精度就越高。

3. 快速性

快速性是指当系统的输出量与输入量之间产生偏差时，系统消除这种偏差的快慢程度。快速性是在系统稳定的前提下提出的，它是衡量控制系统性能的又一个重要指标。快速性好的系统，消除偏差的过渡过程时间短，因而就能复现快速变化的输入信号，并具有较好的动态性能。

在实际中，由于控制对象的具体情况不同，各类控制系统对稳定、准确、快速这三方面的要求各有侧重。如调速系统对稳定性要求较严格，而伺服系统对快速性要求较高。即使对于同一系统，稳、准、快也是相互制约的。提高快速性，可能会引起强烈振荡，降低系统的稳定性；改善了稳定性，控制过程可能会过于迟缓，快速性甚至准确性都会变差。如何分析和解决这些矛盾，正是本课程所要讨论和学习的重要内容。

1.2.3 控制系统的基本控制方式

控制系统的控制方式通常可以分为开环、闭环和复合三种。

1. 开环控制系统

如果系统只是根据输入量和干扰量进行控制，而输出端和输入端之间不存在反馈回路，输出量在整个控制过程中对系统的控制不产生任何影响，这样的系统称为开环控制系统。图 1-11a 所示的数控线切割机床进给系统是开环控制系统的实例，该系统的方框图如图 1-11b 所示。由图 1-11 可知，该系统信号传递是单方向的，对于每一个输入量 x_i，系统都有一个输出量 x_o 与之对应，但系统中对输出量没有检测和反馈。

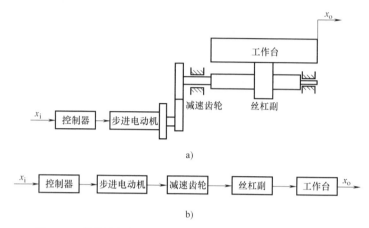

图 1-11　数控线切割机床进给系统及其开环控制系统方框图

开环系统的控制精度较低，无自动纠偏能力。但是如果组成系统的元件特性和参数值比较稳定，而且外界的干扰也比较小，则这种控制系统也可以保证一定的精度。开环控制系统的最大优点是系统简单，一般都能稳定可靠地工作，因此对于要求不高的系统可以采用。

2. 闭环控制系统

如果系统的输出端和输入端之间存在反馈回路，输出量就会对控制过程产生直接影响，这种系统称为闭环控制系统。这里，闭环的作用就是应用反馈来减少偏差。因此，反馈控制系统必是闭环控制系统。例如，前述的恒温箱温度自动控制系统就是一个闭环控制系统。图 1-12 所示为一个较完整的闭环控制系统方框图。

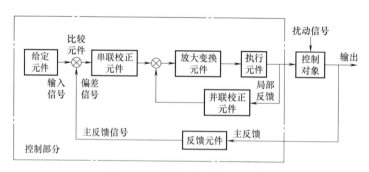

图 1-12　闭环控制系统方框图

闭环控制系统的突出优点是控制精度高，不管遇到什么干扰，只要被控制量的实际值偏离给定值，闭环控制就会产生控制作用来减小这一偏差。

闭环控制系统也有缺点，这类系统是靠偏差进行控制的。因此，在整个控制过程中始终存在着偏差，由于元件的惯性（如负载的惯性），若参数配置不当，很容易引起振荡，使系统不稳定而无法工作。

3. 闭环与开环控制系统的比较

闭环控制系统的优点是采用了反馈，因而使系统响应对外部干扰和内部系统参数变化不敏感。这样，对于给定的控制对象，就有可能采用不太精密的成本低的元件，构成精确的控制系统。相反，在开环系统的情况下，则不能做到这一点。

从稳定性的观点出发，开环控制系统比较容易构成，因为对开环系统来说，稳定性不是重要问题。另一方面，在闭环控制系统中，稳定性始终是一个重要问题，因为闭环系统可能引起过调，从而造成系统出现等幅振荡或变幅振荡。

应当强调指出，当系统的输入量能预先知道，并且不存在任何扰动时，建议采用开环控制。只有当存在着无法预计的扰动和（或）系统中元件参数存在着无法预计的变化时，闭环系统才有其优越性。还应当指出，系统输出功率的大小，在某种程度上确定了控制系统的成本、质量和尺寸（或者在成本核算中，确定了主要投资和人力等）。为了减小系统所需要的功率，在可能情况下，应当采用开环控制。将开环和闭环控制适当地结合在一起，通常比较经济，并且能够满足整个系统的性能要求。

4. 复合控制系统

如果控制系统的反馈信号不是直接从系统的输出端引出，而是间接地取自中间的测量元件，例如在图 1-12 所示的控制系统中，局部反馈信号检测装置安装在控制对象的前端，间接测量输出量或被控制对象的实际输出，则这种系统称为复合控制系统。

复合控制系统可以获得比开环系统更高的控制精度，但比闭环系统要低；与闭环系统相比，它易于实现系统的稳定。目前大多数数控机床都将这种复合控制应用于进给伺服系统。

1.2.4　自动控制系统的基本组成

图 1-13 所示为反馈控制系统的组成框图，通常称之为闭环控制系统。由图 1-13 可见，闭环控制系统一般由给定元件、反馈元件、比较元件、放大元件、执行元件及校正元件等单元组成。开环系统较闭环系统简单，其系统组成中没有反馈元件和比较元件。

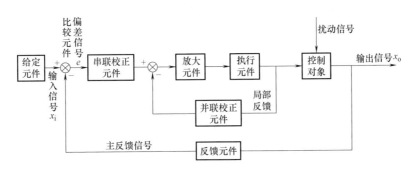

图 1-13　反馈控制系统的组成框图

（1）给定元件　给定元件主要用于产生给定信号或输入信号。

（2）反馈元件　反馈元件测量被控制量或输出量，产生主反馈信号。反馈元件一般使用检测元件，为了便于传输，这些检测元件通常是用电量来测量非电量的一些元件。例如，用电位计或旋转变压器将位移或转角变换为电压信号；用热电偶将温度变换为电压信号；用光栅测量装置将直线位移变换为数字电信号等。

（3）比较元件 比较元件用来接收输入信号和反馈信号并进行比较，产生反映两者差值的偏差信号。

（4）放大元件 放大元件对较弱的偏差信号进行放大，以推动执行元件动作。放大元件有电气的、液压的和机械的等。

（5）执行元件 执行元件直接对控制对象进行操纵，如伺服电动机、液压马达及伺服液压缸等。

（6）校正元件 校正元件不是反馈控制系统所必须具有的，它是为了改善系统控制性能而加入系统中的元件。校正元件又称校正装置，串联在系统前向通道上的校正装置称为串联校正装置，并联在反馈回路上的校正装置称为并联校正装置。

1.2.5 机械控制系统的常用名词术语

机械控制系统的常用名词术语归纳如下：

（1）控制对象 在控制系统中，运动规律或状态需要控制的装置称为控制对象或被控对象。

（2）控制器 在控制系统中，控制对象以外的所有装置，统称为控制器。因此，控制系统可以说由控制器和控制对象两部分组成。

（3）输入信号 输入信号又称输入量、控制量或给定量。从广义上讲，输入信号是指输入到系统中的各种信号，包括对系统输出不利的扰动信号。一般来说，输入信号是指控制输出量变化规律的信号。

（4）输出信号 输出信号又称输出量、被控制量或被调节量，它是表征被控对象运动规律或状态的物理量。输出信号是输入信号作用的结果。因此，它的变化规律应与输入信号之间保持确定的关系。

（5）反馈信号 反馈信号是输出信号经过反馈元件变换后加到输入端的信号。若反馈信号的符号与输入信号相同，称为正反馈；反之，称为负反馈。控制系统中的主反馈通常采用负反馈，以免系统失控。系统中的局部反馈主要用于对系统进行校正等，以满足控制系统的性能要求。

（6）偏差 偏差是指系统的输入量与反馈量之差，即比较环节的输出。

（7）误差信号 误差信号是指输出量的实际值与期望值之差，期望值通常是指系统输出量的希望值。这里需要注意，误差和偏差不是相同的概念，只有在单位反馈系统，即反馈信号等于输出信号的情况下，误差才等于偏差（具体见第6章）。

（8）扰动信号 扰动信号又称干扰信号。扰动信号是指偶然的无法加以人为控制的信号。扰动信号也是一种输入信号，通常对系统的输出产生不利的影响。

（9）自动控制 自动控制是指在无人直接参与的情况下，利用一组装置使被控对象的被控制量按预定的规律运动或变化的控制方式。

（10）自动控制系统 自动控制系统是指被控对象和参与实现被控制量自动控制的装置或元件的组合。

1.3 自动控制系统的分类

控制系统的种类很多，在实际中可以从不同的角度进行分类。

1.3.1 按输入量的变化规律进行分类

1. 恒值控制系统

恒值控制系统的输入量是一个恒定值，一经给定，在运行过程中就不再改变（但可定期校准或更改输入量）。这种控制系统的任务是保证在任何扰动作用下系统的输出量均为恒定值。

工业生产中的温度、压力、流量、液位等参数的控制，以及某些原动机的速度控制，机床的位置控制等均属此类控制。

2. 程序控制系统

程序控制系统的输入量不为恒定值，其变化规律是预先知道和确定的。可将输入量的变化规律预先编成程序，由程序发出控制指令，在输入装置中再将控制指令转换为控制信号，经过全系统的作用，使控制对象按照指令的要求运动。

3. 随动控制系统

随动控制系统又称伺服系统，这种控制系统输入量的变化规律是不能预先确定的。当系统的输入量发生变化时，要求输出量迅速平稳地随着输入量变化，并且能排除各种干扰因素的影响，准确地复现控制信号的变化规律。控制指令可以由操作者根据需要随时发出，也可以由目标物或相应的测量装置发出。

1.3.2 按系统中传递信号的性质分类

1. 连续控制系统

连续控制系统是指系统中各部分传递的信号都是连续的时间变量的系统。连续控制系统又可分为线性系统和非线性系统。能用线性微分方程描述的系统称为线性系统，不能用线性微分方程描述、存在着非线性部件的系统称为非线性系统。

2. 离散控制系统

离散控制系统是指系统中某一处或数处的信号是以脉冲序列或数字量进行传递的系统，又称数字控制系统。由于连续控制系统和离散控制系统的信号形式差别较大，因此在分析方法上有明显的不同。连续控制系统以微分方程来描述系统的运动状态，并用拉氏变换法求解微分方程；而离散控制系统则用差分方程来描述系统的运动状态，用 Z 变换法引出脉冲传递函数来研究系统的动态特性。

此外，还可以按描述系统的数学模型将控制系统分为线性控制系统和非线性控制系统；按系统部件的类型分为机电控制系统、液压控制系统、气动控制系统、电气控制系统等。

1.4 控制理论发展简史

控制理论发展至今，大体上可分为三个阶段，即经典控制理论阶段、现代控制理论阶段和大系统与智能控制理论阶段。为了深入了解现代控制工程产生和发展的背景，有必要介绍一下控制理论的发展简史。

控制理论是把自动控制技术在工程实践中的一些规律加以总结和升华，进而又去指导和推动工程实践发展的理论。它作为一门独立的学科存在和发展，至今还不到百年历史。但是，人类利用自动控制技术的历史，可以追溯到很久以前。最有代表性的是1765年瓦特（J. Watt）发明的蒸汽机离心调速器，反映出人们当时已经认识了控制理论中最为重要的反馈原理。瓦特发明的这种装置容易产生振荡，1868年，英国学者麦克斯韦（J. C. Maxwell）发表了《论调速器》，对蒸汽机调速系统的动态特性进行了分析，指出了控制系统的品质可用微分方程来描述，系统的稳定性可用特征方程根的位置判断，从而解决了蒸汽机调速系统中出现的激烈振荡问题，并总结出了简单的系统稳定性代数判据。第一次世界大战爆发后，军事工业的需要也促进了控制理论的发展。1922年，美国的米诺斯基（N. Minorsky）研制出船舶操纵自动控制器，并给出了控制系统的稳定性分析。之后，又相继有鱼雷的航向控制系统、航海罗经的稳定器、放大器电路的镇定器等自动化系统和装置问世。这些成功事例的经验，加上探索者们在漫长实践中为解决技术难题而积累的智慧，促进了控制理论的形成和发展。控制理论就这样伴随着科技的进步从经典控制理论发展成现代控制理论，再到现在热点研究的大系统与智能控制理论。

20世纪30~40年代，奈奎斯特（H. Nyquist）、伯德（H. W. Bode）、哈里斯（H. Harris）、伊万斯（W. R. Evans）和维纳（N. Wiener）等人为自动控制理论的形成作出了创造性的贡献，他们的著作奠定了自动控制理论的基础。到1948年，自动控制理论第一阶段的基本框架已经构成，这就是以单输入-单输出线性定常系统为主要研究对象，以传递函数作为系统模型的数学描述。以频率法和根轨迹法来分析和设计控制系统的理论，通常被称为经典（古典）控制理论。

有了理论的指导，实际应用成果就会不断涌现。这个时期的工业生产得到了迅速发展，如用于飞机的自动导航系统，以及情报雷达和炮位跟踪系统等，都是应用反馈控制理论的产物。

应该看到，经典控制理论虽然具有很大的实用价值，但也有着明显的局限性。它只适用于单输入-单输出线性定常系统的研究，难以推广到多输入-多输出线性定常系统，对时变和非线性系统更是无能为力。用经典控制理论分析、设计控制系统，一般都是依据幅值裕度、相位裕度、超调量、调节时间等指标进行，与通常所要求的性能指标，如最快速度、最小能量等，难以建立直接的对应关系。再者，在运用经典控制理论设计系统时，往往需要借助经验进行试探，难以达到复杂、高精度控制系统的要求。

20世纪50年代，世界进入了一个和平发展的时期。当时，核能技术、航空航天和空间技术蓬勃兴起，控制系统越来越复杂。面对那些具有多变量、高精度、时变参数的控制问题，经典控制理论显露出它的局限性，难以满足这些复杂系统的分析和设计要求。在此期间，计算机技术突飞猛进发展，高速、高精度的数字计算机相继推出，为控制理论的发展提供了有力的工具。在航空航天技术的推动和计算机技术的支持下，控制理论的发展步入了重要的转折期，在1960年前后有了重大的突破和创新。在此期间，苏联数学家庞特里亚金（Л. С. Понтрягин）提出了极大值原理，美国著名学者贝尔曼（R. Bellman）创立了动态规划理论。极大值原理和动态规划理论为解决最优控制问题提供了理论依据，促使最优控制理论得到了极大的发展。美籍匈牙利学者卡尔曼（R. E. Kalman）系统地把状态变量法引入到控制系统的分析中来，并提出了能控性、能观测性的重要概念和新的滤波理论。"现代控制理论"一词也就在 1960 年卡尔曼的文章发表后出现。这些重要的研究成果构成了现代控制理论的基础和支柱，发展了经典控制理论，形成了自动控制理论的新体系。

现代控制理论是为解决多输入-多输出系统的控制问题而发展起来的，较之经典控制理论，其研究对象要广泛得多，既可以是单变量的、线性的、定常的、连续的系统，也可以是多变量的、非线性的、时变的、离散的系统。现代控制理论以状态空间描述作为系统的数学模型，以状态变量法为基础，用时域的方法来分析和设计控制系统，它分析和设计控制系统的目标是在揭示系统内在规律的基础上，实现系统在一定意义上的最优化。它的构成带有更高的仿生特点，控制方式已不限于单纯的闭环控制，而扩展到适应环、学习环等，现代控制理论的形成是控制理论发展历程上的又一个里程碑。

理论源于实践，又对实践产生巨大的推动作用。在现代控制理论的推动下，世界上出现了许多惊人的科技成就。1957 年，苏联相继成功发射了洲际弹道导弹和世界第一颗人造地球卫星；1962 年，美国研制出工业机器人产品，同年，苏联连续发射两艘"东方"号飞船，首次在太空实现编队飞行；1966 年，苏联发射"月球 9 号"探测器，首次在月球表面成功软着陆；1969 年，美国"阿波罗 11 号"把宇航员阿姆斯特朗送上月球，中国发射中远程战略导弹成功等。

到了 20 世纪 60 年代后期和 70 年代，控制理论的发展在广度和深度方面又进入了新的阶段，即大系统与智能控制理论阶段。所谓大系统，是指规模庞大、结构复杂、变量众多的信息与控制系统，它涉及生产过程、交通运输、生物控制、计划管理、环境保护、空间技术等多方面的控制与信息处理问题，而智能控制是指具有某些仿人智能的工程控制与信息处理技术。智能控制的概念是针对控制对象及其环境、目标和任务的不确定性和复杂性提出来的。一方面，是由于实现大规模复杂系统的控制需要；另一方面，也是由于现代计算机技术、人工智能和微电子学等学科的高速发展，控制的技术工具发生了根本性变化。1966 年，孟德尔（J. M. Mendel）首先将人工智能用于飞船控制系统的设计。1971 年，著名学者傅京逊（K. S. Fu）从发展学习控制的角度首次提出智能控制的概念。1997 年，萨里迪斯（Saridis）出版了《随机系统的自组织控制》一书，随后又发表了一篇综述文章《走向智能控制的实现》，他从控制理论发展的观点，论述了从通常的反馈控制到最优控制、随机控制，再到自适应控制、自学习控制、自组织控制，并最终向智能控制阶段发展的过程。他们为智能控制体系的形成做了许多开拓性的工作。智能控制包括专家系统和专家控制、模糊控制、神经网络控制等几个分支。智能控制作为一门新兴的学科，现在还处于发展时期，但可以预见，随着大系统理论、人工智能和计算机技术的发展，智能控制理论与技术必将与时俱进，获得更大的发展，并得到广泛的工程应用。

在科学技术日新月异的今天，控制理论与机械工程技术结合表现出强大的生命力。从根本上讲，这是由于当代生产与科学技术的发展同这个领域内人们的传统思维方法与由此所采用的分析和解决问题的方式之间发生了尖锐的矛盾，而控制理论以它本身固有的辩证方法顺应了广大机械行业工作者渴望冲破旧的思维方法，推动这一领域的生产与学科向前发展的愿望。目前，控制理论在机械工程领域中应用最为活跃的有以下几个方面：

1. 机械制造生产装备的自动化

现代生产对机械制造生产过程的自动化提出了越来越多的要求，一方面是所采用的生产设备与控制系统越来越复杂，另一方面是要求的经济指标越来越高，这就必然导致"自动化"与"最优化"的结合，从而使机械制造生产过程的机床、生产线发展到计算机直接控制、计算机分级控制、柔性自动生产线及设计制造管理一体化的集成生产。

2. 加工过程的自动控制

由于生产效率越来越高（如高速切削、强力切削日益广泛应用），同时加工质量特别是加工精度越来越高，数纳米精度级的加工精度已出现，加工过程的"动态响应"不容忽视，这就要求把加工过程当作动态过程加以控制。

3. 产品及设备的设计模拟化

产品与设备的设计已经开始突破以往的经验设计、试凑设计及类比设计的束缚。在充分考虑产品和设备的动态特性条件下，探索建立数学模型，进行优化设计。

4. 动态参数或过程的自动测试

以往的测量一般是建立在静态基础之上的几何量的测量，现在，则以控制理论作为基础。建立在动态基础上的测试技术发展十分迅速，测量动态角度、动态位移、振动、噪声、动态力及动态温度等，从基本概念、测试手段乃至数据处理无不与控制理论息息相关。

总而言之，现代机械工程技术与控制理论及计算机技术相结合，使机械设计制造领域内的实验、研究、设计、制造及管理等各方面发生了巨大的变化。

1.5　本课程的教学方法

机械工程控制基础是控制论与机械工程技术理论结合的边缘学科，侧重介绍机械工程的控制原理，同时密切结合工程实际，是一门技术基础课。本课程以数学、物理及有关学科为理论基础，以机械工程中有关系统的动力学为抽象、概括及研究的对象，运用信息的传递、处理与反馈进行控制这一正确的思维方法与观点，在数理基础课程与专业课程之间架起一道桥梁，将两者紧密结合起来。

本课程几乎涉及机械工程类专业学生在学习本课程前所学的全部数学知识，同理论力学、机械原理、电工学等技术基础课程相比较，更抽象、概括，涉及的范围更为广泛。学习本门课要有良好的数学、力学、电学和计算机方面的基础，还要有一定的机械工程方面的专业知识。

在学习本课程时，不必过分追求数学论证上的严密性，但一定要充分注意到物理概念的明晰性与数学结论的准确性。既要抽象思维，又要注意联系专业，学会用广义系统动力学的抽象理论来解决专业实际问题，为开拓分析与解决问题的思路打下初步基础。

要重视实验，重视习题，独立地完成作业，重视有关的实践活动，这些都有助于对基本概念的理解和基本方法的运用。

1-1　简述机械工程控制论的研究对象与任务。

1-2　简述反馈控制的概念，试说明进行反馈控制的理由。

1-3　试分析开环控制系统与闭环控制系统的优缺点。

1-4　简述闭环控制系统的基本工作原理。

1-5　简述对控制系统的基本要求。

1-6　在下列持续运动的过程中，都存在信息的传输，并利用反馈来进行控制，试加以说明。

（1）人骑自行车。

（2）人驾驶汽车。

（3）行驶中的船。

1-7　日常生活中有许多闭环控制系统，试举几个具体例子，并说明它们的工作原理。

1-8　某仓库大门自动控制系统的原理如图 1-14 所示，试说明自动控制大门开启和关闭的工作原理，并画出系统方框图。

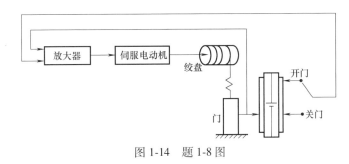

图 1-14　题 1-8 图

1-9　图 1-15 所示为液位控制系统的原理图，自动控制器通过比较实际液位高度与希望液位高度，并通过调整气动阀门的开度，对误差进行修正，从而保持液位高度不变。试画出控制系统的方框图。

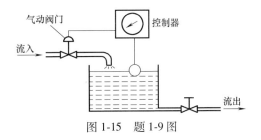

图 1-15　题 1-9 图

第 **2** 章　控制系统的数学模型

为了从理论上对控制系统的动态特性进行分析和研究，非常重要的一步就是建立系统的数学模型。系统数学模型有多种形式，这取决于变量和坐标系统的选择。随着具体系统和条件不同，一种数学表达式可能比另一种更合适。例如，在单输入、单输出系统的瞬态响应分析或频率响应分析中，采用的是传递函数表示的数学模型，而在现代控制理论中，数学模型则采用状态空间表达式。

本章将介绍数学模型的概念，简单机电系统的微分方程建立，传递函数的定义、特点及推导方法，方框图及其简化规则，信号流图及梅逊公式。

本课程着重于经典控制论范畴，主要的研究对象是线性系统，在时域中用线性常微分方程描述系统的动态特性；在复数域或频域中，用传递函数或频率特性来描述系统的动态特性。

2.1　概念

2.1.1　数学模型的概念

模型是在某种相似基础上建立起来的，如机械构件中的有机玻璃模型、航空模型、航海模型，是结构相似、比例缩小的实体模型。在控制工程中为研究系统的动态特性，要建立另外一种模型——数学模型。

系统的数学模型，是描述系统输入、输出量以及内部各变量之间关系的数学表达式，它揭示了系统结构及其参数与其性能之间的内在关系。建立数学模型是研究分析一个动态系统特性的前提，是非常重要同时也是较困难的工作。一个合理的数学模型应以最简化的形式，准确地描述系统的动态特性。一般是根据系统的实际结构参数和系统分析所要求的精度，忽略一些次要因素，建立既能反映系统内在本质特性，又能简化分析计算工作的模型。

建立系统的数学模型有以下两种方法：

（1）解析法　解析法依据系统本身所遵循的有关定律列写数学表达式，在列写方程的过程中往往要进行必要的简化，如线性化，即忽略一些次要的非线性因素，或在工作点附近将非线性函数近似线性化，另外常采用的简化手段是集中参数法，如质量集中在质心、集中载荷等。

（2）实验法　实验法是根据系统对某些典型输入信号的响应或其他实验数据建立数学模型。这种用实验数据建立数学模型的方法也称为系统辨识。

2.1.2 线性系统与非线性系统

1. 线性系统

若系统的数学模型表达式是线性的，则这种系统就是线性系统。线性系统最重要的特性是可以运用叠加原理。所谓叠加原理，是系统在几个外加作用力下所产生的响应，等于各个外加作用力单独作用的响应之和。

机械工程系统在时域中通常用输入和输出之间的微分方程来描述其动态特性。线性系统又可分为线性定常系统和线性时变系统。

（1）线性定常系统 用线性常微分方程描述的系统称为线性定常系统。如

$$a\ddot{x}(t) + b\dot{x}(t) + cx(t) = dy(t) \tag{2-1}$$

式中，a、b、c、d 均为常数。

（2）线性时变系统 线性时变系统是指描述系统的线性微分方程的系数为时间的函数，如

$$a(t)\ddot{x}(t) + b(t)\dot{x}(t) + c(t)x(t) = d(t)y(t) \tag{2-2}$$

例如，火箭的发射过程，由于燃料的消耗，火箭的质量随时间变化，重力也随时间变化。

本课程的研究对象主要是线性定常系统。机械工程控制系统给予一定的限制条件，如质量-弹簧-阻尼系统，弹簧限制在弹性范围内变化，系统给予充分润滑，阻尼看作黏性阻尼，即阻尼力与相对运动速度成正比，质量集中在质心等，这时系统可看作线性定常系统。因为机械系统的零部件大都在弹性范围内变化，所以对线性定常系统的研究有重要的实用价值。

2. 非线性系统

用非线性方程描述的系统称为非线性系统。如

$$a\ddot{x}(t) + b\dot{x}^2(t) + cx(t) = dy(t) \tag{2-3}$$

非线性系统的最重要特性，是不能运用叠加原理。系统中包含非线性因素，给系统的分析和研究带来复杂性。对于大多数机械、电气和液压系统，变量之间不同程度地包含非线性关系，如间隙特性、饱和特性、死区特性、干摩擦特性、库仑摩擦特性等。

对于非线性问题，通常有如下的处理途径：

1）线性化。在工作点附近，将非线性函数用泰勒级数展开，并取一次近似。

2）忽略非线性因素，如消除机械间隙，或用补偿的方法消除间隙的影响；在机械部件拖板与导轨间充分润滑，忽略干摩擦的因素等。

3）对非线性因素，若不能简化，也不能忽略，须用非线性系统的分析方法来处理。

2.2 控制系统的微分方程

经典控制理论采用的数学模型主要以传递函数为基础，数学模型是以物理定律及实验规律为依据列写的微分方程。

2.2.1 建立微分方程的基本步骤

在建立控制系统的微分方程时，首先必须了解整个系统的组成结构和工作原理，然后根

据系统（或各组成元件）所遵循的运动规律和物理定律，列写出整个系统的输出变量与输入变量之间的动态关系表达式，即微分方程。列写微分方程的一般步骤如下：

1）确定系统或各组成元件的输入、输出量。分析系统及各组成元件的组成结构和工作原理，找出各物理量（变量）之间的关系。系统的给定输入量或干扰输入量都是系统的输入量，而系统的被控制量则是系统的输出量。对于一个环节或元件而言，应按系统信号的传递情况来确定输入和输出量。

2）按照信号在系统中的传递顺序，从系统输入端开始，根据各变量所遵循的运动规律和物理定律（如力学中的牛顿定律、能量守恒定律、电路中的基尔霍夫定律，以及热力系统的热力学定律等），列写出信号在传递过程中各环节的动态微分方程，一般为一个微分方程组。

3）按照系统的工作条件，忽略一些次要因素，对已建立的原始动态微分方程进行数学处理，如简化原始动态微分方程、对非线性项进行线性化处理等，并考虑相邻元件间是否存在负载效应。

4）消除所列动态微分方程的中间变量，得到描述系统的输入、输出量之间关系的微分方程。

5）整理所得的微分方程。一般将与输出量有关的各项放在微分方程等号的左端，与输入量有关的各项放在微分方程等号的右端，并且各阶导数项按降幂排列。

如果系统中包含非本质、非线性的元件或环节，为了研究的方便，通常可将其进行线性化。非线性系统线性化的方法是，将变量的非线性函数在系统某一工作点（或称为平衡点）附近展开成泰勒级数，分解成这些变量在该工作点附近的微增量表达式，然后略去高于一阶增量的项，并将其写成增量坐标表示的微分方程。

2.2.2　机械系统的微分方程

机电控制系统的受控对象是机械系统。在机械系统中，某些部件具有较大的惯性和刚度，而另一些部件则惯性较小、柔性较大。在利用集中参数法时，将前一类部件的弹性忽略，将其视为质量块；而把后一类部件的惯性忽略，将其视为无质量的弹簧。这样受控对象的机械系统可抽象为质量-弹簧-阻尼系统。因此，对机械系统而言，只要通过一定的简化，大多可抽象为质量-弹簧-阻尼系统及其综合。

在抽象为质量-弹簧-阻尼系统的机械系统中，牛顿第二定律是机械系统所必须遵循的基本定律，通过牛顿第二定律将机械系统中的运动（位移、速度和加速度）与力联系起来，建立机械系统的动力学方程，即机械系统的微分方程。

下面举例介绍建立机械系统微分方程的步骤和方法。

例 2-1　如图 2-1a 所示为机械位移系统。它由弹簧 k、质量块 m、阻尼器 c 组成。试写出在外力 $F(t)$ 的作用下，质量块 m 的位移 $x(t)$ 运动方程。

解　在本题中，输入变量为外力 $F(t)$，输出变量为质量块 m 的位移 $x(t)$，受控对象为质量块 m。因此，取质量块 m 对其进行受力分析，作用在质量块 m 上的力有外力 $F(t)$；弹簧的弹力 $kx(t)$，其方向与位移 $x(t)$ 的方向相反；阻尼器的阻尼力 $c\dot{x}(t)$，其方向与速度 $\dot{x}(t)$ 的方向相反，如图 2-1b 所示。

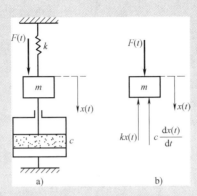

图 2-1　机械位移系统

由牛顿第二定律得

$$F(t) - c\dot{x}(t) - kx(t) = m\ddot{x}(t)$$

将输出变量项写在等号的左边，将输入变量项写在等号的右边，并将各阶导数项按降幂排列，得

$$m\ddot{x}(t) + c\dot{x}(t) + kx(t) = F(t) \tag{2-4}$$

例 2-2　图 2-2 所示为称作一级减速器的齿轮传动系统，$M_i(t)$ 是输入转矩，M_o 是输出轴上所带负载的阻力矩，J_1、J_2、f_1、f_2 分别为主动轴和从动轴的转动惯量和阻尼系数，减速器的传动比为 i。如果以 $M_i(t)$ 为输入量，以 $\theta_1(t)$ 为输出量，试列写出系统的运动方程。

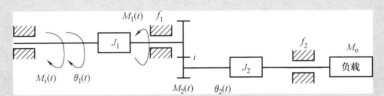

图 2-2　称作一级减速器的齿轮传动系统

解　$M_1(t)$ 为从动轴作用于主动轴上的转矩，$M_2(t)$ 为主动轴作用于从动轴上的转矩，对于主动轴和从动轴，分别根据转矩平衡方程列写系统方程

$$M_i(t) - f_1 \frac{d\theta_1(t)}{dt} - M_1(t) = J_1 \frac{d^2\theta_1(t)}{dt^2} \tag{2-5}$$

$$M_2(t) - f_2 \frac{d\theta_2(t)}{dt} - M_o(t) = J_2 \frac{d^2\theta_2(t)}{dt^2} \tag{2-6}$$

齿轮传动系功率平衡方程为

$$M_1(t)\theta_1(t) = M_2(t)\theta_2(t) \tag{2-7}$$

$$i = \theta_1(t) / \theta_2(t)$$

利用式 (2-5)、式 (2-6) 及式 (2-7), 消去中间变量 $M_1(t)$、$M_2(t)$、$\theta_2(t)$, 得

$$\left(J_1+\frac{1}{i^2}J_2\right)\frac{\mathrm{d}^2\theta_1(t)}{\mathrm{d}t^2}+\left(f_1+\frac{1}{i^2}f_2\right)\frac{\mathrm{d}\theta_1(t)}{\mathrm{d}t}=M_i(t)-\frac{1}{i}M_o(t) \qquad (2\text{-}8)$$

令

$$J'=J_1+\frac{1}{i^2}J_2,\ f'=f_1+\frac{1}{i^2}f_2,\ M'_o(t)=\frac{1}{i}M_o(t)$$

则式 (2-8) 简化为

$$J'\frac{\mathrm{d}^2\theta_1(t)}{\mathrm{d}t^2}+f'\frac{\mathrm{d}\theta_1(t)}{\mathrm{d}t}=M_i(t)-M'_o(t) \qquad (2\text{-}9)$$

比较式 (2-8) 与式 (2-9) 可以看到, 两者在形式上是完全相同的。把 J' 称为从动轴折算到主动轴上的等效转动惯量, f' 称为等效阻尼系数, $M'_1(t)$ 称为等效负载阻转矩。

例 2-3   图 2-3a 所示为一个汽车悬架系统及其动力学模型, 试求汽车在行驶过程中的数学模型。

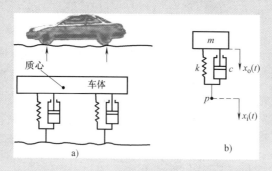

图 2-3   汽车悬架系统及其动力学模型

解   当汽车沿着道路行驶时, 轮胎的垂直位移 $x_i(t)$ 作为一种运动激励作用在汽车的悬架系统上。该系统的运动由质心的平移运动和围绕质心的旋转运动组成。建立该系统的数学模型是相当复杂的。

图 2-3b 所示为经简化后的悬架系统。这时, P 点上的垂直位移 $x_i(t)$ 为系统的输入量, 车体的垂直运动 $x_o(t)$ 为系统的输出量, 只考虑车体在垂直方向的运动。垂直运动 $x_o(t)$ 从无输入量 $x_i(t)$ 作用时的平衡位置开始测量。

对于如图 2-3b 所示的悬架系统, 根据牛顿第二定律可得

$$-c\left[\frac{\mathrm{d}x_o(t)}{\mathrm{d}t}-\frac{\mathrm{d}x_i(t)}{\mathrm{d}t}\right]-k[x_o(t)-x_i(t)]=m\frac{\mathrm{d}^2x_o(t)}{\mathrm{d}t^2}$$

即

$$m\frac{\mathrm{d}^2x_o(t)}{\mathrm{d}t^2}+c\frac{\mathrm{d}x_o(t)}{\mathrm{d}t}+kx_o(t)=c\frac{\mathrm{d}x_i(t)}{\mathrm{d}t}+kx_i(t) \qquad (2\text{-}10)$$

2.2.3　电气系统的微分方程

电气系统是机械工程控制系统的重要组成部分。对于实际的复杂电路分析，通常按集中参数法建立电路系统的数学模型。在这种系统模型中，有电阻 R、电感 L、电容 C 三种线性的无源元件。通过它们的组合，可以构成各种复杂的电网络系统。电感是一种储存磁能的元件；电容是储存电能的元件；电阻不储存能量，是一种耗能元件，将电能转换成热能耗散掉。

电气系统所遵循的基本定律是基尔霍夫电流定律和电压定律。基尔霍夫电流定律表明，流入节点的电流之和等于流出同一节点的电流之和；而基尔霍夫电压定律表明，在任意瞬间，在电路中沿任意环路的电压的代数和等于零。通过应用一种或同时应用两种基尔霍夫定律，就可以得到电路系统的数学模型。

下面举例介绍建立电气系统微分方程的步骤和方法。

例 2-4　RLC 无源网络如图 2-4 所示，图中 R、L、C 分别为电阻、电感、电容。试列出以 $u_i(t)$ 为输入电压、$u_o(t)$ 为输出电压的网络微分方程。

解　设网络中的电流为 $i(t)$。而输入变量为 $u_i(t)$，输出变量为 $u_o(t)$，中间变量为 $i(t)$。网络按线性集中参数考虑，并且忽略输出端负载效应。

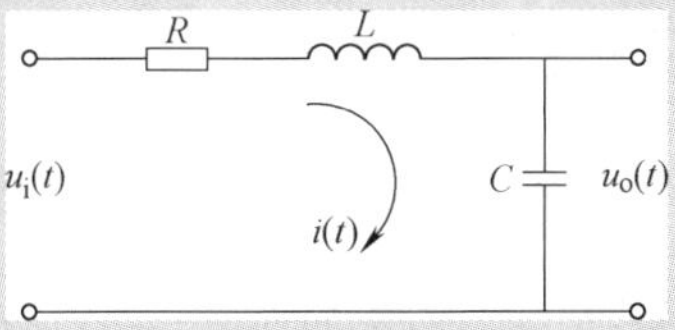

由基尔霍夫定律写出原始方程

$$L\frac{\mathrm{d}i(t)}{\mathrm{d}t}+Ri(t)+u_o(t)=u_i(t)$$

列写中间变量 $i(t)$ 与输出变量 $u_o(t)$ 的关系式

$$i(t)=C\frac{\mathrm{d}u_o(t)}{\mathrm{d}t}$$

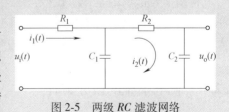

图 2-4　RLC 无源网络

将上式代入原始方程，消去中间变量 $i(t)$，得

$$LC\frac{\mathrm{d}^2u_o(t)}{\mathrm{d}t^2}+RC\frac{\mathrm{d}u_o(t)}{\mathrm{d}t}+u_o(t)=u_i(t) \tag{2-11}$$

例 2-5　图 2-5 所示为两个形式相同的 RC 网络连成的滤波网络。试写出以输出电压 $u_o(t)$ 和输入电压 $u_i(t)$ 为变量的滤波网络微分方程。

解　在该系统中，由于第二级电路（R_2C_2）将对第一级电路（R_1C_1）产生负载效应，即后一元件的存在将影响前一元件的输出。如果只是独立地分别写出两个串联元件的微分方程，那么经过消去中间变量而得出的微分方程，将是一个错误的结果。因此，在列写串联元件所构成的系统的微分方程时，应特别注意其负载效应的影响。

图 2-5　两级 RC 滤波网络

该系统的微分方程列写步骤如下：

1）考虑负载效应时。根据基尔霍夫定律，写出原始方程

$$i_1(t)R_1 + \frac{1}{C_1}\int[i_1(t) - i_2(t)]\,\mathrm{d}t = u_i(t)$$

$$i_2(t)R_2 + \frac{1}{C_2}\int i_2(t)\,\mathrm{d}t = \frac{1}{C_1}\int[i_1(t) - i_2(t)]\,\mathrm{d}t$$

$$\frac{1}{C_2}\int i_2(t)\,\mathrm{d}t = u_o(t)$$

消去中间变量 $i_1(t)$ 和 $i_2(t)$ 后，得到

$$R_1C_1R_2C_2\frac{\mathrm{d}^2u_o(t)}{\mathrm{d}t^2}+(R_1C_1+R_2C_2+R_1C_2)\frac{\mathrm{d}u_o(t)}{\mathrm{d}t}+u_o(t)=u_i(t) \tag{2-12}$$

即滤波网络微分方程。

2）不考虑负载效应时。如果孤立地分别写出 R_1C_1 和 R_2C_2 这两个环节的微分方程，则对前一个环节，有

$$\frac{1}{C_1}\int i_1(t)\,\mathrm{d}t + i_1(t)R_1 = u_i(t)$$

$$\frac{1}{C_1}\int i_1(t)\,\mathrm{d}t = u_o^*(t)$$

式中，$u_o^*(t)$ 为此时前一个环节的输出与后一个环节的输入。

对后一个环节，有

$$\frac{1}{C_2}\int i_2(t)\,\mathrm{d}t + i_2(t)R_2 = u_o^*(t)$$

$$\frac{1}{C_2}\int i_2(t)\,\mathrm{d}t = u_o(t)$$

消去中间变量，得到相应的微分方程为

$$R_1C_1R_2C_2\frac{\mathrm{d}^2u_o(t)}{\mathrm{d}t^2}+(R_1C_1+R_2C_2)\frac{\mathrm{d}u_o(t)}{\mathrm{d}t}+u_o(t)=u_i(t) \tag{2-13}$$

比较式（2-12）和式（2-13），负载效应考虑与否，其结果是不同的。如果不考虑负载效应，将会得出错误的结果。

特别需要指出的是，负载效应是物理环节之间的信息反馈作用，相邻环节的串联，应该考虑它们之间的负载效应。对于电网络系统而言，只有当后一个环节的输入阻抗很大，对前面环节的影响可以忽略时，方可单独分别列写出每个环节的微分方程。

2.2.4 机电系统的微分方程

在工程中的机电控制系统常由机械系统、电气系统、液压系统、气动系统以及热力系统等综合构成，形成复杂的系统。列写这类复杂控制系统的微分方程一般采用以下步骤：

1）分析系统的组成结构和工作原理，将系统按照其组成结构和属性划分成各组成环节，并确定各环节的输入、输出变量。

2）根据各组成环节的属性和所遵循的运动规律及物理定律，列写出每一个环节的原始微分方程，并将其适当地简化。

3）按照系统的工作原理，根据信号在传递过程中能量的转换形式，找出各组成环节的相关物理量，将各组成环节的微分方程联立，消去中间变量，最后得到只含输入变量、输出变量以及参量的系统微分方程。

下面举例说明建立机电系统微分方程的具体步骤和方法。

例 2-6　如图 2-6 所示的机电系统中，$u(t)$ 为输入电压，$x(t)$ 为输出位移。R 和 L 分别为铁心线圈的电阻与电感，m 为质量块的质量，k 为弹簧的刚度，c 为阻尼器的阻尼系数，功率放大器为一个理想放大器，其增益为 K。假定铁心线圈的反电动势为 $E = k_2 \mathrm{d}x(t)/\mathrm{d}t$，线圈电流 $i(t)$ 在质量块上产生的电磁力为 $k_2 i(t)$，并设全部初始条件为零。试列写出该系统的输入输出微分方程。

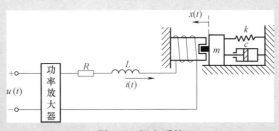

图 2-6　机电系统

解　分析系统的工作原理和组成结构，可以知道该机电系统由电气系统（由功率放大器、铁心线圈的电阻 R 和电感 L 构成）和机械系统（由质量块 m、弹簧 k 和阻尼器 c 构成）两个环节组成。其工作原理是将电能转变为机械能，通过电磁力将电气系统和机械系统联系起来，因系统涉及这两个环节的相关物理量。而整个系统的输入变量是电压 $u(t)$，输出变量为位移 $x(t)$。

对于电气系统环节，根据基尔霍夫定律，写出原始方程

$$Ku(t) = Ri(t) + L\frac{\mathrm{d}i(t)}{\mathrm{d}t} + E$$

$$E = k_2 \frac{\mathrm{d}x(t)}{\mathrm{d}t}$$

对于机械系统环节，通过受力分析，根据牛顿第二定律 $\sum F = ma$，写出原始方程，可得

$$k_2 i(t) - c\frac{\mathrm{d}x(t)}{\mathrm{d}t} - kx(t) = m\frac{\mathrm{d}^2 x(t)}{\mathrm{d}t^2}$$

消去中间变量 $i(t)$，并整理得

$$k_2 K u(t) = mL\frac{\mathrm{d}^3 x(t)}{\mathrm{d}t^3} + (mR + cL)\frac{\mathrm{d}^2 x(t)}{\mathrm{d}t^2} + (k_2^2 + cR + kL)\frac{\mathrm{d}x(t)}{\mathrm{d}t} + kRx(t) \tag{2-14}$$

此即为该系统的输入输出微分方程。

例 2-7 试列写出图 2-7 所示的电枢控制直流电动机的输入输出微分方程。电枢的输入电压 $u(t)$ 为输入量，电动机转速 $\omega(t)$ 为输出量，图 2-7 中 R、L 分别为电枢电路的电阻和电感，$M_c(t)$ 为折合到电动机轴上的总负载转矩，设励磁磁通 Q 为常值。

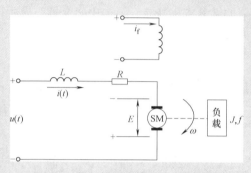

图 2-7 电枢控制直流电动机原理图

解 电枢控制直流电动机的工作原理是将输入的电能转换为机械能，即电枢的输入电压 $u(t)$ 在电枢回路中产生电枢电流 $i(t)$，再由电流 $i(t)$ 与励磁磁通 Q 相互作用产生电磁转矩 $M_m(t)$，从而拖动负载运动。因此，该系统由电气系统（包括电枢回路、电磁回路）和机械系统（负载部分）组成，其中间物理量是电磁转矩 $M_m(t)$，即通过电磁转矩 $M_m(t)$ 将电枢回路、电磁回路和负载联系起来，构成了一个将电能转换为机械能的电枢控制直流电动机系统。

对于电枢回路，设电枢旋转时产生的反电动势为 $E(t)$，其大小与励磁磁通 Q 及转速成正比，方向与电枢电压相反，即

$$E(t) = Q\omega(t)$$

根据基尔霍夫定律，写出原始方程

$$u(t) = L\frac{\mathrm{d}i(t)}{\mathrm{d}t} + Ri(t) + E(t)$$

对于电磁回路，设电枢电流产生的电磁转矩为 $M_m(t)$，电动机的转矩系数为 C_e，则电磁回路的转矩方程为

$$M_m(t) = C_e i(t)$$

对于负载而言，设 f 是电动机折合到电动机轴上的黏性摩擦因数，J 是电动机和负载折合到电动机轴上的转动惯量，则电动机轴上的转矩平衡方程为

$$J\frac{\mathrm{d}\omega(t)}{\mathrm{d}t} + f\omega(t) = M_m(t) - M_c(t)$$

消去中间变量 $i(t)$、$E(t)$ 和 $M_m(t)$，可得到以输出量为 $\omega(t)$、输入量为 $u(t)$ 的电枢控制直流电动机的微分方程

$$JL\frac{\mathrm{d}^2\omega(t)}{\mathrm{d}t^2} + (JR + fL)\frac{\mathrm{d}\omega(t)}{\mathrm{d}t} + (fR + C_e Q)\omega(t) = C_e u(t) - L\frac{M_c(t)}{\mathrm{d}t} - RM_c(t) \quad (2\text{-}15)$$

在工程应用中，由于电枢电路电感 L 很小，通常忽略不计，因而式（2-15）可简化为

$$JR\frac{\mathrm{d}\omega(t)}{\mathrm{d}t}+(fR+C_eQ)\omega(t)=C_eu(t)-RM_c(t) \tag{2-16}$$

如果电枢电阻 R 和电动机的转动惯量 J 都很小，可忽略不计时，式（2-15）可进一步简化为

$$Q\omega(t)=u(t) \tag{2-17}$$

这时，电动机的转速 $\omega(t)$ 与电枢电压 $u(t)$ 成正比，于是，电动机可作为测速发电机使用。

2.2.5　非线性微分方程的线性化

所谓线性化，就是在一定条件下作某种近似，或者缩小工作范围，将非线性微分方程近似地作为线性微分方程来处理。常用的线性化方法有以下两种。

1. 忽略弱的非线性因素

如果元件的非线性因素较弱，或者不在系统的线性工作范围以内，则它们对系统的影响很小，就可以忽略，将元件视为线性元件。

2. 小偏差法（或切线法、增量线性化法）

小偏差线性化的方法是基于这样一种假设，就是在控制系统的调节过程中，各个元件的输入量和输出量只是在平衡点附近作微小变化。这一假设是符合许多控制系统实际工作情况的。因为就闭环控制系统而言，一有偏差就产生控制作用，来减小或消除偏差，所以各元件只能工作在平衡点（包括原点）附近。

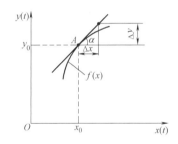

图 2-8　某系统的非线性特性

设某系统的非线性特性如图 2-8 所示。其运动方程为 $y=f(x)$，图 2-8 中 $y(t)$ 为输出量，$x(t)$ 为输入量，如果函数在平衡点 $A(x_0,y_0)$ 处连续可微，且 A 点为系统工作点，在工作点附近可把非线性函数 $y=f(x)$ 展开成泰勒级数，即

$$y=f(x)=f(x_0)+\frac{\mathrm{d}f(x_0)}{\mathrm{d}x}(x-x_0)+\frac{1}{2!}\frac{\mathrm{d}^2f(x_0)}{\mathrm{d}x^2}(x-x_0)^2+\frac{1}{3!}\frac{\mathrm{d}^3f(x_0)}{\mathrm{d}x^3}(x-x_0)^3+\cdots \tag{2-18}$$

略去高于一次增量 $\Delta x=x-x_0$ 的项，便有

$$y=f(x)=f(x_0)+\frac{\mathrm{d}f(x_0)}{\mathrm{d}x}(x-x_0) \tag{2-19}$$

或

$$y-y_0=\Delta y=K\Delta x \tag{2-20}$$

这样就得到了一个以增量为变量的线性化方程。式（2-19）中 $(x-x_0)$ 是一相对值，表明可把系统的工作点 (x_0,y_0) 作为系统运动的起点，即参考坐标原点，以便只研究感兴趣的"小偏差"的运动情况，也就是研究相对于正常工作状态而言的输入、输出的变化。这样，系统的初始条件就等于零了，这不但便于求解方程式，而且为以后研究自动控制系统，把初始条件设为零提供了依据。

同理，对于多变量的非线性函数 $y=f(x_1,x_2,\cdots,x_n)$ 的线性化，也可在工作点

$(x_{10}, x_{20}, \cdots, x_{n0}, y_0)$ 附近将其展开成泰勒级数，然后略去二阶以上高次项得到线性表达式。

通过以上分析，可看出线性化时要注意以下几点：

1）必须明确系统处于平衡状态的工作点。因为不同的工作点所得到的线性化方程的系数不同，即非线性曲线上各点的斜率（导数）是不同的。

2）如果变量在较大范围内变化，则用这种线性化方法建立的数学模型，除工作点外的其他工况势必有较大的误差。所以非线性模型线性化是有条件的，即变量偏离预定工作点很小。

3）对于某些典型的本质非线性，如果非线性函数是不连续的（即非线性特性是不连续的），则在不连续点附近不能得到收敛的泰勒级数，这时就不能线性化。

4）线性化后的微分方程是以增量为基础的增量方程。

应该指出，如果系统中的非线性元件不止一个，则必须按实际系统中各元件相对应的平衡点来建立线性化增量方程，才能反映系统在同一平衡状态下的小偏差特性。

2.3　拉氏变换和反变换

机电控制系统所涉及的数学问题较多，经常要求解一些线性微分方程。按照一般方法求解比较麻烦，如果用拉氏变换（拉普拉斯变换）求解线性微分方程，可将经典数学中的微积分运算转化为代数运算，又能够单独地表明初始条件的影响，并有变换表可查找，因而是一种较为简便的工程数学方法。更重要的是，由于采用了拉氏变换，能够把描述系统运动状态的微分方程很方便地转换为系统的传递函数，并由此发展出用传递函数的零极点分布、频率特性等间接地分析和设计控制系统的工程方法。

2.3.1　拉氏变换的定义

如果有一个以时间 t 为自变量的实变函数 $f(t)$，它的定义域是 $t \geq 0$，那么 $f(t)$ 的拉氏变换定义为

$$F(s) = L[f(t)] = \int_0^\infty f(t) e^{-st} dt \tag{2-21}$$

式中，s 为复变数，$s = \sigma + j\omega$（σ、ω 均为实数）；$\int_0^\infty e^{-st}$ 为拉普拉斯积分；$F(s)$ 为函数 $f(t)$ 的拉氏变换，是一个复变函数，通常称 $F(s)$ 为 $f(t)$ 的像函数，而称 $f(t)$ 为 $F(s)$ 的原函数；L 为进行拉氏变换的符号。

式（2-21）表明：拉氏变换在一定条件下，能把一时域中的时变函数 $f(t)$ 变换为一个在复数域内与之等价的复变函数 $F(s)$。

在拉氏变换中，s 的量纲是时间的倒数，即 T^{-1}，$F(s)$ 的量纲则是 $f(t)$ 的量纲与时间 t 量纲的乘积。

2.3.2　几种典型函数的拉氏变换

1. 单位脉冲函数 $\delta(t)$（Delta Function）的拉氏变换

单位脉冲函数是在持续时间 $t = \varepsilon$（$\varepsilon \to 0$）期间幅值为 $1/\varepsilon$ 的矩形波。其幅值和作用时间

的乘积等于 1，即 $\varepsilon \cdot 1/\varepsilon = 1$，如图 2-9 所示。

单位脉冲函数的数学表达式为

$$\delta(t) = \begin{cases} 0 & (t<0 \quad 或 \quad t>\varepsilon) \\ \lim_{\varepsilon \to 0} \dfrac{1}{\varepsilon} & (0 \leqslant t \leqslant \varepsilon) \end{cases}$$

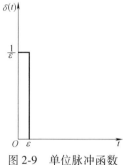

图 2-9　单位脉冲函数

其拉氏变换为

$$\Delta(s) = L[\delta(t)] = \int_0^\infty \lim_{\varepsilon \to 0} \frac{1}{\varepsilon} e^{-st} dt = \lim_{\varepsilon \to 0} \frac{1}{\varepsilon} \int_0^\varepsilon e^{-st} dt$$

此处因为 $t>\varepsilon$ 时，$\delta(t)=0$，故积分限变为 $0 \to \varepsilon$。

$$\begin{aligned} \Delta(s) &= \lim_{\varepsilon \to 0} \frac{1}{\varepsilon} \frac{-e^{-st}}{s} \Big|_0^\varepsilon = \lim_{\varepsilon \to 0} \frac{1}{\varepsilon s} (1 - e^{-s\varepsilon}) \\ &= \lim_{\varepsilon \to 0} \frac{1}{\varepsilon s} \left[1 - \left(1 - \varepsilon s + \frac{\varepsilon^2 s^2}{2!} - \cdots \right) \right] \\ &= \lim_{\varepsilon \to 0} \frac{1}{\varepsilon s} \left(\varepsilon s - \frac{\varepsilon^2 s^2}{2!} + \cdots \right) = 1 \end{aligned} \qquad (2\text{-}22)$$

2. 单位阶跃函数 $u(t)$（Unit Step Function）的拉氏变换

单位阶跃函数是控制工程中最常用的典型输入信号之一，常以它作为评价控制系统性能的标准输入函数，这一函数定义为

$$u(t) = \begin{cases} 0 & (t<0) \\ 1 & (t \geqslant 0) \end{cases}$$

单位阶跃函数如图 2-10 所示，它表示在 $t=0$ 时刻突然作用于控制系统一个幅值为 1 的不变量。

单位阶跃函数的拉氏变换式为

$$F(s) = L[u(t)] = \int_0^{+\infty} u(t) e^{-st} dt = \int_0^{+\infty} e^{-st} dt = -\frac{1}{s} e^{-st} \Big|_0^\infty = \frac{1}{s} \qquad (2\text{-}23)$$

3. 单位斜坡函数 $r(t)$（Ramp Function）的拉氏变换

单位斜坡函数又称速度函数，其数学表达式为

$$r(t) = \begin{cases} 0 & (t<0) \\ t & (t \geqslant 0) \end{cases}$$

其变化曲线如图 2-11 所示。

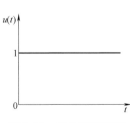

图 2-10　单位阶跃函数

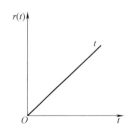

图 2-11　单位斜坡函数

单位斜坡函数的拉氏变换式为

$$F(s)=L[r(t)]=\int_0^{+\infty} r(t)\mathrm{e}^{-st}\mathrm{d}t=\int_0^{+\infty} t\mathrm{e}^{-st}\mathrm{d}t$$

利用分部积分法

$$\int_0^{+\infty} u\mathrm{d}v=[uv]_0^{\infty}-\int_0^{+\infty} v\mathrm{d}u$$

令

$$t=u,\quad \mathrm{e}^{-st}\mathrm{d}t=\mathrm{d}v$$

则

$$\mathrm{d}t=\mathrm{d}u,\quad v=-\frac{1}{s}\mathrm{e}^{-st}$$

所以

$$F(s)=-\left.\frac{t}{s}\mathrm{e}^{-st}\right|_0^{\infty}-\int_0^{+\infty}\left(-\frac{1}{s}\mathrm{e}^{-st}\right)\mathrm{d}t=\frac{1}{s^2} \tag{2-24}$$

4. 单位加速度函数 $a(t)$（Acceleration Function）的拉氏变换

单位加速度函数又称抛物函数，其数学表达式为

$$a(t)=\begin{cases}0 & (t<0)\\[2mm]\dfrac{1}{2}t^2 & (t\geqslant 0)\end{cases}$$

单位加速度函数的变化曲线如图 2-12 所示。

单位加速度函数的拉氏变换为

$$F(s)=L[a(t)]=\int_0^{+\infty} a(t)\mathrm{e}^{-st}\mathrm{d}t=\int_0^{+\infty}\frac{1}{2}t^2\mathrm{e}^{-st}\mathrm{d}t=\frac{1}{s^3} \tag{2-25}$$

通常并不根据定义来求解像函数和原函数，而是从拉氏变换表中直接查出。

5. 指数函数 $f(t)=\mathrm{e}^{at}$ 的拉氏变换

指数函数也是控制系统中经常用到的函数，其中 a 是常数，其数学表达式为

$$f(t)=\mathrm{e}^{at} \qquad （指数增长函数）$$

$$f(t)=\mathrm{e}^{-at} \qquad （指数衰减函数）$$

指数函数的变化曲线如图 2-13 所示。

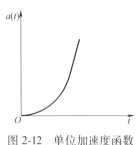

图 2-12　单位加速度函数

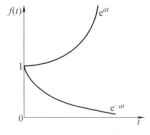

图 2-13　指数函数

指数函数的拉氏变换为

$$F(s)=L[f(t)]=\int_0^{+\infty}\mathrm{e}^{at}\mathrm{e}^{-st}\mathrm{d}t=\int_0^{+\infty}\mathrm{e}^{-t(s-a)}\mathrm{d}t$$

令 $s_1=s-a$

$$F(s)=\int_0^{+\infty}\mathrm{e}^{-t(s-a)}\mathrm{d}t=\frac{1}{s_1}=\frac{1}{s-a} \tag{2-26}$$

同理
$$F(s) = L[f(t)] = \int_0^{+\infty} e^{-at} e^{-st} dt = \int_0^{+\infty} e^{-t(s+a)} dt = \frac{1}{s+a} \tag{2-27}$$

6. 正弦函数和余弦函数的拉氏变换

设 $f_1(t) = \sin\omega t$，$f_2(t) = \cos\omega t$，则

$$F_1(s) = L[\sin\omega t] = \int_0^{+\infty} \sin\omega t e^{-st} dt$$

由欧拉公式，有

$$\sin\omega t = \frac{e^{+j\omega t} - e^{-j\omega t}}{2j}$$

所以
$$F_1(s) = \frac{1}{2j}\left(\int_0^{+\infty} e^{+j\omega t} e^{-st} dt - \int_0^{+\infty} e^{-j\omega t} e^{-st} dt \right) = \frac{1}{2j}\left(\int_0^{+\infty} e^{-(s-j\omega)t} dt - \int_0^{+\infty} e^{-(s+j\omega)t} dt \right)$$

$$= \frac{1}{2j}\left(-\frac{1}{s-j\omega} e^{-(s-j\omega)t} \Big|_0^{\infty} - \frac{1}{s+j\omega} e^{-(s+j\omega)t} \Big|_0^{\infty} \right) = \frac{1}{2j}\left(\frac{1}{s-j\omega} - \frac{1}{s+j\omega} \right) = \frac{\omega}{s^2 + \omega^2} \tag{2-28}$$

同理
$$F_2(s) = L[\cos\omega t] = \frac{s}{s^2 + \omega^2} \tag{2-29}$$

通常，求时间函数的拉氏变换或反变换并不需要按定义求解，而是可以从拉氏变换表直接查出。常用函数的拉氏变换表见表 2-1。

表 2-1　常用函数的拉氏变换表

序号	拉氏变换	原函数
1	1	单位脉冲函数 $\delta(t)$ 在 $t=0$ 时
2	$\dfrac{1}{s}$	单位阶跃函数 $u(t)$ 在 $t=0$ 时
3	$\dfrac{K}{s}$	K
4	$\dfrac{1}{s^{r+1}}$	$\dfrac{1}{r!} t^r$
5	$\dfrac{1}{s} e^{-a\omega}$	$u(t-a)$ 在 $t=a$ 开始的单位阶跃
6	$\dfrac{1}{s-a}$	e^{at}
7	$\dfrac{1}{s+a}$	e^{-at}
8	$\dfrac{1}{(s+a)^n}$	$\dfrac{1}{(n-1)!} t^{n-1} e^{-at}$
9	$\dfrac{\omega}{s^2 + \omega^2}$	$\sin\omega t$

（续）

序号	拉氏变换	原函数
10	$\dfrac{s}{s^2+\omega^2}$	$\cos\omega t$
11	$\dfrac{1}{s(s+a)}$	$\dfrac{1}{a}(1-\mathrm{e}^{-at})$
12	$\dfrac{s+a_0}{s(s+a)}$	$\dfrac{1}{a}[a_0-(a_0-a)\mathrm{e}^{-at}]$
13	$\dfrac{1}{s^2(s+a)}$	$\dfrac{1}{a^2}[at-1+\mathrm{e}^{-at}]$
14	$\dfrac{s+a_0}{s^2(s+a)}$	$\dfrac{a_0 t}{a}+\left(\dfrac{a_0}{a^2}-t\right)(\mathrm{e}^{-at}-1)$
15	$\dfrac{s^2+a_1 s+a_0}{s^2(s+a)}$	$\dfrac{1}{a^2}[a_0 at+a_1 a-a_0+(a_0-a_1 a+a^2)\mathrm{e}^{-at}]$
16	$\dfrac{\omega}{(s+a)^2+\omega^2}$	$\mathrm{e}^{-at}\sin\omega t$
17	$\dfrac{s+a}{(s+a)^2+\omega^2}$	$\mathrm{e}^{-at}\cos\omega t$

2.3.3　拉氏变换的性质

根据拉氏变换定义或查表能对一些标准的函数进行拉氏变换和反变换。对一般的函数，利用以下的定理，可以使运算简化。

1. 叠加定理

拉氏变换也服从线性函数的齐次性和叠加性。

（1）齐次性　设 $L[f(t)]=F(s)$，则

$$L[af(t)]=aF(s) \tag{2-30}$$

式中，a 为常数。

（2）叠加性　设 $L[f_1(t)]=F_1(s)$，$L[f_2(t)]=F_2(s)$，则

$$L[f_1(t)+f_2(t)]=F_1(s)+F_2(s) \tag{2-31}$$

结合式（2-30）、式（2-31），就有

$$L[af_1(t)+bf_2(t)]=aF_1(s)+bF_2(s)$$

式中，a 和 b 为常数。

这说明拉氏变换是线性变换。

2. 微分定理

设 $L[f(t)]=F(s)$，则

$$L\left[\frac{\mathrm{d}f(t)}{\mathrm{d}t}\right]=sF(s)-f(0)$$

式中，$f(0)$ 为函数 $f(t)$ 在 $t=0$ 时刻的值，即初始值。

同样，可得 $f(t)$ 的各阶导数的拉氏变换是

$$L\left[\frac{\mathrm{d}^2 f(t)}{\mathrm{d}t^2}\right] = s^2 F(s) - sf(0) - f'(0)$$

$$L\left[\frac{\mathrm{d}^3 f(t)}{\mathrm{d}t^3}\right] = s^3 F(s) - s^2 f(0) - sf'(0) - f''(0)$$

$$\cdots$$

$$L\left[\frac{\mathrm{d}^n f(t)}{\mathrm{d}t^n}\right] = s^n F(s) - s^{n-1} f(0) - s^{n-2} f'(0) - \cdots - sf^{(n-2)}(0) - f^{(n-1)}(0)$$

式中，$f'(0)$、$f''(0)$ 等为原函数各阶导数在 $t=0$ 时刻的值。

如果函数 $f(t)$ 及其各阶导数的初始值均为零（称为零初始条件），则 $f(t)$ 各阶导数的拉氏变换为

$$L\left[\frac{\mathrm{d}f(t)}{\mathrm{d}t}\right] = sF(s)$$

$$L\left[\frac{\mathrm{d}^2 f(t)}{\mathrm{d}t^2}\right] = s^2 F(s)$$

$$L\left[\frac{\mathrm{d}^3 f(t)}{\mathrm{d}t^3}\right] = s^3 F(s) \tag{2-32}$$

$$\cdots$$

$$L\left[\frac{\mathrm{d}^n f(t)}{\mathrm{d}t^n}\right] = s^n F(s)$$

3. 积分定理

设 $L[f(t)] = F(s)$，则

$$L\left[\int f(t)\,\mathrm{d}t\right] = \frac{F(s)}{s} + \frac{f^{-1}(0)}{s} \tag{2-33}$$

式中，$f^{-1}(0)$ 为积分 $\int f(t)\,\mathrm{d}t$ 在 $t=0$ 时刻的值。

当初始条件为零时

$$L\left[\int f(t)\,\mathrm{d}t\right] = \frac{F(s)}{s}$$

对多重积分是

$$L\left[\int\cdots\iint f(t)(\mathrm{d}t)^n\right] = \frac{F(s)}{s^n} + \frac{f^{-1}(0)}{s^n} + \frac{f^{-2}(0)}{s^{n-1}} + \cdots + \frac{f^{-n}(0)}{s} \tag{2-34}$$

当初始条件为零时，则

$$L\left[\int\cdots\iint f(t)(\mathrm{d}t)^n\right] = \frac{F(s)}{s^n}$$

4. 延迟定理

设 $L[f(t)] = F(s)$，且 $t<0$ 时，$f(t)=0$，则

$$L[f(t-\tau)] = \mathrm{e}^{-\tau s} F(s) \tag{2-35}$$

函数 $f(t-\tau)$ 为原函数 $f(t)$ 沿时间轴延迟了 τ，如图 2-14 所示。

5. 位移定理

在控制理论中，经常遇到 $e^{-at}f(t)$ 一类的函数，它的像函数只需把 s 用 $(s+a)$ 代替即可，这相当于在复数 s 坐标中，有一位移 a。

设 $L[f(t)]=F(s)$，则

$$L[e^{-at}f(t)]=F(s+a) \qquad (2-36)$$

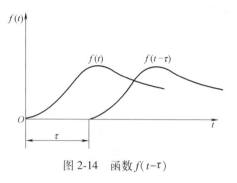

图 2-14 函数 $f(t-\tau)$

例如，$\cos\omega t$ 的像函数 $L[\cos\omega t]=\dfrac{s}{s^2+\omega^2}$，则

$e^{-at}\cos\omega t$ 的像函数为 $L[e^{-at}\cos\omega t]=\dfrac{s+a}{(s+a)^2+\omega^2}$。

6. 初值定理

初值定理表明了原函数在 $t=0^+$ 时的数值。若 $f(t)$ 和 $\dfrac{\mathrm{d}f(t)}{\mathrm{d}t}$ 存在拉氏变换，且 $\lim\limits_{s\to\infty}sF(s)$ 也存在，则

$$\lim_{t\to0}f(t)=f(0)=\lim_{s\to\infty}sF(s) \qquad (2-37)$$

即原函数的初值等于 s 乘以像函数的终值。

7. 终值定理

设 $L[f(t)]=F(s)$，若 $f(t)$ 和 $\dfrac{\mathrm{d}f(t)}{\mathrm{d}t}$ 存在拉氏变换，且 $\lim\limits_{t\to\infty}f(t)$ 存在且唯一，则

$$\lim_{t\to\infty}f(t)=f(\infty)=\lim_{s\to0}sF(s) \qquad (2-38)$$

即原函数的终值等于 s 乘以像函数的初值。

这一定理对于求瞬态响应的稳态值是很有用的。

8. 卷积定理

设 $f_1(t)$ 和 $f_2(t)$ 满足拉氏变换条件，且 $L[f_1(t)]=F_1(s)$，$L[f_2(t)]=F_2(s)$，则有

$$L[f_1(t)*f_2(t)]=F_1(s)F_2(s) \qquad (2-39)$$

即两个原函数的卷积分的拉氏变换等于它们像函数的乘积。

式 (2-39) 中，$f_1(t)*f_2(t)$ 为卷积分的数学表示方法，定义为

$$f_1(t)*f_2(t)=\int_0^t f_1(\tau)f_2(t-\tau)\mathrm{d}\tau$$

9. 时间比例尺的改变

$$L\left[f\left(\frac{t}{\kappa}\right)\right]=\kappa F(\kappa s)$$

式中，κ 为比例系数。

例如，$f(t)=e^{-t}$ 的像函数 $L[e^{-t}]=F(s)=\dfrac{1}{s+1}$，则 $f(t/2)=e^{-0.5t}$ 的像函数为

$$L\left[f\left(\frac{t}{2}\right)\right]=L[e^{-0.5t}]=2F(2s)=\frac{2}{2s+1}$$

2.3.4　拉氏反变换

拉氏反变换的公式为

$$f(t)=L^{-1}\big[F(s)\big]=\frac{1}{2\pi j}\int_{a-\infty}^{a+\infty}F(s)\,e^{st}\mathrm{d}s \tag{2-40}$$

根据定义计算拉氏反变换，要进行复变函数积分，一般很难直接计算，因此通常用部分分式展开法将复变函数展开成有理分式函数之和，然后由拉氏变换表一一查出对应的反变换函数，即得所求的原函数 $f(t)$。

在控制理论中，常遇到的像函数是 s 的有理分式

$$F(s)=\frac{B(s)}{A(s)}=\frac{b_m s^m+b_{m-1}s^{m-1}+\cdots+b_1 s+b_0}{s^n+a_{n-1}s^{n-1}+\cdots+a_1 s+a_0}\qquad(n\geqslant m)$$

为了将 $F(s)$ 写成部分分式，首先将 $F(s)$ 的分母因式分解，则有

$$F(s)=\frac{B(s)}{A(s)}=\frac{b_m s^m+b_{m-1}s^{m-1}+\cdots+b_1 s+b_0}{(s-p_1)^{r_1}(s-p_2)^{r_2}\cdots(s-p_l)^{r_l}} \tag{2-41}$$

式中，p_1，p_2，$\cdots$，p_l 为 $A(s)=0$ 的根，称为 $F(s)$ 的极点；r_1，r_2，$\cdots$，r_l 分别为 p_1，p_2，$\cdots$，p_l 的重根数目。按照这些根的性质不同，可以分为以下几种情况来研究。

1. $F(s)$ 的极点为各不相同的实数时的拉氏反变换

当没有相同极点时，式 (2-41) 可化为部分分式

$$F(s)=\frac{B(s)}{A(s)}=\frac{b_m s^m+b_{m-1}s^{m-1}+\cdots+b_1 s+b_0}{(s-p_1)(s-p_2)\cdots(s-p_n)}$$

$$=\frac{A_1}{s-p_1}+\frac{A_2}{s-p_2}+\cdots+\frac{A_n}{s-p_n}=\sum_{i=1}^{n}\frac{A_i}{s-p_i}$$

式中，A_i 为待定系数，它是 $s=p_i$ 处的留数，其求法如下

$$A_i=\big[F(s)\ (s-p_i)\big]_{s=p_i}$$

再根据拉氏变换的叠加定理，求原函数，即

$$f(t)=L^{-1}\big[F(s)\big]=L^{-1}\left[\sum_{i=1}^{n}\frac{A_i}{s-p_i}\right]=\sum_{i=1}^{n}A_i e^{p_i t} \tag{2-42}$$

例 2-8　已知 $F(s)=\dfrac{14s^2+55s+51}{2s^3+12s^2+22s+12}$，试求其拉氏反变换。

解　将像函数表示为部分分式形式，即

$$F(s)=\frac{14s^2+55s+51}{2(s+1)(s+2)(s+3)}=\frac{1}{2}\left(\frac{A}{s+1}+\frac{B}{s+2}+\frac{C}{s+3}\right)$$

可计算出

$$A=5,\ B=3,\ C=6$$

可求得原函数为

$$f(t)=L^{-1}\big[F(s)\big]=\frac{1}{2}\left\{L^{-1}\left[\frac{5}{s+1}\right]+L^{-1}\left[\frac{3}{s+2}\right]+L^{-1}\left[\frac{6}{s+3}\right]\right\}$$

$$=2.5e^{-t}+1.5e^{-2t}+3e^{-3t}$$

2. $F(s)$ 含有共轭复数极点时的拉氏反变换

如果 $F(s)$ 有一对共轭复数极点 p_1、p_2，而其余极点均为各不相同的实数极点。将 $F(s)$ 展开成

$$F(s) = \frac{B(s)}{A(s)} = \frac{b_m s^m + b_{m-1} s^{m-1} + \cdots + b_1 s + b_0}{(s-p_1)(s-p_2)\cdots(s-p_n)}$$

$$= \frac{A_1 s + A_2}{(s-p_1)(s-p_2)} + \frac{A_3}{s-p_3} + \cdots + \frac{A_n}{s-p_n}$$

$$(2\text{-}43)$$

式中，A_1 和 A_2 为待定系数。可按下式求解

$$F(s)(s-p_1)(s-p_2)\Big|_{s=p_1 \text{或} s=p_2}$$

$$= \left[\frac{A_1 s + A_2}{(s-p_1)(s-p_2)} + \frac{A_3}{s-p_3} + \cdots + \frac{A_n}{s-p_n} \right] (s-p_1)(s-p_2)\Big|_{s=p_1 \text{或} s=p_2}$$

因为 p_1、p_2 是复数，故式（2-43）两边都应是复数。令等号两边的实部、虚部分别相等，得两个方程式。联立求解，即得 A_1 和 A_2 两个系数。

例 2-9 求下面像函数的原函数

$$F(s) = \frac{20(s+1)(s+3)}{(s+2)(s+4)(s^2+2s+2)}$$

解 将像函数表示为部分分式形式，即

$$F(s) = \frac{20(s+1)(s+3)}{(s+2)(s+4)\left[(s+1)^2+1\right]} = \frac{A}{s+2} + \frac{B}{s+4} + \frac{C(s+1)}{(s+1)^2+1} + \frac{D}{(s+1)^2+1}$$

可计算出

$$A = -5,\ B = -3,\ C = 8,\ D = 6$$

由表 2-1，可知

$$L^{-1}\left[\frac{\omega}{(s+a)^2+\omega^2} \right] = \mathrm{e}^{-at}\sin\omega t,\ L^{-1}\left[\frac{s+a}{(s+a)^2+\omega^2} \right] = \mathrm{e}^{-at}\cos\omega t$$

可求得原函数为

$$f(t) = L^{-1}[F(s)] = L^{-1}\left[\frac{-5}{s+2} \right] + L^{-1}\left[\frac{-3}{s+4} \right] + L^{-1}\left[\frac{8(s+1)}{(s+1)^2+1} \right] + L^{-1}\left[\frac{6}{(s+1)^2+1} \right]$$

$$= (8\cos t + 6\sin t)\mathrm{e}^{-t} - 5\mathrm{e}^{-2t} - 3\mathrm{e}^{-4t}$$

3. $F(s)$ 中包含有重极点时的拉氏反变换

设 $A(s)=0$ 有 r 个重根，则

$$F(s) = \frac{B(s)}{A(s)} = \frac{b_m s^m + b_{m-1} s^{m-1} + \cdots + b_1 s + b_0}{(s-p_1)^r (s-p_{r+1})(s-p_{r+2})\cdots(s-p_n)}$$

将上式展开成部分分式，即

$$F(s) = \frac{A_{11}}{(s-p_1)^r} + \frac{A_{12}}{(s-p_1)^{r-1}} + \cdots + \frac{A_{1r}}{s-p_1} + \sum_{i=r+1}^{n} \frac{A_i}{(s-p_i)}$$

式中，A_{r+1}，A_{r+2}，$\cdots$，A_n 的求法与单实数极点情况下相同。

A_{11}，A_{12}，$\cdots$，A_{1r} 的求法如下

$$A_{11} = F(s)(s-p_1)^r \big|_{s=p_1}$$

$$A_{12} = \frac{\mathrm{d}}{\mathrm{d}s}\left[F(s)(s-p_1)^r\right]\bigg|_{s=p_1}$$

$$A_{13} = \frac{1}{2!}\frac{\mathrm{d}^2}{\mathrm{d}s^2}\left[F(s)(s-p_1)^r\right]\bigg|_{s=p_1}$$

$$\cdots$$

$$A_{1r} = \frac{1}{(r-1)!}\frac{\mathrm{d}^{(r-1)}}{\mathrm{d}s^{(r-1)}}\left[F(s)(s-p_1)^r\right]\bigg|_{s=p_1}$$

则

$$f(t) = L^{-1}[F(s)] = \left[\frac{A_{11}}{(r-1)!}t^{(r-1)} + \frac{A_{12}}{(r-2)!}t^{(r-2)} + \cdots + A_{1r}\right]e^{p_1 t} + \tag{2-44}$$

$$A_{r+1}e^{p_{r+1}t} + A_{r+2}e^{p_{r+2}t} + \cdots + A_n e^{p_n t} \quad (n \geqslant 0)$$

例 2-10 设 $F(s) = \dfrac{1}{s(s+2)^3(s+3)}$，试求其原函数。

解 将像函数表示为部分分式形式，即

$$F(s) = \frac{1}{s(s+2)^3(s+3)} = \frac{A_1}{s} + \frac{A_{21}}{(s+2)^3} + \frac{A_{22}}{(s+2)^2} + \frac{A_{23}}{(s+2)} + \frac{A_3}{s+3}$$

可计算出

$$A_1 = \frac{1}{24}, \quad A_{21} = -\frac{1}{2}, \quad A_{22} = \frac{1}{4}, \quad A_{23} = -\frac{3}{8}, \quad A_3 = \frac{1}{3}$$

可得

$$F(s) = \frac{1}{24s} + \frac{-1}{2(s+2)^3} + \frac{1}{4(s+2)^2} + \frac{-3}{8(s+2)} + \frac{1}{3(s+3)}$$

查表可求得原函数为

$$f(t) = L^{-1}[F(s)]$$

$$= \frac{1}{24} - \frac{1}{4}t^2 e^{-2t} + \frac{1}{4}t e^{-2t} - \frac{3}{8}e^{-2t} + \frac{1}{3}e^{-3t} = \frac{1}{24} + \frac{1}{4}\left(-t^2 + t - \frac{3}{2}\right)e^{-2t} + \frac{1}{3}e^{-3t}$$

2.3.5　应用拉氏变换解线性微分方程

应用拉氏变换解线性微分方程时，采用下列步骤：

1）对线性微分方程中的每一项进行拉氏变换，使微分方程变为 s 的代数方程。

2）解代数方程，得到有关变量 s 的拉氏变换表达式。

3）用拉氏反变换得到微分方程的时域解。

例 2-11 设系统微分方程为

$$\frac{\mathrm{d}^2 x_o(t)}{\mathrm{d}t^2} + 5\frac{\mathrm{d}x_o(t)}{\mathrm{d}t} + 6x_o(t) = x_i(t)$$

若 $x_i(t) = u(t)$，初始条件分别为 $x_o'(0)$、$x_o(0)$，试求 $x_o(t)$。

解 对微分方程左边进行拉氏变换，即

$$L\left[\frac{\mathrm{d}^2 x_o(t)}{\mathrm{d}t^2}\right] = s^2 X_o(t) - sx_o(0) - x_o'(0)$$

$$L\left[5\frac{\mathrm{d}x_o(t)}{\mathrm{d}t}\right] = 5sX_o(t) - 5x_o(0)$$

$$L[6x_o(t)] = 6X_o(t)$$

利用叠加定理将上式逐项相加，即得方程左边的拉氏变换

$$L\left[\frac{\mathrm{d}^2 x_o(t)}{\mathrm{d}t^2} + 5\frac{\mathrm{d}x_o(t)}{\mathrm{d}t} + 6x_o(t)\right] = (s^2 + 5s + 6)X_o(t) - [(s+5)x_o(0) + x_o'(0)]$$

对方程右边进行拉氏变换，即

$$L[x_i(t)] = L[u(t)] = \frac{1}{s}$$

得

$$(s^2 + 5s + 6)X_o(t) - [(s+5)x_o(0) + x_o'(0)] = \frac{1}{s}$$

$$X_o(t) = \frac{1}{(s^2 + 5s + 6)}\frac{1}{s} + \frac{(s+5)x_o(0) + x_o'(0)}{(s^2 + 5s + 6)}$$

写成一般形式为

$$X_o(t) = \frac{1}{D(s)}X_i(s) + \frac{N(s)}{D(s)}$$

应该强调指出，$D(s) = (s^2 + 5s + 6) = 0$ 是微分方程的特征方程，也是该系统的特征方程。利用分部法将 $X_o(t)$ 展开为

$$X_o(t) = \frac{1}{(s^2 + 5s + 6)}\frac{1}{s} + \frac{(s+5)x_o(0) + x_o'(0)}{(s^2 + 5s + 6)} = \frac{1}{s(s+2)(s+3)} + \frac{(s+5)x_o(0) + x_o'(0)}{(s+2)(s+3)}$$

$$= \frac{A_1}{s} + \frac{A_2}{s+2} + \frac{A_3}{s+3} + \frac{B_1}{s+2} + \frac{B_2}{s+3}$$

求待定系数 A_1、A_2、A_3、B_1、B_2，即

$$A_1 = \frac{1}{s(s+2)(s+3)}s\bigg|_{s=0} = \frac{1}{6}$$

$$A_2 = \frac{1}{s(s+2)(s+3)}(s+2)\bigg|_{s=-2} = -\frac{1}{2}$$

$$A_3 = \frac{1}{s(s+2)(s+3)}(s+3)\bigg|_{s=-3} = \frac{1}{3}$$

$$B_1 = \frac{(s+5)x_o(0) + x_o'(0)}{(s+2)(s+3)}(s+2)\bigg|_{s=-2} = 3x_o(0) + x_o'(0)$$

$$B_2 = \frac{(s+5)x_o(0)+x'_o(0)}{(s+2)(s+3)}(s+3)\bigg|_{s=-3} = -2x_o(0)-x'_o(0)$$

代入原式得

$$X_o(t) = \frac{A_1}{s}+\frac{A_2}{s+2}+\frac{A_3}{s+3}+\frac{B_1}{s+2}+\frac{B_2}{s+3}$$

$$= \frac{1}{6s}-\frac{1}{2(s+2)}+\frac{1}{3(s+3)}+\frac{3x_o(0)+x'_o(0)}{s+2}-\frac{2x_o(0)+x'_o(0)}{s+3}$$

查拉氏变换表得

$$x_o(t) = \frac{1}{6}-\frac{1}{2}e^{-2t}+\frac{1}{3}e^{-3t}+\left[3x_o(0)+x'_o(0)\right]e^{-2t}-\left[2x_o(0)+x'_o(0)\right]e^{-3t} \quad (t \geq 0)$$

当初始条件为零时，得

$$x_o(t) = \frac{1}{6}-\frac{1}{2}e^{-2t}+\frac{1}{3}e^{-3t} \quad (t \geq 0)$$

2.4　传递函数

建立了控制系统或元件的数学模型之后，就可对其求解，得到输出量的变化规律，以便对控制系统进行分析。但是，微分方程，尤其是复杂系统的高阶微分方程的求解非常复杂。如果对微分方程进行拉氏变换，即变成复数域的代数方程，这将使方程的求解简化。传递函数就是在拉氏变换的基础上产生的，用它描述零初始条件的单输入单输出系统方便直观，是对元件及系统进行分析和研究的有力工具。可以根据传递函数在复平面上的形状直接判断控制系统的动态性能，找出改善系统品质的方法。传递函数是经典控制理论的基础，是极其重要的基本概念。

2.4.1　传递函数的定义

线性定常系统传递函数的定义为：在零初始条件下，线性定常系统输出量的拉氏变换 $X_o(s)$ 与引起该输出的输入量的拉氏变换 $X_i(s)$ 之比。

$$G(s) = \frac{X_o(s)}{X_i(s)} \tag{2-45}$$

单输入、单输出线性定常系统的数学模型一般式可以表示为

$$a_n x_o^{(n)}(t)+a_{n-1}x_o^{(n-1)}(t)+\cdots+a_1 x'_o(t)+a_0 x_o(t)$$
$$= b_m x_i^{(m)}(t)+b_{m-1}x_i^{(m-1)}(t)+\cdots+b_1 x'_i(t)+b_0 x_i(t) \quad (n \geq m) \tag{2-46}$$

式中，$x_o(t)$ 和 $x_i(t)$ 分别为系统的输出和输入函数。

对式（2-46）两边取拉氏变换，并设输入量（或信号）$x_i(t)$ 和输出量（或信号）$x_o(t)$ 及其各阶导数的初始值均为零，可得

$$(a_n s^n+a_{n-1}s^{n-1}+\cdots+a_1 s+a_0)X_o(s) = (b_m s^m+b_{m-1}s^{m-1}+\cdots+b_1 s+b_0)X_i(s)$$

则系统的传递函数为

$$G(s)=\frac{X_o(s)}{X_i(s)}=\frac{b_m s^m+b_{m-1}s^{m-1}+\cdots+b_1 s+b_0}{a_n s^n+a_{n-1}s^{n-1}+\cdots+a_1 s+a_0} \tag{2-47}$$

因此，系统输出的拉氏变换可写为

$$X_o(s)=G(s)X_i(s) \tag{2-48}$$

系统在时域中的输出为

$$x_o(t)=L^{-1}\left[G(s)X_i(s)\right] \tag{2-49}$$

由式（2-48）可以看出，在复数域内，输入信号乘以传递函数 $G(s)$ 即为输出信号。可见，传递函数表示系统的输入和输出的传递关系。

传递函数是控制工程中非常重要的基本概念，它是分析线性定常系统的有力工具，具有以下特点：

1）传递函数的分母是系统的特征多项式，代表系统的固有特性；分子代表输入与系统的关系，而与输入量无关，因此传递函数表达了系统本身的固有特性。

2）传递函数不说明被描述系统的具体物理结构，不同的物理系统可能具有相同的传递函数。

3）传递函数比微分方程简单，通过拉氏变换将时域内复杂的微积分运算转化为简单的代数运算。

4）当系统输入典型信号时，输出与输入有对应关系。特别地，当输入是单位脉冲信号时，传递函数就表示系统的输出函数。因而，也可以把传递函数看成单位脉冲响应的像函数。

5）如果将传递函数进行代换，即 $s=j\omega$，可以直接得到系统的频率特性函数。

需要特别指出的是：

1）由于传递函数是经过拉氏变换导出的，而拉氏变换是一种线性积分运算，因此传递函数的概念仅适用于线性定常系统。

2）传递函数是在零初始条件下定义的，因此，传递函数原则上不能反映系统在非零初始条件下的运动规律。

3）一个传递函数只能表示一个输入对一个输出的关系，因此只适用于单输入单输出系统的描述，而且系统内部中间变量的变化情况，传递函数也无法反映。

2.4.2　典型环节的传递函数

控制系统一般由若干元件以一定形式连接而成，从控制理论来看，物理本质和工作原理不同的元件可以有完全相同的数学模型。在控制工程中，一般将具有某种确定信息传递关系的元件、元件组或元件的一部分称为一个环节，经常遇到的环节称为典型环节。复杂控制系统常常由一些简单的典型环节组成。求出这些典型环节的传递函数，就可以求出控制系统的传递函数，这给研究复杂控制系统带来了很大方便。

在工程控制系统中，常见的典型环节有：比例环节、惯性环节、微分环节、积分环节、振荡环节和延时环节，下面介绍如何求出这些典型环节的传递函数。

1. 比例环节

如果一个环节的输出和输入成比例，则称此环节为比例环节。比例环节的数学模型可写为

$$x_o(t) = Kx_i(t) \tag{2-50}$$

显然，其传递函数为

$$G(s) = \frac{X_o(s)}{X_i(s)} = K \tag{2-51}$$

比例环节在传递信息过程中既不延时也不失真，只是增大（或缩小）K 倍。机械系统中略去弹性的杠杆、无侧隙的减速器、丝杠等机械传动装置，以及质量高的测速发电机和伺服放大器等都可以认为是比例环节。

例 2-12　图 2-15 所示为齿轮传动副，试求齿轮系的传递函数。

解　若忽略齿侧间隙的影响，则

$$n_i(t)z_1 = n_o(t)z_2$$

式中，$n_i(t)$ 为输入轴转速；$n_o(t)$ 为输出轴转速；z_1、z_2 为齿轮齿数。

上式经拉氏变换后得

$$N_i(s)z_1 = N_o(s)z_2$$

则

$$G(s) = \frac{N_o(s)}{N_i(s)} = \frac{z_1}{z_2} = K$$

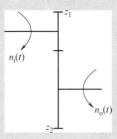

图 2-15　齿轮传动副

例 2-13　图 2-16 所示为一运算放大器。图中 $u_i(t)$ 为输入电压，$u_o(t)$ 为输出电压，R_1 和 R_2 为电阻，试求系统的传递函数。

解　由于 $i_1(t) \approx i_2(t)$，所以

$$\frac{u_i(t)}{R_1} \approx \frac{u_o(t)}{R_2}$$

对上式两边同时进行拉氏变换，并设初始输入、输出电压均为零，得

$$\frac{U_i(s)}{R_1} = \frac{U_o(s)}{R_2}$$

则

$$G(s) = \frac{U_o(s)}{U_i(s)} = \frac{R_2}{R_1} = K$$

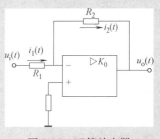

图 2-16　运算放大器

需要注意的是，在定义传递函数时，规定了零初始条件（初始输入、输出及其各阶导数均为零），所以，之后求传递函数时，总是规定系统具有零初始条件，而不再另外说明。

2. 惯性环节

如果一个环节的数学模型为一阶微分方程，常写成 $Tx'_o(t) + x_o(t) = Kx_i(t)$，则此环节称为惯性环节。将此式两边取拉氏变换，可得其传递函数为

$$G(s) = \frac{X_o(s)}{X_i(s)} = \frac{K}{Ts+1} \tag{2-52}$$

式中，K 为惯性环节的增益，或称放大系数；T 为惯性环节的时间常数。

例 2-14 图 2-17 所示为质量-阻尼-弹簧系统，试求其传递函数。

解 当其质量相对很小，可以忽略不计时，由达朗贝尔原理可知

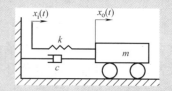

$$(x_i - x_o)k - cx_o' = 0$$

由此得其数学模型为

$$cx_o' + kx_o = kx_i$$

图 2-17 质量-阻尼-弹簧系统（一）

经拉氏变换，求得其传递函数为

$$G(s) = \frac{X_o(s)}{X_i(s)} = \frac{k}{cs+k} = \frac{1}{Ts+1}$$

式中，T 为时间常数，$T = c/k$，这时放大系数 $K = 1$。

由于系统有储能元件弹簧 k 和耗能元件阻尼器 c，所以其输出总是落后于输入，说明系统具有惯性。时间常数 T 越大，系统的惯性也越大。

例 2-15 试求如图 2-18 所示的低通滤波电路的传递函数。

解 由图 2-18 可知

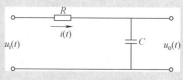

$$u_i(t) = Ri(t) + u_o(t)$$

$$u_o(t) = \frac{1}{C} \int i(t) \, \mathrm{d}t$$

对上面两式分别进行拉氏变换，得

图 2-18 低通滤波电路

$$U_i(s) = RI(s) + U_o(s)$$

$$U_o(t) = \frac{1}{Cs} I(s)$$

消去 $I(s)$，得

$$U_i(s) = (RCs + 1) U_o(s)$$

所以此电路的传递函数为

$$G(s) = \frac{U_o(s)}{U_i(s)} = \frac{1}{RCs+1} = \frac{1}{Ts+1}$$

其中，时间常数 $T = RC$，电阻 R 为耗能元件，电容 C 为储能元件，它们是此环节具有惯性的原因。之后在研究环节的频率特性时，将讨论它的低通滤波作用。

3. 微分环节

理想的微分环节的输出正比于输入的微分，即

$$x_o(t) = Tx_i'(t)$$

对上式取拉氏变换，得此环节的传递函数为

$$G(s) = \frac{X_o(s)}{X_i(s)} = Ts \qquad\qquad (2\text{-}53)$$

式中，T 为微分时间常数。

例 2-16　图 2-19 所示为机械-液压阻尼器的原理图。图中 A 为活塞面积，k 为弹簧刚度，R 为节流阀液阻，p_1、p_2 分别为液压缸左、右腔油液的工作压力，x_i 为活塞位移，是输入量，x_o 为液压缸位移，是输出量。试求其传递函数。

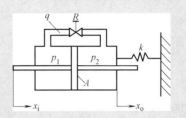

图 2-19　机械-液压阻尼器的原理图

当活塞作位移 x_i 时，液压缸瞬时位移 x_o 力图与 x_i 相等，但由于弹簧被压缩，弹簧恢复力加大，液压缸右腔油压 p_2 增大，迫使油液以流量 q 通过节流阀反流到液压缸左腔，从而使液压缸左移，直到液压缸受力平衡时为止。

解　液压缸的力平衡方程为

$$A(p_2 - p_1) = kx_o$$

通过节流阀的流量为

$$q = \frac{p_2 - p_1}{R} = A(\dot{x}_i - \dot{x}_o)$$

由上面两式可得

$$\dot{x}_i - \dot{x}_o = \frac{k}{A^2 R} x_o$$

其传递函数为

$$G(s) = \frac{X_o(s)}{X_i(s)} = \frac{s}{s + \dfrac{k}{A^2 R}} = \frac{Ts}{Ts + 1}$$

由此可知，此阻尼器为包括惯性环节和微分环节的系统，此系统也称为惯性微分环节。仅当 $|Ts| \ll 1$ 时，$G(s) \approx Ts$，才近似成为微分环节。

例 2-17　图 2-20 所示为一直流发电机原理图，当励磁电压 u_g 等于常数时，取输入量为转子转角 θ，输出量为电枢电压 u_o，试求其传递函数。

解　因为励磁电压 u_g 不变，故磁通不变，所以电枢电压 u_o 与转子转速成正比，即

$$u_o = K\dot{\theta}$$

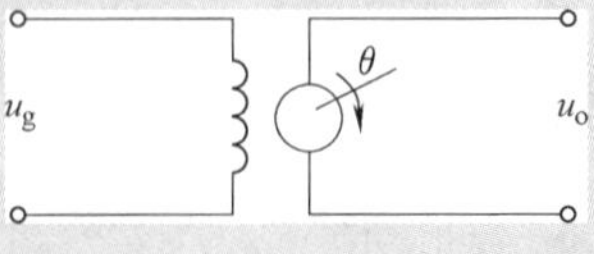

此式为一阶微分方程，所以此环节为微分环节，其传递函数为

图 2-20　直流发电机原理图

$$G(s) = \frac{U_o(s)}{\theta(s)} = Ks$$

如果输入为电动机转角，将直流发电机作为测速装置时，则构成比例环节。

4. 积分环节

积分环节的输出量 $x_o(t)$ 与输入量 $x_i(t)$ 对时间的积分成正比，即

$$x_o(t) = \frac{1}{T} \int_0^t x_i(t) \, \mathrm{d}t$$

其传递函数为

$$G(s) = \frac{X_o(s)}{X_i(s)} = \frac{1}{Ts} \tag{2-54}$$

式中，T 为积分环节的时间常数。

积分环节的一个显著特点是输出量取决于输入量对时间的积累过程，输入量作用一段时间后，即使输入量变为零，输出量仍将保持在已达到的数值，故有记忆功能；另一个特点是有明显的滞后作用，从图 2-21 可以看出，输入量为常值 A 时

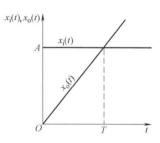

图 2-21 积分环节的性质

$$x_o(t) = \frac{1}{T} \int_0^t A \, \mathrm{d}t = \frac{1}{T} A t$$

$x_o(t)$ 是一条斜线，输出量需经过时间 T 的滞后，才能达到输入量 $x_i(t)$ 在 $t = 0$ 时的数值，因此，积分环节常被用来改善控制系统的稳态性能。

例 2-18 图 2-22 所示为齿轮-齿条传动机构，试求其传递函数。

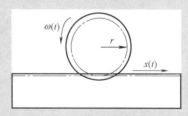

图 2-22 齿轮-齿条传动机构

解 取齿轮的转速 $\omega(t)$ 为输入，齿条的位移 $x(t)$ 为输出，其数学模型为

$$x(t) = \int_0^t r\omega(t) \, \mathrm{d}t$$

式中，r 为齿轮节圆半径。

如果一个环节的输出正比于输入对时间的积分，则此环节为积分环节。对上式取拉氏变换，得其传递函数为

$$G(s) = \frac{X(s)}{\theta(s)} = \frac{r}{s}$$

例 2-19　图 2-23 所示为电枢控制式小功率电动机，试求其传递函数。

解　略去电枢绕组中的电阻 R 和电感 L 的影响，在无负载条件下，电动机转速和输入电压之间近似有

$$\frac{\mathrm{d}}{\mathrm{d}t}\theta_\mathrm{o}(t) = Ku_\mathrm{i}(t)$$

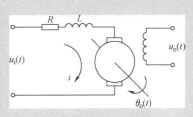

式中，$\theta_\mathrm{o}(t)$ 为电动机轴的转角；K 为电动机的增益；$u_\mathrm{i}(t)$ 为作用在电枢两端的电压。

图 2-23　电枢控制式小功率电动机

上式说明，若输入一个电压 $u_\mathrm{i}(t)$，则电动机轴将以角速度 $\mathrm{d}\theta_\mathrm{o}(t)/\mathrm{d}t$ 一直转下去。现以电动机轴转角 $\theta_\mathrm{o}(t)$ 为输出，则有

$$\theta_\mathrm{o}(t) = K\int u_\mathrm{i}(t)\,\mathrm{d}t$$

其传递函数为

$$G(s) = \frac{\theta_\mathrm{o}(s)}{U_\mathrm{i}(s)} = \frac{K}{s}$$

5. 振荡环节

振荡环节含有两个独立的储能元件，并且所储存的能量能够互相转换，从而导致输出带有振荡的性质。这种环节的微分方程式为

$$T^2\frac{\mathrm{d}^2 x_\mathrm{o}(t)}{\mathrm{d}t^2} + 2\xi T\frac{\mathrm{d}x_\mathrm{o}(t)}{\mathrm{d}t} + x_\mathrm{o}(t) = Kx_\mathrm{i}(t)$$

其传递函数为

$$G(s) = \frac{X_\mathrm{o}(s)}{X_\mathrm{i}(s)} = \frac{K}{T^2 s^2 + 2\xi Ts + 1} \tag{2-55}$$

式中，T 为振荡环节的时间常数；ξ 为阻尼比；K 为比例系数。

振荡环节传递函数的另一种常用标准形式（$K=1$）为

$$G(s) = \frac{X_\mathrm{o}(s)}{X_\mathrm{i}(s)} = \frac{\omega_\mathrm{n}^2}{s^2 + 2\xi\omega_\mathrm{n}s + \omega_\mathrm{n}^2}$$

式中，ω_n 为无阻尼固有频率，$\omega_\mathrm{n} = 1/T$。

例 2-20　图 2-24 所示为质量-阻尼-弹簧系统，系统的数学模型为

$$m\ddot{x}_\mathrm{o} + c\dot{x}_\mathrm{o} + kx_\mathrm{o} = kx_\mathrm{i}$$

试求其传递函数。

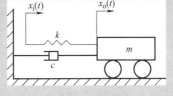

解　此为二阶线性常微分方程，是描述振荡性质的方程。因此，将数学模型为二阶线性常微分方程的环节称为振荡环节。对上式取拉氏变换，得

$$(ms^2 + cs + k)X_\mathrm{o}(s) = kX_\mathrm{i}(s)$$

图 2-24　质量-阻尼-弹簧系统（二）

传递函数的一般表达式为

$$G(s) = \frac{X_o(s)}{X_i(s)} = \frac{k}{ms^2 + cs + k}$$

$$= \frac{k/m}{s^2 + (c/m)s + k/m} = \frac{\omega_n^2}{s^2 + 2\xi\omega_n s + \omega_n^2}$$

式中，ω_n 为无阻尼固有频率，$\omega_n = \sqrt{\dfrac{k}{m}}$；$\xi$ 为阻尼比，$\xi = \dfrac{c}{2\sqrt{mk}}$。

例 2-21 如图 2-25 所示的无源 $R\text{-}C\text{-}L$ 网络是一个振荡环节。其中，$u_i(t)$ 为输入电压，$u_o(t)$ 为输出电压，L 为电感，R 为电阻，C 为电容。试求其传递函数。

解 电容 C 上的电流为 $\qquad i = C\dot{u}_o$

电感 L 上的电压为 $\qquad U_L = L\dot{i} = LC\ddot{u}_o$

电阻 R 上的电压为 $\qquad U_R = iR = RC\dot{u}_o$

由电压平衡条件 $u_i(t) = U_L + U_R + u_o(t)$，可得此网络的
数学模型为

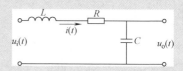

图 2-25 无源 $R\text{-}C\text{-}L$ 网络

$$LC\ddot{u}_o(t) + RC\dot{u}_o(t) + u_o(t) = u_i(t)$$

上式经拉氏变换，得其传递函数为

$$G(s) = \frac{U_o(s)}{U_i(s)} = \frac{1}{LCs^2 + RCs + 1}$$

$$= \frac{1/(LC)}{s^2 + (R/L)s + 1/(LC)} = \frac{\omega_n^2}{s^2 + 2\xi\omega_n s + \omega_n^2}$$

式中，ω_n 为无阻尼固有频率，$\omega_n = \sqrt{\dfrac{1}{LC}}$；$\xi$ 为阻尼比，$\xi = \dfrac{R}{2}\sqrt{\dfrac{C}{L}}$。

可见，此网络为振荡环节。调节 R、C 和 L 可改变振荡的固有频率和阻尼比。

例 2-20 和例 2-21 所示系统都可以看作振荡环节。但必须指出，当 $0 < \xi < 1$ 时，二阶特征方程才有共轭复根，这时二阶系统才能称为振荡环节。当 $\xi > 1$ 时，二阶系统有两个实数根，该系统则为两个惯性环节的串联。

6. 延时环节

延时环节是输出滞后输入时间 τ 后不失真地反映输入的环节。延时环节一般与其他环节共存，而不单独存在。

延时环节的输入 $x_i(t)$ 和输出 $x_o(t)$ 之间的关系为

$$x_o(t) = x_i(t - \tau)$$

取拉氏变换，根据拉氏变换的延迟性质，得传递函数为

$$G(s) = \frac{X_o(s)}{X_i(s)} = e^{-\tau s} \tag{2-56}$$

延迟环节与惯性环节的区别在于：惯性环节从输入开始时刻起就已有输出，仅由于惯性，输出要滞后一段时间才接近于所要求的输出值；延迟环节从输入之初，在 $0 \sim \tau$ 的区间内，并无输出，但在 $t = \tau$ 之后，输出就完全等于输入，如图 2-26 所示。

延迟环节常见于液压、气动系统中，施加输入后，往往由于管道长度而延迟了信号传递的时间。

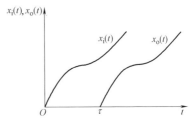

图 2-26　延迟环节输入与输出的关系

例 2-22　图 2-27 所示为轧制钢板的厚度控制装置，带钢在 A 点轧出时，厚度为 h_i。但是这一厚度在到达 B 点时才被测厚检测仪所检测到，检测到的厚度为 h_o。试求其传递函数。

解　设在 A 点测量的带钢厚度 h_i 为输入量，在 B 点测量的厚度 h_o 为输出量，检测仪距 A 点的距离为 L，带钢速度为 v，则延迟时间 $\tau = L/v$。

则输出量与输入量之间有如下关系，即
$$h_o(t) = h_i(t - \tau)$$
上式表示，在 $t < \tau$ 时，$h_o(t) = 0$，即测厚仪不反映 h_i 的值；在 $t \geqslant \tau$ 时，测厚仪在延时 τ 时间后，立即反映 h_i 在 $t = \tau$ 时的值及其以后的值。因而其传递函数为

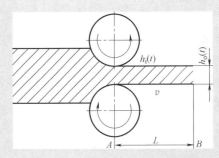

图 2-27　轧制钢板的厚度控制装置

$$G(s) = \frac{H_o(s)}{H_i(s)} = e^{-\tau s}$$

综上所述，环节是根据运动微分方程划分的，一个环节不一定代表一个元件，也许是几个元件之间的运动特性才组成一个环节。此外，同一元件在不同系统中的作用不同，输入输出的物理量不同，可起到不同环节的作用。

2.5　系统的方框图和信号流图

2.5.1　系统方框图的组成

系统的传递函数只表示输入和输出两个变量的关系，而无法反映系统中信息的传递过程。系统方框图是系统数学模型的图形表示形式，方框图能简明地表示控制系统中各环节间的关系和信号的传递过程，因而，系统方框图得到广泛应用。

一个系统由若干环节按一定的关系组成，为了表示系统内部各环节、各变量之间的相互关系以及信号流向，采用方框代表一个环节，箭头代表输入及输出的流向，框内写此环节的

传递函数，就构成系统的方框图。

1. 方框

方框是传递函数的图解表示，如图 2-28a 所示。图中，指向方框的箭头表示输入的拉氏变换，离开方框的箭头表示输出的拉氏变换，方框中表示的是该输入、输出之间环节的传递函数。

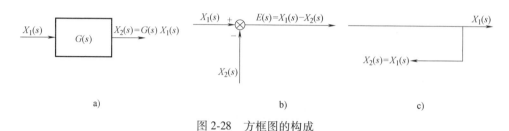

图 2-28　方框图的构成

2. 比较点

比较点是信号之间代数加减运算的图解表示，如图 2-28b 所示。在比较点处，输出信号（离开比较点的箭头表示）等于各输入信号（指向比较点的箭头表示）的代数运算和，每一个指向比较点的箭头前方的"＋"号或"－"号表示该输入信号在代数运算中的符号。相加减的量应具有相同的量纲和物理意义，比较点可以有多个输入，但输出是唯一的。

3. 分支点

同一信号要传送到不同的元件上时，可以通过在分支点上引出若干信号线，通过箭头表示引出信号的传递方向，如图 2-28c 所示。在分支点引出的信号不仅量纲相同，而且数值也相等。

2.5.2　环节的基本连接方式

系统传递函数的求解过程如下：可以先求出组成系统的各个元件的传递函数，通过信号的流向画出系统总的方框图，然后对方框图进行化简，求出系统总的传递函数。建立系统方框图的步骤如下：

1）建立系统（或元件）的原始微分方程。在建立方程时，应特别注意选择输入变量和输出变量。

2）对这些原始微分方程进行拉氏变换，并根据各拉氏变换式中的因果关系绘出相应的方框图。

3）按照信号在系统中的传递关系和变换过程，依次将各传递函数方框图连接起来（同一变量的信号通路连接在一起），系统输入量置于左端，输出量置于右端，便得到系统的传递函数方框图。

方框图的基本组成形式分为环节串联、环节并联和反馈连接三种。

1. 环节串联

在控制系统中，当前一环节的输出量就是后一环节的输入量时，称它们为串联连接，如图2-29所示。其中，$G_1(s)$、$G_2(s)$、$G_3(s)$ 为各环节的传递函数。由于前一个环节的输出是

后一个环节的输入，所以

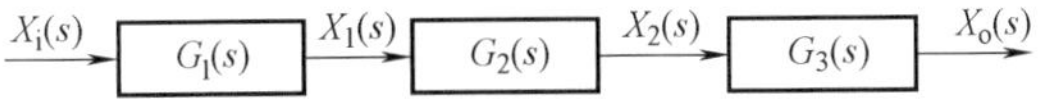

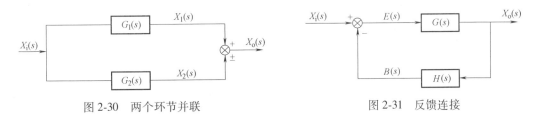

图 2-29 三个环节串联

$$G_1(s) = \frac{X_1(s)}{X_i(s)}, G_2(s) = \frac{X_2(s)}{X_1(s)}, G_3(s) = \frac{X_o(s)}{X_2(s)}$$

当各个环节之间不存在负载效应时，串联后的总传递函数为

$$G(s) = \frac{X_o(s)}{X_i(s)} = \frac{X_1(s)}{X_i(s)} \frac{X_2(s)}{X_1(s)} \frac{X_o(s)}{X_2(s)} = G_1(s)G_2(s)G_3(s)$$

如果有 n 个环节串联，在无负载效应时，串联环节的等效传递函数等于所有相串联环节的传递函数的乘积，即

$$G(s) = \prod_{i=1}^{n} G_i(s) \tag{2-57}$$

2. 环节并联

凡有几个环节的输入相同，输出相加或相减的连接形式称为环节的并联。图 2-30 所示为两个环节并联，它们有相同的输入，而总输出为各自的输出相加或相减，即总输出为

$$X_o(s) = X_1(s) \pm X_2(s)$$

总传递函数为

$$G(s) = \frac{X_o(s)}{X_i(s)} = \frac{X_1(s) \pm X_2(s)}{X_i(s)} = G_1(s) \pm G_2(s)$$

如果有 n 个环节并联，其总的传递函数等于各并联环节传递函数的代数和，即

$$G(s) = \sum_{i=1}^{n} G_i(s) \tag{2-58}$$

3. 反馈连接

如图 2-31 所示，两个传递函数方框反向并联，称为反馈连接。图中反馈端的 "–" 号表示系统为负反馈连接；反之，若为 "+" 号，则为正反馈连接。

图 2-30 两个环节并联

图 2-31 反馈连接

图 2-31 所示反馈连接的基本形式，称为闭环系统。输出 $X_o(s)$ 经反馈传递函数 $H(s)$ 变为信号 $B(s)$。经比较环节输出的偏差为

$$E(s) = X_i(s) - B(s)$$

所以输入可写为

$$X_i(s) = E(s) + B(s)$$

故闭环系统的传递函数可以写成

$$G_{\mathrm{b}}(s)=\frac{X_{\mathrm{o}}(s)}{X_{\mathrm{i}}(s)}=\frac{X_{\mathrm{o}}(s)}{E(s)+B(s)}$$

分子、分母均除以 $E(s)$，得

$$G_{\mathrm{b}}(s)=\frac{\dfrac{X_{\mathrm{o}}(s)}{E(s)}}{1+\dfrac{B(s)X_{\mathrm{o}}(s)}{E(s)X_{\mathrm{o}}(s)}}=\frac{G(s)}{1+H(s)G(s)} \tag{2-59}$$

式（2-59）为闭环系统传递函数的一般表达式。

把输出量作为反馈信号与系统输入进行比较，用偏差作为可控制量的反馈均为负反馈，也称主反馈。

如图 2-32 所示，若比较点的 $B(s)$ 处为正号，则 $E(s)=X_{\mathrm{i}}(s)+B(s)$，此时，与负反馈类似，可求出正反馈闭环的传递函数为

$$G_{\mathrm{b}}(s)=\frac{X_{\mathrm{o}}(s)}{X_{\mathrm{i}}(s)}=\frac{G(s)}{1-H(s)G(s)} \tag{2-60}$$

若反馈通道的传递函数 $H(s)=1$，系统称为单位反馈系统。图 2-33 所示为一个单位负反馈系统方框图。

图 2-32　正反馈连接　　　　　　　　图 2-33　负反馈连接

对于图 2-33 所示的单位负反馈闭环系统，其传递函数为

$$G_{\mathrm{b}}(s)=\frac{G(s)}{1+G(s)} \tag{2-61}$$

2.5.3　方框图的变换与简化

为了分析控制系统的动态特性，需要对系统进行运算和变换，求出总的传递函数。这种运算和变换就是将方框图化成一个等效的方框，而方框中的数学表达式就是系统总的传递函数。方框图的变换应按等效原则进行。所谓等效，就是对方框图的任一部分进行变换时，变换前后输入、输出之间总的数学关系应保持不变，即当不改变输入时，分支点的信号保持不变。显然，变换的实质相当于对所描述系统的方程组进行消元，求出系统输入与输出的总关系式。

1. 方框图的等效变换规则

在可能的情况下，利用环节串联、并联以及反馈的公式。不能直接利用这些公式时，先把比较点或分支（或引出）点作合理等效移动，其目的是去掉方框图中的信号交叉，然后再应用上述的等效法则对系统方框图进行化简。在对比较点或分支点作等效移动时，必须保

证变动前后的输入和输出不改变。改变分支点和比较点位置的规则具体说明如下：

（1）分支点移动　图 2-34 所示为分支点前移，这时必须在分出的支路中串入一个方框，所串入的方框必须与分支点前移时所越过的方框具有相同的传递函数，以保证在输入信号保持不变的情况下，两个通道的输出保持不变。图 2-35 所示为分支点后移，这时在支路中串入的方框中的传递函数，是分支点后移时所越过的方框中传递函数的倒数。

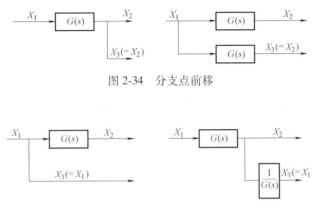

图 2-34　分支点前移

图 2-35　分支点后移

（2）比较点移动　图 2-36 所示为比较点前移，这时在前移支路中串入方框的传递函数，是所越过方框传递函数的倒数。图 2-37 所示为比较点后移，这时在后移支路中串入的方框，必须具有与比较点后移时所越过的方框相同的传递函数。

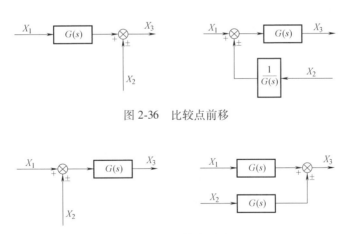

图 2-36　比较点前移

图 2-37　比较点后移

2. 方框图的简化

方框图简化的基本运算法则为环节串联、并联和反馈计算。当系统中含有多回路，形成回路交错和相套，不能直接采用基本运算法则时，可以移动分支点或比较点，消除交叉连接，使其成为独立的小回路，以便用串联、并联和反馈连接的等效规则进一步简化。一般应先求解内回路，再逐步向外回路一环环简化，最后求得系统的闭环传递函数。

例 2-23　将图 2-38a 所示的三环回路方框图简化。

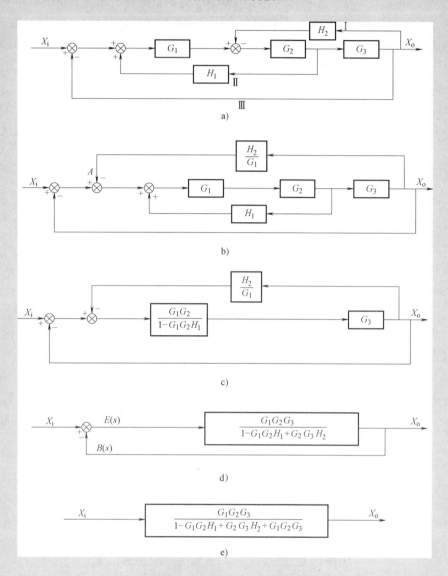

图 2-38　三环回路方框图的简化

a) 简化前的系统　b) 回路 I 的比较点移到 A 点　c) 对回路 II 应用反馈计算公式
d) 对变换后的回路 I 应用反馈计算公式　e) 简化后的系统

解　由图 2-38a 可见，回路 I 和回路 II 交错，不能直接应用基本运算法则计算。

将图 2-38a 变换到图 2-38b 是回路 I 的比较点前移到 A 点，这时前移支路中传递函数由 H_2 变为 H_2/G_1，通过前移消除了回路的交错，可以应用基本计算公式进行简化。

图 2-38b 变换到图 2-38c 是利用环节串联和反馈计算公式将一个局部闭环回路化为一个传递函数。注意，此处是正反馈。

图 2-38c 变换到图 2-38d 也是利用环节串联及反馈计算公式将一个局部闭环回路化为一个传递函数。

图 2-38d 是单位反馈的单环回路，也就是单一的闭环回路，由图 2-38d 到图 2-38e 是将一个闭环回路用一个方框图来表示的系统。由此可知，用一个方框表示的系统不一定是开环系统。

需要指出的是，方框图的化简方法并不是唯一的。对本例而言，主要用的是比较点的移动。另外，还可以通过分支点的移动来化简。请读者考虑其他化简的方法。

2.5.4　系统的信号流图及其简化

1. 信号流图的概念

方框图虽然对分析系统很有用，但是遇到比较复杂的系统时，其变换和化简过程往往显得很复杂。信号流图是由美国数学家 S. J. Mason（梅逊）首先提出的，它与方框图一样是系统数学模型的一种图解表示法，但能简单地表示复杂系统中变量之间的关系。

2. 信号流图的组成及其术语

图 2-39a 所示系统方框图对应的系统信号流图如图 2-39b 所示。由图 2-39b 可以看出，信号流图中的网络是由一些定向线段将一些节点连接起来组成的。下面说明这些线段和节点的含义。

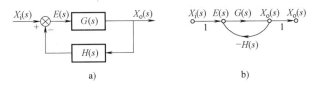

图 2-39　系统方框图和与其对应的信号流图

（1）节点　节点表示变量或信号，其值等于所有进入该节点的信号之和。例如，$X_i(s)$、$E(s)$ 和 $X_o(s)$ 是图 2-39b 中的节点。

（2）输入节点　它是只有输出的节点，也称源点。例如，图 2-39b 中 $X_i(s)$ 是一个输入节点。

（3）输出节点　它是只有输入的节点，也称汇点。然而这个条件并不总是能满足的。为了满足定义的要求可引进增益为 1 的线段。例如，图 2-39b 中的右端点 $X_o(s)$ 为输出节点。

（4）混合节点　它是既有输入又有输出的节点。例如，图 2-39b 中 $E(s)$ 是一个混合节点。

（5）支路　定向线段称为支路，其上的箭头表明信号的流向，各支路上还标明了增益，即支路的传递函数。例如，图 2-39b 中从节点 $E(s)$ 到 $X_o(s)$ 为一支路，其中 $G(s)$ 为该支路的增益。

（6）通路　沿支路箭头方向穿过各相连支路的路径称为通路。

（7）前向通道　从输入节点到输出节点的通路上通过任何节点不多于一次的通路称为前向通道。例如，图 2-39b 中的 $X_i(s) \rightarrow E(s) \rightarrow X_o(s)$ 是前向通道。

（8）回路 始端与终端重合且与任何节点相交不多于一次的通道称为回路。例如，图 2-39b 中 $E(s) \rightarrow X_o(s) \rightarrow E(s)$ 是一条回路。

（9）不接触回路 没有任何公共节点的回路称为不接触回路。

3. 信号流图的绘制

绘制系统的信号流图，首先，必须将描述系统的线性微分方程变换成以 s 为变量的代数方程；其次，线性代数方程组中每一个方程都要写成因果关系式，且在书写时，将作为"因"的一些变量写在等式右端，而把"果"的变量写在等式左端。

例 2-24 绘制如图 2-40 所示 RC 电路的信号流图。

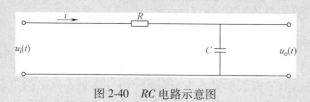

图 2-40 RC 电路示意图

解 系统的微分方程组为

$$u_i = Ri + u_o$$

$$u_o = \frac{1}{C} \int_0^t i \mathrm{d}\tau$$

在零初始条件下进行拉氏变换，得

$$U_i(s) = RI(s) + U_o(s)$$

$$U_o(s) = \frac{1}{Cs}I(s)$$

这里，变量有三个：$U_i(s)$、$U_o(s)$ 和 $I(s)$。

把上述方程组写成各变量间的依次单向关系式，得

$$U_o(s) = \frac{1}{Cs}I(s)$$

$$I(s) = \frac{1}{R}U_i(s) - \frac{1}{R}U_o(s)$$

相应的信号流图如图 2-41 所示。

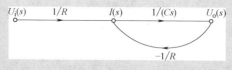

图 2-41 RC 网络的信号流图

4. 信号流图的简化

信号流图具有下列性质：

1）以节点代表变量。源点代表输入量，汇点代表输出量。混合节点表示的变量是所有流入该节点信号的代数和，而从节点流出的各支路信号均为该节点的信号。

2）以支路表示变量或信号的传输和变换过程，信号只能沿着支路的箭头方向传输。在信号流图中每经过一条支路，相当于在方框图中经过一个用方框表示的环节。

3）增加一个具有单位传输的支路，可以把混合节点化为汇点。

4）对于同一个系统，信号流图的形式不是唯一的。

如图 2-42 所示，信号流图的简化规则可扼要归纳如下：

1）串联支路的总传输等于各支路传输之乘积，如图 2-42a 所示。

2）并联支路的总传输等于各支路传输之和，如图 2-42b 所示。

3）混合节点可以通过移动支路的方法消去，如图 2-42c 所示。

4）反馈环节可以根据反馈连接的规则化为等效支路，如图 2-42d 所示。

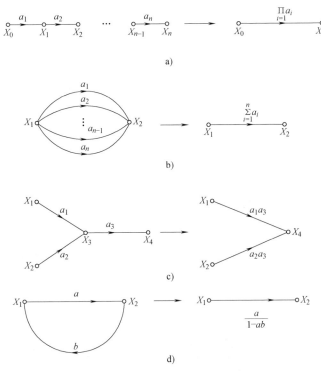

图 2-42　信号流图的简化规则

例 2-25　将图 2-43 所示的系统方框图化为信号流图并简化，求系统闭环传递函数 $\dfrac{X_o(s)}{X_i(s)}$。

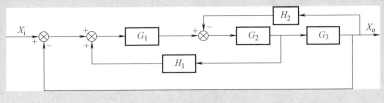

图 2-43　系统的方框图

解 图 2-43 所示的方框图可以化为图 2-44 所示的信号流图。这里应注意的是,在方框图比较环节处的正负号在信号流图中反映在支路传输的符号上。

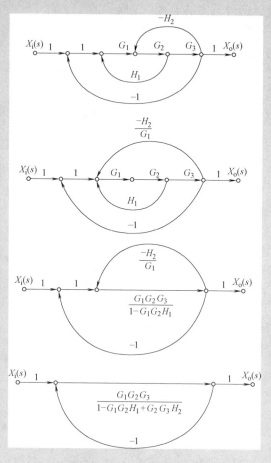

图 2-44 系统信号流图的简化

最后求得系统的闭环传递函数(总传输)为

$$\frac{X_o(s)}{X_i(s)} = \frac{G_1 G_2 G_3}{1 - G_1 G_2 H_1 + G_2 G_3 H_2 + G_1 G_2 G_3}$$

2.5.5 梅逊公式及其应用

对于比较复杂的控制系统,方框图或信号流图的变换和简化方法都显得繁琐费时,这时可以用梅逊公式直接计算从输入到输出的总传递函数,梅逊公式可表示为

$$T = \frac{\sum_n t_n \Delta_n}{\Delta} \tag{2-62}$$

式中,T 为总传递函数;t_n 为第 n 条前向通路的传递函数;Δ_n 为第 n 条前向通路特征式的余

因子，即在信号流图的特征式 Δ 中，将与第 n 条前向通路相接触的回路传递函数代之以零后求得的 Δ，即为 Δ_n；Δ 为信号流图的特征式。

$$\Delta = 1 - \sum_i L_{1,i} + \sum_j L_{2,j} - \sum_k L_{3,k} + \cdots \tag{2-63}$$

式中，$L_{1,i}$ 为第 i 条回路的传递函数；$\sum_i L_{1,i}$ 为系统中所有回路的传递函数的总和；$L_{2,j}$ 为两个互不接触回路传递函数的乘积；$\sum_j L_{2,j}$ 为系统中每两个互不接触回路传递函数的乘积之和；$L_{3,k}$ 为三个互不接触回路传递函数的乘积；$\sum_k L_{3,k}$ 为系统中每三个互不接触回路传递函数的乘积之和。

应该指出的是，上面求和的过程，是在从输入节点到输出节点的全部可能通路上进行的。

下面通过两个例子，说明梅逊公式的应用。

例 2-26　用梅逊公式求图 2-45 所示信号流图的总传递函数。

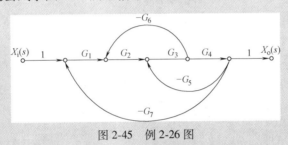

图 2-45　例 2-26 图

解　在这个系统中，在输入量 $X_i(s)$ 和输出量 $X_o(s)$ 之间只有一条前向通路。前向通路的传递函数为

$$t_1 = G_1 G_2 G_3 G_4$$

由图 2-45 可见，系统有三个单独回路，这些回路的传递函数为

$$L_{1,1} = -G_2 G_3 G_6$$
$$L_{1,2} = -G_3 G_4 G_5$$
$$L_{1,3} = -G_1 G_2 G_3 G_4 G_7$$

因为三个回路具有一条公共支路，所以这里没有不接触的回路。因此特征式为

$$\Delta = 1 - \sum L_1 = 1 + G_2 G_3 G_6 + G_3 G_4 G_5 + G_1 G_2 G_3 G_4 G_7$$

沿连接输入节点和输出节点的前向通路，其对应的特征式的余因子 Δ_1，可以通过除去与该通路接触的回路的方法而得到。因为该前向通路与三个回路都接触，所以得到

$$\Delta_1 = 1$$

因此，输入量 $X_i(s)$ 和输出量 $X_o(s)$ 之间的总传递函数（即闭环传递函数）为

$$\frac{X_o(s)}{X_i(s)} = T = \frac{t_1 \Delta_1}{\Delta} = \frac{G_1 G_2 G_3 G_4}{1 + G_2 G_3 G_6 + G_3 G_4 G_5 + G_1 G_2 G_3 G_4 G_7}$$

例 2-27 图 2-46 所示为系统的信号流图，应用梅逊公式求总的传递函数。

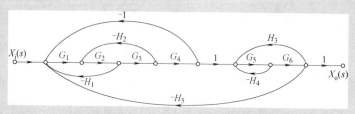

图 2-46 例 2-27 图

解 在这个系统中，输入量 $X_i(s)$ 和输出量 $X_o(s)$ 之间，有一条前向通路

$$t_1 = G_1G_2G_3G_4G_5G_6$$

系统有六个单独回路

$L_1 = -G_1G_2H_1$ $\qquad\qquad$ $L_2 = -G_2G_3H_2$

$L_3 = -G_5H_4$ $\qquad\qquad$ $L_4 = G_5G_6H_3$

$L_5 = -G_1G_2G_3G_4$ $\qquad\qquad$ $L_6 = -G_1G_2G_3G_4G_5G_6H_5$

六对回路互不接触

$L_1L_3 = G_1G_2G_5H_1H_4$ $\qquad\qquad$ $L_2L_3 = G_2G_3G_5H_2H_4$

$L_1L_4 = -G_1G_2G_5G_6H_1H_3$ $\qquad\qquad$ $L_2L_4 = -G_2G_3G_5G_6H_2H_3$

$L_3L_5 = G_1G_2G_3G_4G_5H_4$ $\qquad\qquad$ $L_4L_5 = -G_1G_2G_3G_4G_5G_6H_3$

因此信号流图的特征式为

$$\Delta = 1 - \sum_{i=1}^{6} L_i + L_1L_3 + L_2L_3 + L_1L_4 + L_2L_4 + L_3L_5 + L_4L_5$$

$$= (1+G_1G_2H_1+G_2G_3H_2+G_1G_2G_3G_4)(1+G_5H_4-G_5G_6H_3)+G_1G_2G_3G_4G_5G_6H_5$$

由于六个回路均与前向通路 t_1 接触，故其特征式的余因子为

$$\Delta_1 = 1$$

由梅逊公式得系统的总传递函数为

$$\frac{C(s)}{R(s)} = \frac{t_1\Delta_1}{\Delta}$$

$$= \frac{G_1G_2G_3G_4G_5G_6}{(1+G_1G_2H_1+G_2G_3H_2+G_1G_2G_3G_4)(1+G_5H_4-G_5G_6H_3)+G_1G_2G_3G_4G_5G_6H_5}$$

习　题

2-1 什么是系统的数学模型？常用的数学模型有哪些？

2-2 简述传递函数的定义和性质。

2-3 什么是线性系统？简述其重要的特性。

2-4 试求下列函数的拉氏反变换：

(1) $F(s)=\dfrac{4}{s(s+5)}$　　　　(2) $F(s)=\dfrac{s+1}{(s+2)(s+3)}$

(3) $F(s)=\dfrac{e^{-s}}{s-1}$　　　　(4) $F(s)=\dfrac{s^2+5s+2}{(s+2)(s^2+2s+2)}$

2-5　使用拉氏变换求解下列微分方程：

(1) $\ddot{x}(t)+3\dot{x}(t)+2x(t)=0$, $x(0)=a$, $\dot{x}(0)=b$, 式中 a 和 b 为常数。

(2) $\ddot{x}(t)+2\dot{x}(t)+5x(t)=3$, $x(0)=0$, $\dot{x}(0)=0$。

(3) $\dddot{x}(t)+3\ddot{x}(t)+3\dot{x}(t)+x(t)=1$, $\ddot{x}(0)=\dot{x}(0)=x(0)=0$。

2-6　试求如图 2-47 所示的机械系统的数学模型和传递函数。

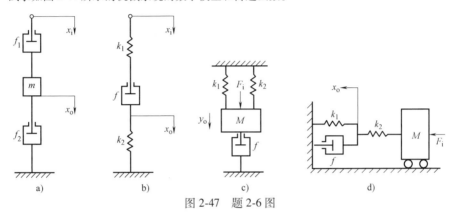

图 2-47　题 2-6 图

2-7　试求如图 2-48 所示无源网络的数学模型和传递函数。

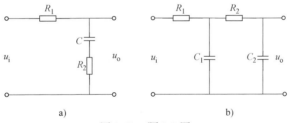

图 2-48　题 2-7 图

2-8　化简如图 2-49 所示的方框图，并确定其传递函数。

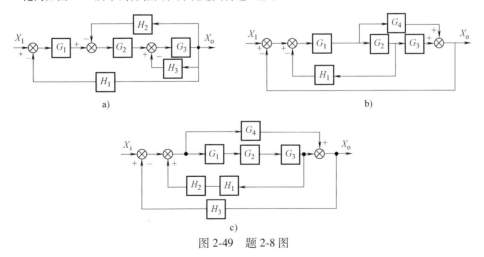

图 2-49　题 2-8 图

2-9 化简如图 2-50 所示的信号流图，并确定其传递函数。

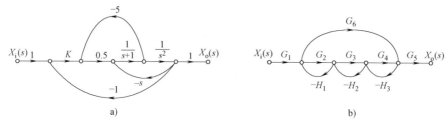

图 2-50 题 2-9 图

2-10 画出如图 2-51 所示系统结构图对应的信号流图，并用梅逊公式求传递函数 $\dfrac{X_i(s)}{X_o(s)}$。

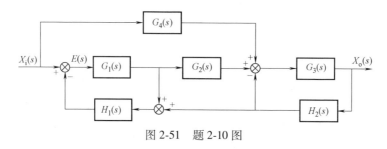

图 2-51 题 2-10 图

2-11 图 2-52 所示为一控制系统的方框图，试画出其对应的信号流图，并利用梅逊公式求闭环传递函数。

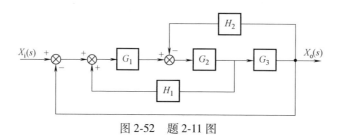

图 2-52 题 2-11 图

第 **3** 章　控制系统的时域分析

控制系统的实际运行，都是在时域内进行的。系统的时间响应是指系统输入量的变化引起的输出量随时间的变化。在时域内分析系统的动态特性以及给出的性能指标，可应用于多输入、多输出以及非线性系统，效果直观而明确。

在控制论发展的早期，由于求解微分方程困难，系统在时域中的分析受到很大局限。电子计算机技术的发展和进步，为控制工程提供了强有力的工具，使在时域分析基础上的现代控制理论得到了迅速发展。

本章主要讨论经典控制理论中一般简单控制系统的时间响应。在复杂的高阶系统中，起主导作用的往往也是一阶或二阶环节，因此分析简单的低阶系统具有重要的意义。分析的方法是通过拉氏变换、传递函数的转换关系求解系统的微分方程，用微分方程解的形式来表达系统的动态性能。最后介绍高阶系统时间响应和计算机辅助时域分析。

3.1　时间响应与典型输入信号

3.1.1　时间响应及其组成

控制系统的输出信号总是随着输入信号的变化而变化，系统的响应速度是指输出信号跟随输入信号变化的快慢程度，与时间有关。显然，评价系统响应速度的时间参量，与系统的输入信号和输出信号有关。

系统的时间响应是指控制系统在输入信号的作用下，系统输出量随时间变化的函数关系。描述系统的微分方程的解，就是该系统时间响应的数学表达式。任一系统的时间响应都由瞬态响应和稳态响应组成。

1. 瞬态响应

在某一输入信号的作用下，系统的输出量从初始状态到稳定状态的响应过程称为瞬态响应或动态响应。例如，系统从接收到控制信号开始到稳定工作状态这一时间历程中的响应，当扰动消失后系统重新恢复到原稳定工作状态这一时间历程中的响应，均是瞬态响应。

2. 稳态响应

在某一输入信号的作用后，时间趋于无穷大时系统的输出状态称为稳态响应。

图 3-1 所示为某系统在单位阶跃信号作用下的时间响应。

系统的输出量在 t_s 时刻达到稳定状态，在 $0 \rightarrow t_s$ 时间内的响应过程称为瞬态响应；当 $t \rightarrow \infty$ 时，系统的输出 $x_o(t)$ 即为稳态响应。

当 $t \rightarrow \infty$ 时，$x_o(t)$ 收敛于某一稳态值，则系统是稳定的；若 $x_o(t)$ 呈等幅振荡，则系统是临界状态；若 $x_o(t)$ 呈发散状态，则系统不稳定。瞬态响应直接反映了系统的动态特

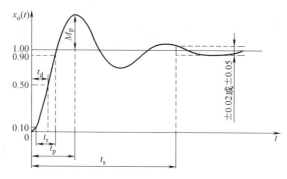

图 3-1 单位阶跃的性能指标

性，稳态响应是指输出量偏离期望输出值的程度，可用来衡量系统的精确程度。

3.1.2 典型输入信号

在进行系统设计时，通常要评价所设计系统的动态性能。控制系统的动态性能可以通过在输入信号作用下，系统的瞬态响应进行评价。系统的瞬态响应不仅取决于系统本身的特性，还与外加输入信号的形式有关。由于实际控制系统的输入信号常具有随机性质，预先无法知道，而且难以用简单的解析式表示。因此，在分析和设计控制系统时，总是预先规定一些特殊的实验输入信号，然后比较各种系统对这些实验输入信号的响应，并以此作为对各种控制系统性能进行分析和比较的基础。

选取实验输入信号时应当考虑下述原则：

1）实验信号应当具有典型性，能够反映出控制系统工作的大部分实际情况。

2）实验信号的形式，应当尽可能地简单，以便于分析和处理。

3）实验信号能够使控制系统在最不利的情况下工作。

在时域分析中，经常采用的典型实验输入信号有如下几种，分别加以介绍。

1. 阶跃信号

阶跃信号（或称位置信号）是经常遇到的一种实际输入信号。如在电器系统中由开关控制的电源电压突然接通，许多机械系统中的负载突然变化，指令的突然转换等都近似于阶跃信号，它是评价系统瞬态性能时应用较多的一种典型信号。

阶跃信号如图 3-2a 所示，其函数表达式为

$$u(t)=\begin{cases}R & (t\geqslant0)\\0 & (t<0)\end{cases}$$

式中，幅值 R 为常量，$R=1$ 的阶跃函数称为单位阶跃函数，记作 $u(t)$。

单位阶跃函数的拉氏变换为

$$X(s)=L[u(t)]=\frac{1}{s}$$

在 $t=0$ 处的阶跃信号，相当于一个数值为一个常数的信号，在 $t\geqslant0$ 时突然加到系统上。

2. 斜坡信号

在工程实际中，某些随动系统的输入信号常为斜坡信号（或称速度信号）。如在雷达高射炮防空系统中，当被跟踪目标以恒定速度飞行时，系统的输入信号就是斜坡信号。斜坡信

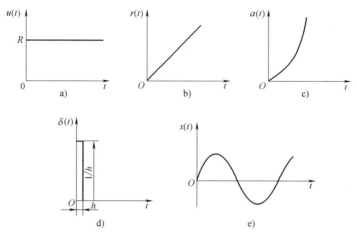

图 3-2　典型输入信号

号如图 3-2b 所示，其函数表达式为

$$r(t) = \begin{cases} Rt & (t \geqslant 0) \\ 0 & (t < 0) \end{cases}$$

斜坡函数的拉氏变换为

$$X(s) = L[Rt] = \frac{R}{s^2}$$

当 $R = 1$ 时，称为单位斜坡函数。

这种实验信号相当于控制系统中加入一个按恒速变化的信号，其速度为 R。

3. 加速度信号

加速度信号（或称抛物信号）如图 3-2c 所示，其函数表达式为

$$a(t) = \begin{cases} \dfrac{1}{2}Rt^2 & (t \geqslant 0) \\ 0 & (t < 0) \end{cases}$$

该函数的拉氏变换为

$$X(s) = L\left[\frac{1}{2}Rt^2\right] = \frac{R}{s^3}$$

当 $R = 1$ 时，称为单位加速度函数。

该实验信号相当于控制系统中加入一个按恒加速度变化的信号，加速度为 R。

4. 脉冲信号

实用脉冲信号如图 3-2d 所示，其函数表达式为

$$\delta(t) = \begin{cases} \dfrac{1}{h} & (0 \leqslant t \leqslant h) \\ 0 & (t < 0 , t \geqslant h) \end{cases}$$

式中，h 为脉冲宽度。

若对实用脉冲的宽度取趋于零的极限，则为理想单位脉冲，称为单位脉冲函数，通常记为 $\delta(t)$。

$$\delta(t) = \begin{cases} \infty & (t=0) \\ 0 & (t \neq 0) \end{cases}$$

$$\int_{-\infty}^{\infty} \delta(t)\,\mathrm{d}t = 1$$

单位脉冲函数的拉氏变换为

$$X(s) = L[\delta(t)] = 1$$

可见，单位脉冲函数可以认为是单位阶跃函数对时间的导数，反之，单位脉冲函数的积分就是单位阶跃函数。

5. 正弦信号

正弦信号函数如图 3-2e 所示，其表达式为

$$x(t) = \begin{cases} A\sin\omega t & (t>0) \\ 0 & (t \leq 0) \end{cases}$$

式中，A 为振幅；ω 为角频率。

用正弦函数作输入信号，在线性控制系统的分析中广泛应用，根据系统对不同频率正弦输入信号的稳态响应，可间接判断系统的性能。

以上是几种常用的典型输入信号。在系统设计时，究竟采用哪种信号作为输入信号，应视所设计系统经常出现的输入信号的形式而定。如果系统经常突然受到恒定输入信号的作用，那么用阶跃信号作为输入信号来研究系统是比较恰当的；如果系统经常受到冲击信号的作用，那么用脉冲信号作为输入信号来研究系统最为合适；如果系统的实际输入信号多为随时间增长的信号，那么用斜坡信号作为输入信号来研究系统比较适当；如果系统的实际输入信号为随时间变化的振荡信号，那么用正弦信号作为输入信号来研究系统最为恰当。另外，对于实际输入信号是随机信号的控制系统，在设计时就不能依据上述典型输入信号来考察系统瞬态响应的特性，而必须按照随机过程理论来分析系统瞬态响应特性。

3.1.3 瞬态响应的性能指标

在工程实践中，评价控制系统动态性能的好坏，常用时域的几个特征量来表示。

通常，控制系统的动态性能指标，以系统对单位阶跃输入量的瞬态响应形式给出。因为产生这种响应比较容易，并且已知系统对阶跃输入量的响应，所以可以用数学方法计算出系统对任何典型实验信号的响应。

线性系统的性能指标与输入信号的大小无关，取决于系统本身的特性。同一个线性系统对不同幅值阶跃输入的瞬态响应间的区别，仅在于与幅值成比例地变化，响应时间完全相同，因此，对以单位阶跃输入瞬态响应形式给出的性能指标具有普遍意义。

控制系统的瞬态响应常常表现为阻尼振荡过程。为了评价控制系统对单位阶跃输入的瞬态响应特征，通常采用下列一些性能指标（参见图 3-1）。

（1）上升时间 t_r　响应曲线从稳态值的 10% 上升到 90%，或从 0 上升到 100% 所需的时间都称作上升时间。对于过阻尼系统（$\xi>1$），通常采用 10%~90% 的上升时间；对于欠阻尼系统（$0<\xi<1$），通常采用 0~100% 的上升时间。

（2）延迟时间 t_d　响应曲线第一次达到稳定值的一半所需的时间，称作延迟时间。

（3）峰值时间 t_p　响应曲线达到超调量的第一个峰值所需要的时间称作峰值时间。

（4）最大超调量 M_p　响应曲线的最大值与稳态值的差称作最大超调量 M_p。通常采用百分比表示最大超调量，定义为

$$M_p = \frac{x(t_p) - x(\infty)}{x(\infty)} \times 100\%$$

最大超调量的数值，直接说明了系统的相对稳定性。

（5）调整时间 t_s　在响应曲线的稳态线上，用稳态值的百分数作一个允许误差范围，响应曲线第一次达到并永远保持在这一允许误差范围内所需要的时间，称作调整时间。调整时间与控制系统的时间常数有关。允许误差的百分比选取范围的大小，取决于设计要求，通常取 5% 或 2%。

3.2　一阶系统的时间响应

3.2.1　一阶系统的数学模型

由一阶微分方程式描述的系统称为一阶系统，其典型形式是惯性环节。如 R-C 网络、空气加热器、液面控制系统等都是一阶系统。

一阶系统微分方程的标准形式为

$$T\dot{x}_o(t) + x_o(t) = x_i(t)$$

其传递函数为

$$G(s) = \frac{X_o(s)}{X_i(s)} = \frac{1}{Ts+1} \tag{3-1}$$

式中，T 为时间常数，具有时间单位"s（秒）"的量纲，用来描述一阶系统本身的而与外界作用无关的固有特性，称为一阶系统的特征参数。对于不同的系统，T 由不同的物理量组成。时间常数取决于系统参数，而与输入函数无关。

3.2.2　一阶系统的单位阶跃响应

系统在单位阶跃信号作用下的输出称为单位阶跃响应。当一阶系统的输入信号 $x_i(t) = u(t)$ 时，根据式（3-1）进行拉氏反变换，求出微分方程的解 $x_o(t)$，则为一阶系统的单位阶跃响应。

$X_i(s)$ 为单位阶跃函数时

$$X_i(s) = \frac{1}{s}$$

$$X_o(s) = G(s)X_i(s) = \frac{1}{Ts+1}\frac{1}{s} = \frac{1}{s} - \frac{T}{Ts+1} \tag{3-2}$$

对式（3-2）两边同时进行拉氏反变换，得出系统的时间响应

$$x_o(t) = 1 - e^{-t/T} \qquad (t \geq 0) \tag{3-3}$$

式（3-3）即为一阶系统的单位阶跃响应表达式。由式（3-3）可见，一阶系统的瞬态响应由稳态分量 1 和瞬态分量 $e^{-t/T}$ 组成。稳态分量不随时间 t 的变化而变化；瞬态分量是指数衰减函数的负值，当 t 趋于无穷大时，$e^{-t/T}$ 衰减为零。因此，一阶系统的单位阶跃响应曲线

是一条由零开始、按指数规律上升最终趋于 1 的曲线，如图 3-3 所示。该响应又称为非周期响应，具有非振荡特征。

1）在 $t = 0$ 处，响应曲线的初始斜率为 $1/T$。因为

$$\left.\frac{\mathrm{d}x_o(t)}{\mathrm{d}t}\right|_{t=0} = \frac{1}{T}\mathrm{e}^{-t/T}\Big|_{t=0} = \frac{1}{T}$$

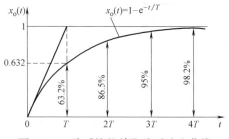

图 3-3 一阶系统的单位阶跃响应曲线

这是确定时间常数 T 的一种方法。

2）当 $t = T$ 时，由式（3-3）可知 $x_o(T) = 1-\mathrm{e}^{-1} = 0.632$。因此，时间常数 T 可被定义为当系统的时间响应达到稳态值的 63.2% 所需要的时间。如果能通过实验的方法测出响应曲线达到 0.632 时所需要的时间，那么一阶系统的时间常数 T 就能确定。

3）当时间常数为 $3T$ 时，响应曲线上升到稳态值的 95%，当时间常数为 $4T$ 时，响应曲线达到稳态值的 98.2%。也就是说从工程实际角度分析，当系统的调整时间 $t_s = (3\sim4)T$ 时，响应曲线保持在稳态值的 5%~2% 的允许误差范围内，可以此作为评价响应时间长短的标准。系统常数 T 越小，调节时间 t_s 越短，系统的响应速度越快。

3.2.3 一阶系统的单位脉冲响应

系统在单位脉冲信号作用下的输出称为单位脉冲响应。当一阶系统的输入信号 $x_i(t) = \delta(t)$ 时，由于其拉氏变换为 $X_i(s) = 1$，代入式（3-2）中可得

$$X_o(s) = G(s)X_i(s) = \frac{1}{Ts+1}$$

将上式进行拉氏反变换，得一阶系统的单位脉冲响应函数为

$$x_o(t) = L^{-1}\left[\frac{1}{Ts+1}\right] = \frac{1}{T}\mathrm{e}^{-\frac{t}{T}} \quad (t \geq 0) \tag{3-4}$$

根据式（3-4）可以绘制出一阶系统的单位脉冲响应曲线，如图 3-4 所示。

由图 3-4 可以看出，脉冲响应函数是单调下降的指数曲线。输出的初始值为 $1/T$，当自变量时间 t 趋于无穷大时，输出量趋于零，故稳态分量为零。

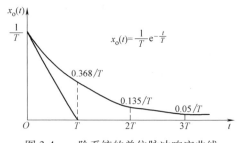

图 3-4 一阶系统的单位脉冲响应曲线

3.2.4 一阶系统的单位斜坡响应

系统在单位斜坡信号作用下的输出称为单位斜坡响应。当一阶系统的输入信号 $x_i(t) = t$ 时，由于其拉氏变换为 $X_i(s) = 1/s^2$，代入式（3-2）中可得

$$X_o(s) = G(s)X_i(s) = \frac{1}{Ts+1}\frac{1}{s^2} = \frac{1}{s^2} - \frac{T}{s} + \frac{T^2}{Ts+1}$$

将上式进行拉氏反变换，得一阶系统的单位斜坡响应函数为

$$x_o(t) = t - T + Te^{-\frac{t}{T}} \quad (t \geqslant 0) \tag{3-5}$$

由式（3-5）可知，一阶系统的单位斜坡响应函数
也由两部分组成，即瞬态分量 $Te^{-t/T}$ 和稳态分量
$(t-T)$。稳态分量仍为单位斜坡函数，但比系统的输入
信号滞后，滞后的时间量正好为系统的时间常数 T。
瞬态分量 $Te^{-t/T}$ 为指数衰减函数，当时间趋于无穷大
时，衰减到零。一阶系统的单位斜坡响应曲线如图 3-5
所示。

图 3-5　一阶系统的单位斜坡响应曲线

3.2.5　线性定常系统时间响应的主要特征

根据上面的分析可以看出：三种典型输入信号单位阶跃、单位脉冲和单位斜坡之间存
在着微分和积分的关系，它们的时间响应之间也存在着同样的微分和积分的关系。对于
时间变量而言，单位脉冲信号是单位阶跃信号对时间的一阶导数，而单位脉冲响应是单
位阶跃响应的导数；单位阶跃函数是单位斜坡函数的一阶导数，而单位阶跃响应是单位
斜坡响应的导数。

由此可以得出：系统对输入信号导数的响应，能根据系统对输入信号响应的微分来求
得；系统对输入信号积分的响应，等于系统对该输入信号响应的积分，且积分常数由零初始
条件确定。这是线性定常系统时间响应的主要特征，它不仅适用于一阶线性定常系统，也适
用于任意阶线性定常系统。但不适用于线性时变系统和非线性系统。

3.3　二阶系统的时间响应

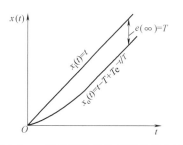

3.3.1　二阶系统的数学模型

凡是能够用二阶微分方程描述的系统称为二阶系统，其典型形式是振荡环节。二阶系统
在控制工程上是非常重要的，因为实际工程中，在一定的条件下，忽略一些次要的因素，常
常可以把一个高阶系统降为二阶系统来处理，仍不失系统特性的基本性质。因此，详细讨论
和分析二阶系统的响应特性具有极为重要的实际意义。人们熟悉的一些现象，如弹簧、钟
铃，以及电路在受到冲击后的短暂振动，都是二阶系统动态性能常见的外在表现。

一个典型的二阶系统如图 3-6 所示，它由积分
环节和惯性环节串联再加单位负反馈环节组成，其
传递函数为

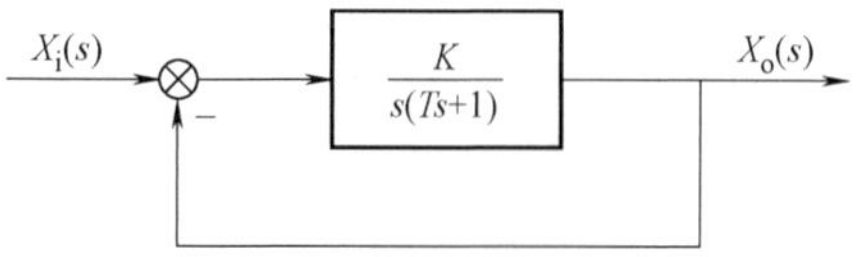

$$G(s) = \frac{X_o(s)}{X_i(s)} = \frac{K}{s(Ts+1)+K} = \frac{K}{Ts^2+s+K}$$

图 3-6　典型的二阶系统

式中，K 为开环增益；T 为时间常数。

二阶系统的传递函数可写成如下的标准式，即

$$G(s) = \frac{X_o(s)}{X_i(s)} = \frac{\omega_n^2}{s^2 + 2\xi\omega_n s + \omega_n^2} \tag{3-6}$$

式中，ω_n 为二阶系统的无阻尼固有频率（rad/s），$\omega_n = \sqrt{K/T}$；ξ 为阻尼比，无量纲，$\xi = \dfrac{1}{2\sqrt{TK}}$。

ω_n、ξ 两个参数是决定二阶系统瞬态特性非常重要的参数，它们表明了二阶系统本身与外界无关的特性。式(3-6)中，通常称系统传递函数的分母为特征多项式，令分母等于零可以得到二阶系统的特征方程为

$$s^2 + 2\xi\omega_n s + \omega_n^2 = 0 \tag{3-7}$$

该方程的两个根是系统的特征根，也是系统传递函数的闭环极点。这两个根为

$$s_{1,2} = -\xi\omega_n \pm \omega_n\sqrt{\xi^2 - 1} \tag{3-8}$$

式（3-8）表明，二阶系统的极点只与阻尼比 ξ 和无阻尼固有频率 ω_n 这两个系统的特征参数有关，尤其是随着阻尼比 ξ 取值的不同，二阶系统极点的性质也各不相同。下面分几种情况来讨论二阶系统的瞬态响应。

（1）负阻尼系统（$\xi<0$）　此时系统发散，不稳定。

（2）欠阻尼（$0<\xi<1$）的情况　当 $0<\xi<1$ 时，特征方程有一对实部为负的共轭复数根，即

$$s_{1,2} = -\xi\omega_n \pm j\omega_n\sqrt{1-\xi^2} = -\xi\omega_n \pm j\omega_d \tag{3-9}$$

式中，ω_d 为系统的有阻尼固有频率，又称为有阻尼振荡频率，$\omega_d = \omega_n\sqrt{1-\xi^2}$。

此时在描述系统极点的复平面 $[s]$ 上，这对极点位于左半平面且关于负实轴对称，如图 3-7a 所示。

（3）临界阻尼（$\xi=1$）的情况　当 $\xi=1$ 时，特征方程有两个相等的负实数根，即

$$s_{1,2} = -\xi\omega_n = -\omega_n$$

在复平面 $[s]$ 上，这对重极点位于负实轴上，如图 3-7b 所示。

（4）过阻尼（$\xi>1$）的情况　当 $\xi>1$ 时，特征方程有两个不相等的负实数根，即

$$s_{1,2} = -\xi\omega_n \pm \omega_n\sqrt{\xi^2 - 1} \tag{3-10}$$

在复平面 $[s]$ 上，这两个极点位于负实轴上，如图 3-7c 所示。

（5）零阻尼（$\xi=0$）的情况　当 $\xi=0$ 时，特征方程的根为一对共轭虚根，即

$$s_{1,2} = \pm j\omega_n$$

在复平面 $[s]$ 上，这对共轭极点位于虚轴上且关于实轴对称，如图 3-7d 所示。

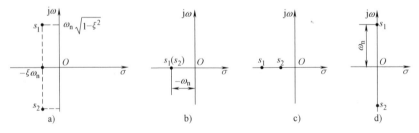

图 3-7　二阶系统的极点分布图

a）$0<\xi<1$　b）$\xi=1$　c）$\xi>1$　d）$\xi=0$

3.3.2　二阶系统的单位阶跃响应

对单位阶跃输入，$x_i(t) = u(t) = 1$，$X_i(s) = 1/s$，二阶系统单位阶跃响应的拉氏变换由式（3-6）可求得

$$X_o(s) = G(s)X_i(s) = \frac{\omega_n^2}{s^2 + 2\xi\omega_n s + \omega_n^2} \cdot \frac{1}{s} \tag{3-11}$$

下面分别讨论二阶系统不同阻尼比时的单位阶跃响应。

1. 欠阻尼（$0 < \xi < 1$）的情况

由式（3-9）和式（3-11），得二阶系统单位阶跃响应的拉氏变换为

$$X_o(s) = \frac{\omega_n^2}{s(s^2 + 2\xi\omega_n s + \omega_n^2)} = \frac{1}{s} - \frac{s + \xi\omega_n}{(s + \xi\omega_n)^2 + \omega_d^2} - \frac{\xi\omega_n}{(s + \xi\omega_n)^2 + \omega_d^2}$$

求上式的拉氏反变换，由拉氏变换表中查出

$$L^{-1}\left[\frac{s + \xi\omega_n}{(s + \xi\omega_n)^2 + \omega_d^2}\right] = e^{-\xi\omega_n t}\cos\omega_d t , L^{-1}\left[\frac{\omega_d}{(s + \xi\omega_n)^2 + \omega_d^2}\right] = e^{-\xi\omega_n t}\sin\omega_d t$$

注意到　$\omega_d = \omega_n\sqrt{1 - \xi^2}$

可得

$$x_o(t) = 1 - e^{-\xi\omega_n t}\left(\cos\omega_d t + \frac{\xi}{\sqrt{1 - \xi^2}}\sin\omega_d t\right) = 1 - \frac{e^{-\xi\omega_n t}}{\sqrt{1 - \xi^2}}\sin\left(\omega_d t + \arctan\frac{\sqrt{1 - \xi^2}}{\xi}\right) \quad (t \geq 0) \tag{3-12}$$

式（3-12）即为欠阻尼二阶系统的单位阶跃响应的表达式，其变化曲线如图 3-8 所示。

欠阻尼二阶系统的单位阶跃响应由稳态分量和瞬态分量两部分组成，稳态分量为常数 1，它不随时间 t 的增大而变化；瞬态分量为 $\dfrac{e^{-\xi\omega_n t}}{\sqrt{1 - \xi^2}}\sin\left(\omega_d t + \arctan\dfrac{\sqrt{1 - \xi^2}}{\xi}\right)$，它随着时间的变化以指数衰减伴正弦振荡方式变化，最终衰减为零。瞬态分量衰减的快慢和振荡特性的强弱，取决于系统本身的结构特征参数 ξ 和 ω_n，振荡频率是有阻尼自然频率 ω_d，其振幅按指数曲线衰减。

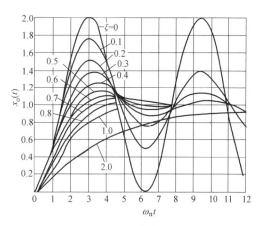

图 3-8　二阶系统的单位阶跃响应曲线

2. 临界阻尼（$\xi = 1$）的情况

当 $\xi = 1$ 时，$s_{1,2} = -\xi\omega_n = -\omega_n$，由式（3-11）知

$$X_o(s) = \frac{\omega_n^2}{s^2 + 2\omega_n s + \omega_n^2} \cdot \frac{1}{s} = \frac{\omega_n^2}{s(s + \omega_n)^2} = \frac{1}{s} - \frac{\omega_n}{(s + \omega_n)^2} - \frac{1}{s + \omega_n}$$

对上式进行拉氏反变换，得到

$$x_o(t) = 1-(1+\omega_n t)\,e^{-\omega_n t} \quad (t \geqslant 0) \tag{3-13}$$

临界阻尼二阶系统的单位阶跃响应变化曲线如图 3-8 所示，瞬态响应曲线为一单调上升曲线，与一阶系统的瞬态响应曲线类似，其等价于两个串联的相同的一阶系统。二阶系统在临界阻尼状态的单位阶跃响应，既无超调也无振荡。

3. 过阻尼（$\xi > 1$）的情况

系统有两个不相等的负实数极点，由式（3-10）和式（3-11），可得二阶系统单位阶跃响应的拉氏变换为

$$X_o(s) = \frac{\omega_n^2}{\left(s+\xi\omega_n-\omega_n\sqrt{\xi^2-1}\right)\left(s+\xi\omega_n+\omega_n\sqrt{\xi^2-1}\right)} \cdot \frac{1}{s}$$

将上式展成部分分式，有

$$X_o(s) = \frac{1}{s} + \frac{\left[2\left(\xi^2-\xi\sqrt{\xi^2-1}-1\right)\right]^{-1}}{s+\xi\omega_n-\omega_n\sqrt{\xi^2-1}} + \frac{\left[2\left(\xi^2+\xi\sqrt{\xi^2-1}-1\right)\right]^{-1}}{s+\xi\omega_n+\omega_n\sqrt{\xi^2-1}}$$

求上式的拉氏反变换，得到

$$x_o(t) = 1 + \frac{1}{2\left(\xi^2-\xi\sqrt{\xi^2-1}-1\right)}e^{-\left(\xi-\sqrt{\xi^2-1}\right)\omega_n t} + \frac{1}{2\left(\xi^2+\xi\sqrt{\xi^2-1}-1\right)}e^{-\left(\xi+\sqrt{\xi^2-1}\right)\omega_n t} \quad (t\geqslant 0) \tag{3-14}$$

由式（3-14）可以看出，瞬态响应曲线由稳态分量和两项瞬态分量组成。两项瞬态分量中，一项的衰减指数为 $s_1 = -\left(\xi-\sqrt{\xi^2-1}\right)\omega_n$，另一项的衰减指数为 $s_2 = -\left(\xi+\sqrt{\xi^2-1}\right)\omega_n$。

当 $\xi > 1$ 时，后一项的衰减指数远远超过前一项。也就是说，后一项瞬态分量只在响应的前期对系统有影响，在后期影响很小。因此，近似分析和讨论过阻尼瞬态响应时，可以将后一项忽略不计。此时，二阶系统的瞬态响应就近似于一阶系统的响应。

过阻尼二阶系统的单位阶跃响应曲线如图 3-8 所示。从图 3-8 中可以看出，瞬态响应无超调，无振荡，其过渡过程历经时间也大于临界阻尼二阶系统的过渡过程历经时间。

4. 零阻尼（$\xi = 0$）的情况

当 $\xi = 0$ 时，$s_{1,2} = \pm j\omega_n$，系统的响应变成无阻尼的等幅振荡。由式（3-11）知

$$X_o(s) = \frac{\omega_n^2}{s^2+\omega_n^2}\frac{1}{s} = \frac{1}{s} - \frac{s}{s^2+\omega_n^2}$$

求上式的拉氏反变换，得到

$$x_o(t) = 1 - \cos\omega_n t \quad (t\geqslant 0) \tag{3-15}$$

式（3-15）即为零阻尼二阶系统的单位阶跃响应表达式，其变化曲线如图 3-8 所示。可看出，零阻尼二阶系统的单位阶跃响应是等幅振荡，等幅振荡的平均值为 1，振荡频率为 ω_n。

从上面的分析中能够看出频率 ω_n 和 ω_d 的物理意义。ω_n 是无阻尼情况下二阶系统等幅振荡的振荡频率，故称为无阻尼固有频率；而 $\omega_d = \omega_n\sqrt{1-\xi^2}$，是欠阻尼情况时衰减振荡的振荡频率，故称为有阻尼固有频率；相应地定义 $T_d = 2\pi/\omega_d$，T_d 称为有阻尼振荡周期。可见，$\omega_d < \omega_n$，且随着 ξ 的增大，ω_d 的值相应地减小。

图 3-8 所示为二阶系统在单位阶跃信号下的一族瞬态响应曲线，由于横坐标为 $\omega_n t$，所以曲线族只与 ξ 有关。

从图 3-8 中可以看出，阻尼比不同时，二阶系统的瞬态响应有很大的差别。当 $\xi = 0$ 时，系统等幅振荡，不能正常工作。在 $\xi > 1$ 和 $\xi = 1$ 时，二阶系统的瞬态响应具有单调上升的特性，不再具有振荡的特点；随着阻尼比的减小（$0 < \xi < 1$），振荡特性加强。在单调上升曲线中，系统的调整时间 t_s 以 $\xi = 1$ 为最短；在欠阻尼中，对应 $\xi = 0.4 \sim 0.8$ 的瞬态响应，具有比 $\xi = 1$ 时更短的调整时间，而且振荡也不严重。因此，一般选择二阶系统工作在 $\xi = 0.4 \sim 0.8$ 的欠阻尼状态。

3.3.3 二阶系统的单位脉冲响应

二阶系统在单位脉冲信号作用下的输出称为单位脉冲响应。当输入信号 $x_i(t) = \delta(t)$ 时，由于其拉氏变换为 $X_i(s) = 1$，代入式（3-6）中可得

$$X_o(s) = G(s) X_i(s) = \frac{\omega_n^2}{s^2 + 2\xi\omega_n s + \omega_n^2}$$

因式分解，得

$$X_o(s) = \frac{\omega_n^2}{(s + \xi\omega_n)^2 + (\omega_n\sqrt{1-\xi^2})^2} = \frac{\omega_n^2}{(s + \xi\omega_n)^2 + \omega_d^2} \tag{3-16}$$

求上式的拉氏反变换，得到二阶系统在单位脉冲信号作用下的时间响应 $x_o(t)$。

下面分别讨论二阶系统不同阻尼比时的单位脉冲响应。

1. 欠阻尼（$0 < \xi < 1$）的情况

由式（3-9）和式（3-16），得欠阻尼二阶系统单位脉冲响应表达式为

$$x_o(t) = L^{-1}\left[\frac{\omega_n}{\sqrt{1-\xi^2}} \frac{\omega_n\sqrt{1-\xi^2}}{(s+\xi\omega_n)^2 + \omega_d^2}\right] = \frac{\omega_n}{\sqrt{1-\xi^2}} e^{-\xi\omega_n t} \sin\omega_d t \quad (t \geqslant 0) \tag{3-17}$$

2. 临界阻尼（$\xi = 1$）的情况

临界二阶系统单位脉冲响应表达式为

$$x_o(t) = L^{-1}\left[\frac{\omega_n^2}{(s+\omega_n)^2}\right] = \omega_n^2 t e^{-\omega_n t} \quad (t \geqslant 0) \tag{3-18}$$

3. 过阻尼（$\xi > 1$）的情况

系统有两个不相等的负实数极点，由式（3-10）和式（3-16），得二阶系统单位脉冲响应表达式为

$$x_o(t) = L^{-1}\left[\frac{\omega_n}{2\sqrt{\xi^2-1}}\left(\frac{1}{s+\xi\omega_n-\omega_n\sqrt{\xi^2-1}} - \frac{1}{s+\xi\omega_n+\omega_n\sqrt{\xi^2-1}}\right)\right]$$

$$= \frac{\omega_n}{2\sqrt{\xi^2-1}}\left[e^{-(\xi-\sqrt{\xi^2-1})\omega_n t} - e^{-(\xi+\sqrt{\xi^2-1})\omega_n t}\right] \quad (t \geqslant 0) \tag{3-19}$$

4. 零阻尼（$\xi = 0$）的情况

当 $\xi = 0$ 时，$s_{1,2} = \pm j\omega_n$，由式（3-16）得二阶系统单位脉冲响应的拉氏变换为

$$X_o(s) = \frac{\omega_n^2}{s^2 + \omega_n^2}$$

系统的响应变成无阻尼的等幅振荡。由式（3-11）知

$$x_o(t) = L^{-1}\left[\omega_n \frac{\omega_n}{s^2+\omega_n^2}\right] = \omega_n \sin\omega_n t \quad (t \geqslant 0) \tag{3-20}$$

按不同的 ξ 值求出一族相应的二阶系统单位脉冲响应曲线，如图 3-9 所示。由图 3-9可知，欠阻尼系统的单位脉冲响应曲线是减幅的正弦振荡曲线，且 ξ 越小，衰减越慢，振荡频率 ω_d 越大。因此欠阻尼系统又称为二阶振荡系统，其幅值衰减的快慢取决于衰减指数 $\xi\omega_n$。

应当指出，由于单位脉冲函数是单位阶跃函数对时间的导数，所以，脉冲函数除了能通过拉氏反变换求解外，还可以通过单位阶跃函数作用下的过渡过程对时间求导数而得到。

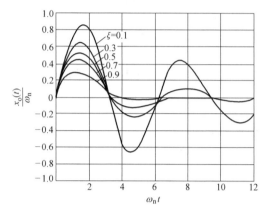

图 3-9　二阶系统的单位脉冲响应曲线

3.3.4　二阶系统的瞬态响应性能指标

通过前文对二阶系统瞬态响应的分析和讨论可以看出，系统的特征参数阻尼比 ξ 和无阻尼固有频率 ω_n 对其瞬态响应具有重要的影响。下面进一步分析瞬态响应指标与 ξ、ω_n 的关系，以便指出设计和调整二阶系统的方向。实际工程中除了要求控制系统不允许产生振荡外，通常允许控制系统具有适度的振荡特性，以求能有较短的调整时间。所以，控制系统通常工作在欠阻尼状态。以下就二阶系统，当 $0<\xi<1$ 时，推导瞬态响应各项特征指标的计算公式。

1. 上升时间 t_r

对于过阻尼系统，上升时间通常定义为响应曲线从稳态值的 10% 上升到 90% 所需的时间。而弱阻尼系统，上升时间定义为响应曲线从 0 上升到 100% 所需的时间。

在欠阻尼状态下，当 $t=t_r$ 时，$x_o(t)=1$，根据式（3-12），可得二阶系统的单位阶跃响应为

$$x_o(t) = 1-e^{-\xi\omega_n t_r}\left(\cos\omega_d t_r + \frac{\xi}{\sqrt{1-\xi^2}}\sin\omega_d t_r\right) = 1$$

即

$$e^{-\xi\omega_n t_r}\left(\cos\omega_d t_r + \frac{\xi}{\sqrt{1-\xi^2}}\sin\omega_d t_r\right) = 0$$

由于 $e^{-\xi\omega_n t_r} \neq 0$，所以

$$\cos\omega_d t_r + \frac{\xi}{\sqrt{1-\xi^2}}\sin\omega_d t_r = 0$$

$$\tan\omega_d t_r = -\frac{\sqrt{1-\xi^2}}{\xi} = -\frac{\omega_d}{\sigma} = \tan(-\beta)$$

求得

$$t_r = \frac{1}{\omega_d}\arctan\left(-\frac{\omega_d}{\sigma}\right) = \frac{\pi-\beta}{\omega_d} \tag{3-21}$$

其中
$$\omega_d = \omega_n\sqrt{1-\xi^2}, \quad \sigma = \xi\omega_n, \quad \beta = \arctan\frac{\sqrt{1-\xi^2}}{\xi}$$

由式（3-21）可知，当阻尼比 ξ 一定时，固有频率 ω_n 增大，上升时间 t_r 则减小；当固有频率 ω_n 一定时，阻尼比 ξ 增大，上升时间 t_r 则增大。

2. 峰值时间 t_p

根据式（3-12）可知，将 $x_o(t)$ 对时间求导，并令其等于零，可求得峰值时间 t_p，即

$$\frac{dx_o(t)}{dt}\bigg|_{t=t_p} = (\sin\omega_d t_p)\frac{\omega_n}{\sqrt{1-\xi^2}}e^{-\xi\omega_n t_p} = 0$$

则
$$\sin\omega_d t_p = 0$$

可得　$\omega_d t_p = n\pi$　（$n=0$，1，2，3，…）。

因为峰值时间对应于第一次峰值，所以有 $n=1$，则

$$t_p = \frac{\pi}{\omega_d} = \frac{\pi}{\omega_n\sqrt{1-\xi^2}} \tag{3-22}$$

由于阻尼振荡周期为 $2\pi/\omega_d$，因此，峰值时间 t_p 等于阻尼振荡周期的一半。

由式（3-22）可知，当阻尼比 ξ 一定时，固有频率 ω_n 增大，峰值时间 t_p 就减小；当固有频率 ω_n 一定时，阻尼比 ξ 增大，峰值时间 t_p 就增大。

3. 最大超调量 M_p

由于最大超调量发生在峰值时间 t_p，所以根据式（3-12）和 M_p 的定义，可以求得

$$M_p = x_o(t_p) - 1 = -e^{-\xi\omega_n(\pi/\omega_d)}\left(\cos\pi + \frac{\xi}{\sqrt{1-\xi^2}}\sin\pi\right) = e^{-(\xi/\sqrt{1-\xi^2})\pi} \tag{3-23}$$

式（3-23）表明最大超调量 M_p 仅与阻尼比 ξ 有关，而与无阻尼固有频率 ω_n 无关，因此最大超调量 M_p 的大小直接说明了系统的阻尼特性。当二阶系统的阻尼比确定后，可求得与其对应的最大超调量，反之亦然。当阻尼比 $\xi=0$ 时，$M_p=1$；当增大阻尼比到 $\xi=1$ 时，最大超调量 $M_p=0$，此时系统没有超调量，呈临界阻尼状态。

4. 调整时间 t_s

对于欠阻尼二阶系统，单位阶跃输入的瞬态响应式为式（3-12），瞬态响应曲线如图 3-10 所示。

曲线 $1\pm\dfrac{e^{-\xi\omega_n t}}{\sqrt{1-\xi^2}}$ 是瞬态响应曲线的包络线，它的时间常数为 $1/(\xi\omega_n)$。瞬态响应的衰减速度，取决于时间常数 $1/(\xi\omega_n)$ 的数值。当采用 5% 的允许误差范围时，t_s 近似等于系统时间常数的 3 倍，即

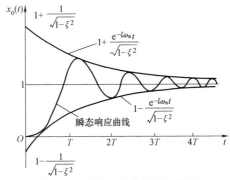

图 3-10　瞬态响应曲线的包络线

$$t_s = 3T = \frac{3}{\xi\omega_n} = \frac{3}{\sigma} \tag{3-24}$$

当采用 2% 的允许误差范围时，t_s 近似等于系统时间常数的 4 倍，即

$$t_s = 4T = \frac{4}{\xi\omega_n} = \frac{4}{\sigma} \qquad\qquad (3\text{-}25)$$

由此可见，$\xi\omega_n$ 越大，调整时间 t_s 就越短；当固有频率 ω_n 一定时，调整时间 t_s 与阻尼比 ξ 成反比。这与阻尼比 ξ 和峰值时间 t_p、上升时间 t_r 的关系正好相反。通常阻尼比 ξ 的值根据允许最大超调量 M_p 来确定，因此调整时间 t_s 可根据固有频率 ω_n 来确定。这样，在最大超调量 M_p 不变的情况下，改变固有频率 ω_n，可以改变瞬态响应的时间。

通过上面的分析，二阶系统瞬态响应各项指标与特征参数阻尼比 ξ、固有频率 ω_n 的关系可归纳如下：

1) 阻尼比 ξ 和固有频率 ω_n 共同决定了二阶系统的瞬态响应特性。欲使二阶系统具有满意的瞬态响应指标，必须综合考虑阻尼比 ξ 和固有频率 ω_n 的影响，选取合适的阻尼比 ξ 和固有频率 ω_n。

2) 如果阻尼比 ξ 保持不变而增大固有频率 ω_n，对超调量没有影响，但是通过减小峰值时间 t_p、延迟时间 t_d 和调整时间 t_s，能够提高系统的快速性。因此，增大系统的无阻尼固有频率对提高系统性能是有利的。

3) 如果固有频率 ω_n 保持不变而增大阻尼比 ξ，此时超调量 M_p 减小，系统相对稳定性增加，振荡性能减弱。在阻尼比 $\xi<0.7$ 时，随着阻尼比 ξ 的增大，调整时间 t_s 减小；在阻尼比 $\xi>0.8$ 时，随着阻尼比 ξ 的增大，上升时间 t_r、调整时间 t_s 均增大，系统的快速性逐渐变差。

4) 综合考虑系统的快速性和相对稳定性，常取阻尼比 $\xi=0.4\sim0.8$，此时系统的超调量在 $25.4\%\sim1.52\%$ 之间。若阻尼比 $\xi<0.4$，系统超调严重，相对稳定性差；若阻尼比 $\xi>0.8$，系统反应迟钝，灵敏性差。当阻尼比 $\xi=0.707$ 时，超调量和调整时间 t_s 均较小（$M_p=4.3\%$），因此称阻尼比 $\xi=0.707$ 为最佳阻尼比。

例3-1 在质量块 m 上施加 $x_i(t) = 8.9N$ 阶跃力后，m 的时间响应 $x_o(t)$ 如图 3-11 所示。试求系统的 m、k 和 c 的值。

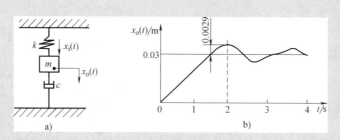

图 3-11 质量—弹簧—阻尼系统及响应

解 系统的稳态输出：$x_o(\infty) = 0.03m$，峰值：$x_o(t_p) - x_o(\infty) = 0.0029m$。
此系统的传递函数为

$$G(s) = \frac{X_o(s)}{X_i(s)} = \frac{1}{ms^2 + cs + k} \quad , \quad X_i(s) = \frac{8.9N}{s}$$

（1）求弹簧刚度系数 k 由拉氏变换的终值定理可得

$$x_o(\infty) = \lim_{t \to \infty} x_o(t) = \lim_{s \to 0} s X_o(s) = \lim_{s \to 0} s \frac{1}{ms^2 + cs + k} \frac{8.9N}{s} = 0.03 \text{m}$$

由此可得：$k = 297 \text{N/m}$。

（2）求质量 m　由已知条件，求得最大超调量为

$$M_p = \frac{0.0029}{0.03} \times 100\% \approx 9.7\%$$

由 $M_p = e^{-\frac{\xi\pi}{\sqrt{1-\xi^2}}} \times 100\%$，得：$\xi = 0.6$。

将峰值时间 $t_p = 2\text{s}$ 和阻尼比 $\xi = 0.6$ 代入峰值时间计算式 $t_p = \dfrac{\pi}{\omega_n\sqrt{1-\xi^2}}$ 中，求得固有频

率：$\omega_n = 1.96 \text{rad/s}$。再由 $\omega_n^2 = k/m$，求得 $m = 77.3 \text{kg}$。

（3）求阻尼系数 c　根据 $\xi = \dfrac{c}{2\sqrt{mk}} = 0.6$，得

$$c = 2\xi\sqrt{mk} = 2 \times 0.6 \times \sqrt{77.3 \times 297} \text{kg/s} \approx 182 \text{kg/s}$$

例 3-2　已知控制系统的结构方框图如图 3-12 所示。试计算当参数 $K = 14$ 时，系统单位阶跃响应的各项性能指标。若参数 K 增大到 $K = 28$ 或减小到 $K = 2$ 时，系统的性能指标将有何变化？

解　传递函数为

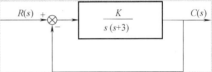

$$G(s) = \frac{\dfrac{K}{s(s+3)}}{1 + \dfrac{K}{s(s+3)}} = \frac{K}{s^2 + 3s + K}$$

图 3-12　控制系统的结构方框图

1）当 $K = 14$ 时，由 $\omega_n^2 = K$ 得：$\omega_n = 3.74 \text{rad/s}$。由 $2\xi\omega_n = 3$ 得：$\xi = 0.401$。把 ξ 和 ω_n 的数值代入各项性能指标的计算公式，分别求得各项性能指标为

上升时间：$t_r = \dfrac{\pi - \arccos\xi}{\omega_d} = \dfrac{\pi - \arccos\xi}{\omega_n\sqrt{1-\xi^2}} = 0.58\text{s}$

峰值时间：$t_p = \dfrac{\pi}{\omega_d} = \dfrac{\pi}{\omega_n\sqrt{1-\xi^2}} = 0.92\text{s}$

最大超调量：$M_p = e^{-\frac{\xi\pi}{\sqrt{1-\xi^2}}} \times 100\% = 25.3\%$

调节时间：$t_s = \dfrac{3}{\xi\omega_n} = 2.00\text{s}$　　（$\Delta = 0.05$）　或 $t_s = \dfrac{4}{\xi\omega_n} = 2.67\text{s}$　　（$\Delta = 0.02$）

2）当 $K = 28$ 时，按照同样的方法可算出 $\xi = 0.284$，$\omega_n = 5.29 \text{rad/s}$

上升时间：$t_r = \dfrac{\pi - \arccos\xi}{\omega_n\sqrt{1-\xi^2}} = 0.37\text{s}$

峰值时间：$t_p = \dfrac{\pi}{\omega_n\sqrt{1-\xi^2}} = 0.62\text{s}$

最大超调量：$M_p = e^{\frac{-\xi\pi}{\sqrt{1-\xi^2}}} \times 100\% = 39.4\%$

调节时间：$t_s = \dfrac{3}{\xi\omega_n} = 2.00\text{s}$ （$\Delta = 0.05$） 或 $t_s = \dfrac{4}{\xi\omega_n} = 2.67\text{s}$ （$\Delta = 0.02$）

可见，K 增大将使阻尼比 ξ 减小而固有频率 ω_n 增大，但阻尼比 ξ 与固有频率 ω_n 的乘积不变。故最大超调量 M_p 增大，上升时间 t_r 和峰值时间 t_p 减小，调节时间 t_s 近似保持不变。

3）若 K 减小到 2 时，可算出此时的特征参量为 $\xi = 1.064$，$\omega_n = 1.41\text{rad/s}$。

系统已变成过阻尼二阶系统，峰值时间和超调量均无意义，响应速度却慢得多，过渡过程过于缓慢，这是实际系统所不希望的。

从例 3-2 中也可以看出，系统性能指标之间存在着矛盾，系统参数的选择必须在相对稳定性和快速性之间进行折中考虑。

3.4 高阶系统的时间响应

高阶系统是指能用三阶或更高阶微分方程描述其动态特性的系统。在工程实际中，大量的系统都是由高阶微分方程描述的。求高阶系统的瞬态响应，意味着求解高阶微分方程，其数学运算是十分复杂的。

在前面的分析讨论中，看到低阶系统单位阶跃响应的瞬态分量与系统的极点有关，每一个极点对应一项瞬态分量，瞬态分量的衰减速度与极点的分布位置有关。同理，对于高阶系统也存在这种关系。因此，在分析和设计系统时，可以通过考察系统极点的分布位置，分清矛盾主次，抓住主要矛盾，忽略次要因素，使问题简化。用低阶系统近似描述高阶系统，用低阶系统的响应指标估算高阶系统的动态品质，这是分析研究高阶系统动态特性的工程方法。通常高阶系统的时间响应由一阶系统和二阶系统的时间响应叠加而成。在分析高阶系统时，通过建立主导极点和偶极子的概念，将高阶系统简化为二阶系统，再利用二阶系统的结论，对高阶系统进行近似的分析。

3.4.1 高阶系统的时间响应分析

设高阶系统的微分方程一般表达式（此处未计入延时环节）为

$$a_n x_o^{(n)}(t) + a_{n-1} x_o^{(n-1)}(t) + \cdots + a_1 x_o'(t) + a_0 x_o(t)$$
$$= b_m x_i^{(m)}(t) + b_{m-1} x_i^{(m-1)}(t) + \cdots + b_1 x_i'(t) + b_0 x_i(t) \quad (n \geq m) \tag{3-26}$$

在零初始状态时，对式（3-26）进行拉氏变换得到高阶系统的传递函数为

$$G(s) = \frac{X_o(s)}{X_i(s)} = \frac{b_m s^m + b_{m-1} s^{m-1} + \cdots + b_1 s + b_0}{a_n s^n + a_{n-1} s^{n-1} + \cdots + a_1 s + a_0} \quad (n \geq m) \tag{3-27}$$

系统的特征方程为

$$a_n s^n + a_{n-1} s^{n-1} + \cdots + a_1 s + a_0 = 0$$

特征方程有 n 个特征根，令系统所有的特征根互不相同，有 n_1 个实数根和 n_2 对共轭虚根，则 $n = n_1 + 2n_2$。因此，特征方程能分解为 n_1 个一次因式：$s + p_j$（$j = 1, 2, 3, \cdots, n_1$），以及 n_2 个二次因式：$s^2 + 2\xi_k \omega_{nk} s + \omega_{nk}^2$（$k = 1, 2, 3, \cdots, n_2$），即系统的传递函数有 n_1 个实极

点和 n_2 对共轭复数极点。

假设系统传递函数的 m 个零点为 $-z_i (i=1,2,3,\cdots,m)$，则系统的传递函数可写为

$$G(s) = \frac{K\prod\limits_{i=1}^{m}(s+z_i)}{\prod\limits_{j=1}^{n_1}(s+p_j)\prod\limits_{k=1}^{n_2}(s^2+2\xi_k\omega_{nk}s+\omega_{nk}^2)} \tag{3-28}$$

则系统在单位阶跃输入信号的作用下，输出为

$$X(s) = \frac{K\prod\limits_{i=1}^{m}(s+z_i)}{s\prod\limits_{j=1}^{n_1}(s+p_j)\prod\limits_{k=1}^{n_2}(s^2+2\xi_k\omega_{nk}s+\omega_{nk}^2)} \tag{3-29}$$

将式（3-29）按部分分式展开，得

$$X(s) = \frac{A_0}{s} + \sum_{j=1}^{n_1}\frac{A_j}{s+p_j} + \sum_{k=1}^{n_2}\frac{B_k s+C_k}{s^2+2\xi_k\omega_{nk}s+\omega_{nk}^2}$$

式中，A_0、A_j、B_k 和 C_k 为由部分分式所确定的常数。

对上式进行拉氏反变换后，得到高阶系统的单位阶跃响应为

$$x_o(t) = A_0 + \sum_{j=1}^{n_1}A_j e^{-p_j \cdot t} + \sum_{k=1}^{n_2}D_k e^{-\xi_k\cdot\omega_{nk}\cdot t}\sin(\omega_{dk}t+\beta_k) \quad (t\geqslant 0) \tag{3-30}$$

其中
$$\left.\begin{array}{l}\omega_{dk}=\omega_{nk}\sqrt{1-\xi_k^2}\\[2mm]\beta_k=\arctan\dfrac{B_k\omega_{dk}}{C_k-\xi_k\omega_{nk}B_k}\\[4mm]D_k=\sqrt{B_k^2+\left(\dfrac{C_k-\xi_k\omega_{nk}B_k}{\omega_{dk}}\right)^2}\end{array}\right\} \quad (k=1,2,\cdots,n_2)$$

由式（3-30）可知，第一项为稳态分量，第二项为指数曲线（一阶系统），第三项为振荡曲线（二阶系统）。因此，一个高阶系统的响应是由多个惯性环节和振荡环节的响应组成的。上述响应，取决于 p_j、ξ_k、ω_{nk} 及系数 A_j、D_k，即与零、极点的分布有关。所以，分析零、极点的分布情况，能够对系统性能进行定性分析，或者对高阶系统进行必要的降阶简化，以方便处理。

3.4.2　高阶系统的简化

假设有一系统，其传递函数极点在复平面上的分布如图 3-13 所示。极点 s_3 距虚轴的距离不小于共轭复数极点 s_1、s_2 距虚轴距离的 5 倍，即 $|\mathrm{Re}[-s_3]|\geqslant 5|\mathrm{Re}[-s_1]|=5\xi\omega_n$（此处 ξ、ω_n 是相应于 s_1、s_2 的）；同时，极点 s_1、s_2 附近无其他零点和极点。由上述已知条件能够计算出与极点 s_3 所对应的过渡过程分量的调整时间为

$$t_{s_3} \leqslant \frac{1}{5}\frac{4}{\xi\omega_n} = \frac{1}{5}t_{s_1}$$

式中，t_{s_1} 为极点 s_1、s_2 所对应的过渡过程调整时间。

图 3-14 所示为图 3-13 中单位脉冲响应函数的各分量。由图 3-14 可知，共轭复数极点 s_1、s_2 确定的分量在该系统的单位脉冲响应函数中起主导作用，因为它衰减得最慢。其他远离虚轴的极点 s_3、s_4、s_5 所对应的单位脉冲响应函数衰减较快，它们仅在过渡过程的极短时间内产生一定的影响。

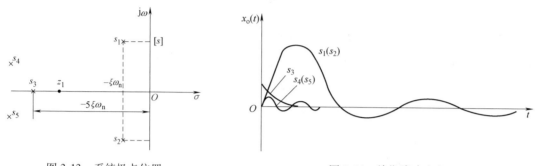

图 3-13　系统极点位置　　　　　　　　图 3-14　单位脉冲响应

综上所述，在系统传递函数的极点中，如果距虚轴最近的一对共轭复数极点的附近没有零点，而其他的极点距虚轴的距离都在这对极点距虚轴距离的 5 倍以上或者其他极点实部的 5 倍时，则系统过渡过程的形式及其性能指标，主要取决于距虚轴最近的这对共轭复数极点，这种距虚轴最近的极点称为主导极点。例如，有一对零极点，它们之间的距离比它们的模值小一个数量级，这对零极点被称为偶极子。偶极子对瞬态性能的影响可以忽略，但影响系统的稳态性能。

高阶系统的瞬态响应特性，主要由闭环主导极点决定。闭环主导极点经常以共轭复数的形式出现。在设计一个高阶系统时，也常通过调整系统的增益使系统具有一对共轭复数极点。如果高阶系统中存在一对主导极点，则该高阶系统可以近似按二阶系统来分析。应用主导极点分析高阶系统的过渡过程，实质上就是把高阶系统近似作为二阶振荡系统来处理，这样就大大地简化了系统的分析和设计工作。但在应用这种方法时一定要注意条件，同时还要注意，在精确分析中，其他极点与零点对系统过渡过程的影响不能忽视。

3.4.3　高阶系统的瞬态响应性能指标估算方法

高阶系统的单位阶跃响应的表达式一般都比较复杂，限于数学上的困难，高阶系统的瞬态响应性能指标的解析式一般难以确定。不过，如果高阶系统存在一对共轭复数闭环主导极点，那么可以依据前述的瞬态响应性能指标的定义来推导，具体推导方法和前面推导二阶系统瞬态响应指标的推导方法完全相同。除此之外，还可以直接将高阶系统近似为二阶系统，并按照二阶系统的瞬态响应指标来估算系统的动态性能。如果高阶系统没有闭环主导极点而又需要计算出瞬态响应性能指标值，那只能根据瞬态响应性能指标的定义，借助于计算机用数值方法来确定了。

3.5　计算机辅助时域分析

计算机的飞速发展和巨大成就几乎影响了科学技术的所有领域，对控制理论的发展也起到了很大的推动作用。本节主要讨论控制系统时域特性的计算机辅助分析。

当系统的阶数较高时，求其解析解通常很难。MATLAB 软件中的 Control Systems Toolbox 是控制系统分析和设计的强有力工具，其中，用于计算连续系统时域响应的主要函数见表 3-1。当不带输出变量引用时，函数可在当前图形窗口中得到系统的时域响应曲线；当带有输出变量引用时，可得到系统的时域响应数据。

表 3-1　连续系统时域响应的主要函数

函数	功能	调用格式	说明
impulse	计算连续系统的单位脉冲响应	impulse（num，den）	得到以传递函数 $G(s)=[num(s)]/[den(s)]$ 表示的脉冲响应曲线
		impulse（num，den，t）	得到以传递函数 $G(s)=[num(s)]/[den(s)]$ 表示的脉冲响应曲线，并可指定时间 t
step	计算连续系统的单位阶跃响应	step（num，den）	得到以传递函数 $G(s)=[num(s)]/[den(s)]$ 表示的阶跃响应曲线
		step（num，den，t）	得到以传递函数 $G(s)=[num(s)]/[den(s)]$ 表示的阶跃响应曲线，并可指定时间 t
lsim	计算连续系统的任意响应	lsim（num，den，u，t）	得到以传递函数 $G(s)=[num(s)]/[den(s)]$ 表示的 u 输入响应曲线，并可指定时间 t

求解线性连续系统稳定性问题的直接方法是求出系统的所有极点，并观察是否含有实部大于零的极点。如果有这样的极点，则系统不稳定；否则，系统稳定。如果稳定系统中存在实部等于零的极点，则系统为临界稳定系统。MATLAB 软件中用于计算连续系统所有极点的主要函数见表 3-2。

表 3-2　连续系统稳定性分析的主要函数

函数	功能	调用格式	说明
roots	计算多项式的根	roots（den）	得到以多项式 den 的根所组成的列向量，多项式 den 按降幂排列
pzmap	在复平面内绘制出系统的零极点图	pzmap（num，den）	得到以传递函数 $G(s)=[num(s)]/[den(s)]$ 表示的系统零极点图，图中"×"表示极点，"○"表示零点

例 3-3　已知某高阶系统的传递函数为

$$G(s)=\frac{2s^2+20s+50}{s^6+15s^5+84s^4+223s^3+309s^2+240s+100}$$

试求该系统的单位脉冲响应、单位阶跃响应、单位速度响应和单位加速度响应。

解　1）MATLAB 计算程序。

num=[2　20　50]；

den=[1　15　84　223　309　240　100]；

t=(0:0.1:20)；

```
figure(1);
impulse(num,den,t);% Impulse Response
figure(2);
step(num,den,t);% Step Response
figure(3);
u1=(t);% Ramp. Input
hold on;
plot(t,u1);
lsim(num,den,u1,t);% Ramp. Response
gtext('t');
figure(4);
u2-(t*t/2);% Acce. Input
hold on;
plot(t,u2);
lsim(num,den,u2,t);% Acce. Response
gtext('t*t/2');
```

2）计算结果。计算结果如图 3-15 所示。

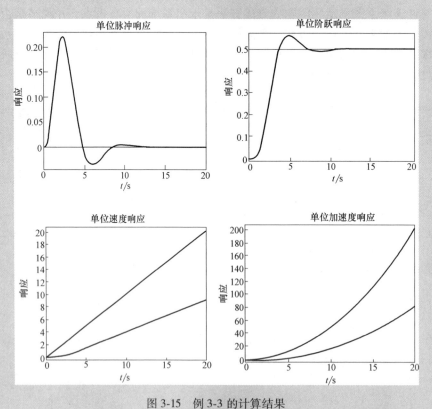

图 3-15　例 3-3 的计算结果

例 3-4　已知某高阶系统的传递函数为

$$G(s) = \frac{s^3 + 7s^2 + 24s + 24}{s^8 + 2s^7 + 3s^6 + 4s^5 + 5s^4 + 6s^3 + 7s^2 + 8s + 9}$$

试求该系统的极点，并判断系统的稳定性。

解　1）MATLAB 计算程序。

num = [1　7　24　24];

den = [1　2　3　4　5　6　7　8　9];

roots(den)

2）计算结果。

ans =

−1.2888 + 0.4477i

−1.2888 − 0.4477i

−0.7244 + 1.1370i

−0.7244 − 1.1370i

0.1364 + 1.3050i

0.1364 − 1.3050i

0.8767 + 0.8814i

0.8767 − 0.8814i

由计算结果可知，该系统的 4 个极点具有正实部，故系统不稳定。

习　题

3-1　什么叫时间响应？时间响应由哪几部分组成？各部分的定义是什么？

3-2　时域瞬态响应性能指标有哪些？它们反映了系统哪些方面的性能？

3-3　一阶系统的传递函数为 $\dfrac{2}{s + 0.25}$，求其时间常数 T。

3-4　温度计的传递函数为 $\dfrac{1}{Ts + 1}$，现在用该温度计测量一个容器内水的温度，发现需要 1min 的时间才能测量出实际水温的 98% 的数值，求此温度计的时间常数 T。如果给容器加热，使水温以 10°C/min 的速度变化，此温度计的稳态指示误差是多少？

3-5　某单位反馈的位置控制系统，其开环传递函数为 $G(s) = \dfrac{K}{s(s+1)}$，开环放大倍数 $K = 4$。

（1）试确定该系统的固有频率 ω_n 和阻尼比 ξ。

（2）试求出系统的最大超调量 M_p 和调整时间 t_s。

（3）若采用最佳阻尼比，即 $\xi = 0.707$，试确定系统的开环放大倍数 K。

3-6　设单位反馈系统的开环传递函数为 $G(s) = \dfrac{2s + 1}{s^2}$，试求该系统的单位阶跃响应和单位脉冲响应。

3-7　已知二阶系统闭环传递函数为 $G(s) = \dfrac{36}{s^2 + 9s + 36}$，试求单位阶跃响应的上升时间 t_r、调整时间 t_s、

最大超调量 M_p 和峰值时间 t_p 的数值。

3-8 一个控制系统的单位阶跃响应为 $x_o(t) = 1 + 0.2e^{-60t} - 1.2e^{-10t}$。试求：

（1）系统的闭环传递函数。

（2）系统的无阻尼固有频率 ω_n 和阻尼比 ξ。

3-9 已知单位反馈系统的开环传递函数为 $G(s) = \dfrac{K}{Ts+1}$。试求：①$K=20$、$T=0.2$；②$K=16$、$T=0.1$；③$K=2.5$、$T=1$ 时的单位阶跃响应，并分析开环增益 K 与时间常数 T 对系统性能的影响。

3-10 已知系统的传递函数为 $G(s) = \dfrac{13s^2}{(s+5)(s+6)}$，当输入为 $x_i(t) = \dfrac{1}{2}t^2$ 时，试求系统的响应函数。

第 **4** 章 控制系统的频率特性

时域分析方法是通过传递函数，用拉氏反变换解出输出量随时间变化规律的一种方法。此法虽较直观，但对于高阶系统，求解过程复杂，且当系统参数变化时，很难看出对系统动态性能的影响。

频率特性分析法是经典控制理论中研究与分析系统特性的另一种重要方法。该方法与时域分析方法不同，它将传递函数从复域引到具有明确物理概念的频域来分析系统的特性。利用此方法，不必求解微分方程就可以估算出系统的性能，可以简单、迅速地判断某些环节或参数对系统性能的影响，并能指明改进系统性能的方向。

本章将首先阐明频率特性的基本概念及其与传递函数的关系，重点介绍频率特性的极坐标图和对数坐标图的绘制方法，再介绍闭环频率特性及其频域性能指标，以及最小相位系统的概念。要求学生深入了解和切实掌握奈奎斯特图、伯德图的绘制方法及步骤，这也是本章的重点。

4.1 频率特性的基本概念

4.1.1 频率响应与频率特性

频率响应是线性定常系统对正弦输入的稳态响应。就是说，给系统输入某一频率的正弦波，经过充分长的时间后，系统的输出响应应是同频率的正弦波，而且输出与输入的正弦幅值之比以及输出与输入的相位之差，对于一定的系统来讲是完全确定的。

设系统传递函数为 $G(s)$，给系统输入一个正弦信号为

$$x_i(t) = X_{im}\sin\omega t \tag{4-1}$$

式中，X_{im} 为正弦输入信号的振幅；ω 为正弦输入信号的频率。

系统的稳态输出量写成

$$x_o(t) = A(\omega)X_{im}\sin[\omega t + \varphi(\omega)] \tag{4-2}$$

为说明频率特性的基本概念，考虑图 4-1 所示的 RC 电路，其传递函数为

$$G(s) = \frac{U_o(s)}{U_i(s)} = \frac{1}{Ts+1}$$

式中，T 为 RC 电路的时间常数，$T = RC$。

设输入电压为正弦信号 $U_i(t) = U_{im}\sin\omega t$，其拉氏变换为

$$U_i(s) = \frac{U_{im}\omega}{s^2 + \omega^2}$$

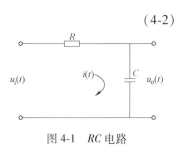

图 4-1 RC 电路

则 RC 电路输出量 $u_o(t)$ 的拉氏变换为

$$U_o(s) = G(s)U_i(s) = \frac{1}{Ts+1} \frac{U_{im}\omega}{s^2+\omega^2}$$

通过拉氏反变换，得

$$x_o(t) = \frac{U_{im}T\omega}{1+T^2\omega^2}e^{-t/T} + \frac{U_{im}}{\sqrt{1+T^2\omega^2}}\sin(\omega t - \arctan T\omega) \tag{4-3}$$

由式（4-3）可见，第一项为输出电压的瞬态分量，随着时间的推移，这一项迅速衰变至零；第二项为稳态分量，是与输入信号同频率的谐波信号。

定义系统的稳态输出电压和输入电压的复数比为 $G(j\omega)$，便有

$$G(j\omega) = \frac{\overline{U_o(j\omega)}}{U_i(j\omega)} = \frac{1}{1+j\omega RC} = A(\omega)e^{j\varphi(\omega)} \tag{4-4}$$

式中，$A(\omega)$ 为幅值比，$A(\omega) = \dfrac{1}{\sqrt{1+(T\omega)^2}}$; $\tag{4-5}$

$\varphi(\omega)$ 为相位差，$\varphi(\omega) = -\arctan T\omega$; $\tag{4-6}$

$G(j\omega)$ 为 RC 电路的频率特性。

比较系统稳态输出量和输入信号的波形时发现，稳态输出量的频率与输入量相同，但其振幅及相位都与输入量不同。若改变输入量的 ω 而保持其振幅恒定，输出量与输入量的振幅比及输出量与输入量的相位差，都是频率的函数。

从这一简单系统的频率特性，也可以看出 $G(j\omega)$ 的物理意义：

1）频率特性反映系统的内在性质，与外界因素无关。当系统结构参数（R、C）给定时，频率特性 $G(j\omega) = 1/(1+j\omega RC)$ 随频率 ω 的变化规律也随之完全确定。

2）频率特性随频率变化而变化，这是因为系统含有储能元件（如电容 C）。实际系统中往往存在弹簧、转动惯量或电容、电感这些储能元件，它们在能量交换时，不同频率的信号使系统显示出不同的特性。

3）系统频率特性的幅值比 $A(\omega)$ 随着频率的升高而衰减，换而言之，频率特性表示了系统对不同频率正弦信号的"复现能力"或"跟踪能力"。对于低频信号（即 $\omega T \ll 1$），有

$$A(\omega) \approx 1, \varphi(\omega) \approx 0°$$

这表明在输入信号频率较低时，输出量与输入量的幅值几乎相等，相位近似相同。系统输入信号基本上可以按原比例在输出端复现出来；而对于高频信号（即 $\omega T \gg 1$），有

$$A(\omega) \approx 1/(T\omega), \varphi(\omega) \approx -90°$$

这表明输入信号频率较高时，输出量幅值只有输入量幅值的 $1/(T\omega)$，相位落后近 90°，输入信号被抑制而不能传递出去。实际中的系统，虽然形式不同，但一般都有这样的"低通"滤波及相位滞后作用。

4.1.2 频率特性的求取方法

频率特性一般可以通过以下三种方法得到：

1）根据已知系统的微分方程，把正弦函数代入，解析求其稳态解，通过输出稳态分量和输入正弦的复数之比求得。

2）根据系统的传递函数来求取，将 $s=\mathrm{j}\omega$ 代入传递函数中，可直接得到系统的频率特性。

3）通过实验测得。频率特性具有明确的物理意义，可用实验的方法来确定它。这对于难以列写其微分方程的元件或系统来说，具有重要的实际意义。

一般经常采用的是后两种方法。这里主要讨论如何根据传递函数求取系统的频率特性。

仍以图 4-1 所示系统为例，其传递函数为 $G(s)=\dfrac{1}{1+RCs}$ 或 $G(s)=\dfrac{1}{1+Ts}$。将传递函数中的复变

量 s 用纯虚数 $\mathrm{j}\omega$ 来代替，便得到频率特性的表达式 $G(\mathrm{j}\omega)=\dfrac{1}{1+\mathrm{j}\omega RC}$，取它的模 $A(\omega)$ 和幅

角 $\varphi(\omega)$，正是式（4-5）和式（4-6）。这种以 $\mathrm{j}\omega$ 代替 s 由传递函数获得频率特性的方法，对于线性定常系统是普遍适用的。

证明：控制系统微分方程的一般形式为

$$a_n x_\mathrm{o}^{(n)}(t)+a_{n-1}x_\mathrm{o}^{(n-1)}(t)+\cdots+a_1\dot{x}_\mathrm{o}(t)+a_0 x_\mathrm{o}(t)$$
$$=b_m x_\mathrm{i}^{(m)}(t)+b_{m-1}x_\mathrm{i}^{(m-1)}(t)+\cdots+b_1\dot{x}_\mathrm{i}(t)+b_0 x_\mathrm{i}(t)$$

给系统输入一谐波信号

$$x_\mathrm{i}(t)=X_\mathrm{i}\mathrm{e}^{\mathrm{j}\omega t}$$

因此，系统的稳态输出为

$$x_\mathrm{o}(t)=X_\mathrm{o}(\omega)\mathrm{e}^{\mathrm{j}[\omega t+\varphi(\omega)]}$$

系统的输入和输出的导数为

$$x_\mathrm{i}^{(k)}(t)=(\mathrm{j}\omega)^k X_\mathrm{i}\mathrm{e}^{\mathrm{j}\omega t}\quad(k=1,\ 2,\ 3,\ \cdots,\ m)$$
$$x_\mathrm{o}^{(k)}(t)=(\mathrm{j}\omega)^k X_\mathrm{o}(\omega)\mathrm{e}^{\mathrm{j}[\omega t+\varphi(\omega)]}\quad(k=1,\ 2,\ 3,\ \cdots,\ n)$$

将 $x_\mathrm{i}(t)$ 和 $x_\mathrm{o}(t)$ 的表达式及其各阶导数代入系统的微分方程，有

$$\left[a_n(\mathrm{j}\omega)^n+a_{n-1}(\mathrm{j}\omega)^{(n-1)}+\cdots+a_1(\mathrm{j}\omega)+a_0\right]X_\mathrm{o}(\omega)\mathrm{e}^{\mathrm{j}[\omega t+\varphi(\omega)]}$$
$$=\left[b_m(\mathrm{j}\omega)^m+b_{m-1}(\mathrm{j}\omega)^{(m-1)}+\cdots+b_1(\mathrm{j}\omega)+b_0\right]X_\mathrm{i}\mathrm{e}^{\mathrm{j}\omega t}$$

由上式可得

$$\frac{X_\mathrm{o}(\omega)\mathrm{e}^{\mathrm{j}[\omega t+\varphi(\omega)]}}{X_\mathrm{i}\mathrm{e}^{\mathrm{j}\omega t}}=\frac{b_m(\mathrm{j}\omega)^m+b_{m-1}(\mathrm{j}\omega)^{(m-1)}+\cdots+b_1(\mathrm{j}\omega)+b_0}{a_n(\mathrm{j}\omega)^n+a_{n-1}(\mathrm{j}\omega)^{(n-1)}+\cdots+a_1(\mathrm{j}\omega)+a_0}$$

上式的右边是将 $G(s)$ 表达式中的 s 用 $\mathrm{j}\omega$ 取代的结果，左边可简化为

$$\frac{X_\mathrm{o}}{X_\mathrm{i}}\mathrm{e}^{\mathrm{j}\varphi(\omega)}=A(\omega)\cdot\mathrm{e}^{\mathrm{j}\varphi(\omega)}=G(\mathrm{j}\omega)$$

下面，通过例题说明用微分方程（或传递函数）求频率特性的解析方法。

例 4-1　已知系统的传递函数为 $G(s)=\dfrac{K}{Ts+1}$，求其频率特性。

解　因为 $x_\mathrm{i}(t)=X_\mathrm{i}\sin\omega t$，$X_\mathrm{i}(s)=L[x_\mathrm{i}(t)]=\dfrac{X_\mathrm{i}\omega}{s^2+\omega^2}$

所以 $$X_\mathrm{o}(s)=G(s)X_\mathrm{i}(s)=\frac{K}{Ts+1}\frac{X_\mathrm{i}\omega}{s^2+\omega^2}$$

再取拉氏反变换并整理，得

$$X_o(t) = \frac{X_i K}{\sqrt{1+T^2\omega^2}} \sin(\omega t - \arctan T\omega) + \frac{X_i KT\omega}{1+T^2\omega^2} e^{-t/T}$$

频率特性为

$$\begin{cases} A(\omega) = \dfrac{X_o}{X_i} = \dfrac{K}{\sqrt{1+T^2\omega^2}} \\[3mm] \varphi(\omega) = -\arctan T\omega \end{cases}$$

或表示为

$$\frac{K}{\sqrt{1+T^2\omega^2}} e^{-j\arctan T\omega}$$

频率特性是传递函数的一种特殊情况，即频率特性是定义在复平面（s 平面）虚轴上的传递函数。

4.1.3　频率特性的表示方法

频率特性 $G(j\omega)$（包含幅频特性和相频特性）是谐波输入信号频率 ω 的函数，因而可以用图形表示它们的变化规律。常用频率特性表示方法有极坐标图和对数坐标图。用图形表示系统的频率特性，具有直观方便的优点，在系统性能分析和校正的研究过程中很有用处。

系统的频率特性可分解为实部和虚部，即

$$G(j\omega) = U(\omega) + jV(\omega) \tag{4-7}$$

也可以表示为幅值和相位的关系，即

$$G(j\omega) = A(\omega) e^{j\varphi(\omega)} \tag{4-8}$$

式中，$U(\omega)$ 为 $G(j\omega)$ 的实部，称为实频特性；$V(\omega)$ 为 $G(j\omega)$ 的虚部，称为虚频特性；$A(\omega)$ 为 $G(j\omega)$ 的模，它等于稳态输出量与输入量的振幅比，称为幅频特性；$\varphi(\omega)$ 为 $G(j\omega)$ 的幅角，它等于稳态输出量与输入量的相位差，称为相频特性。这些频率特性之间有如下关系，即

$$A(\omega) = |G(j\omega)| = \sqrt{U^2(\omega) + V^2(\omega)} \tag{4-9}$$

$$\varphi(\omega) = \angle G(j\omega) = \arctan \frac{V(\omega)}{U(\omega)} \tag{4-10}$$

因此，系统频率特性常采用下面两种图示表达形式。

1. 频率特性的极坐标图（奈奎斯特图）

频率特性 $G(j\omega)$ 是一个有幅值和相位的向量。当给出不同的 ω 值时，通过式（4-9）和式（4-10）就可算出相应的幅值和相位值，这样，可以在复平面上画出 ω 值由零变化到无穷大时 $G(j\omega)$ 的向量，把向量末端连成曲线，就可得到系统的幅相频率特性曲线，即极坐标图，如图 4-2a 所示。在绘制向量时，也可用不同频率 ω 时的频率特性 $G(j\omega)$ 的实部和虚部进行表达，如图 4-2b 所示。奈奎斯特（Nyquist）早在 1932 年就基于极坐标图的形状阐述了系统的稳定性问题，所以极坐标图也称为奈奎斯特图。

对于一个给定的 ω 值，$G(j\omega)$ 可以用一个向量来表示，向量的长度为幅值 $|G(j\omega)|$，与正实轴的夹角为 $\angle G(j\omega)$，在实轴和虚轴上的投影分别为其实部 $u(\omega)$ 和虚部 $v(\omega)$。

相位 $\varphi(\omega)$ 的符号规定为从正实轴开始，逆时针方向旋转为正，顺时针方向为负。当 ω 从 $0 \to \infty$ 时，$G(j\omega)$ 端点随 ω 移动的轨迹，即为频率特性的极坐标图。它不仅表示了幅频特性和相频特性，而且也表示了实频特性和虚频特性。图 4-2 中 ω 的箭头方向是从小到大变化的。

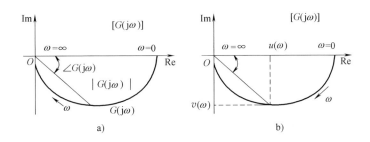

图 4-2　频率特性的极坐标

a）幅值和相位表达方式　b）实部和虚部表达方式

2. 频率特性的对数坐标图（伯德图）

对数频率特性由两张图组成：一张是对数幅频特性，另一张是对数相频特性。对数频率特性又称为伯德图。

考虑系统任意环节的频率特性表达式

$$G(j\omega) = |G(\omega)| e^{j\varphi(\omega)}$$

取它的自然对数，得到

$$\ln G(j\omega) = \ln |G(\omega)| + j\varphi(\omega) \tag{4-11}$$

式（4-11）对数的实部 $\ln |G(\omega)|$ 是频率特性模的对数，虚部 $\varphi(\omega)$ 是频率特性的幅角。用这种办法表示的频率特性包含两条曲线：一是 $\ln |G(\omega)|$ 与 ω 之间的关系曲线，称为对数幅频特性；二是 $\varphi(\omega)$ 与 ω 之间的关系曲线，称为对数相频特性。而在实际应用中，往往不是用自然对数来表达对数幅频特性，而是采用以 10 为底的对数来表示。$G(j\omega)$ 对数幅频的表达式可写为

$$L(\omega) = 20 \lg |G(\omega)| \tag{4-12}$$

式（4-12）中采用的单位是分贝，以 dB 表示。在对数表达式中，对数幅频特性曲线和对数相频特性曲线画在对数坐标纸上，频率采用对数分度，而幅值（单位：dB）和角度［单位：（°）］则采用线性分度。

对数幅频特性图的纵坐标表示 $G(j\omega)$ 的幅值，单位是分贝，记为 dB，按线性分度；对数相频特性图的纵坐标表示 $G(j\omega)$ 的相位，单位是度，也是按线性分度。对数坐标图的横坐标表示频率 ω，但按对数分度，单位是 rad/s（弧度/秒），如图 4-3 所示。

需要注意的是，在以 $\lg \omega$ 划分的频率轴（横坐标）上，一般只标注 ω 的自然数值。该坐标的特点是：若在横轴上任意取两点使其满足 $\omega_2/\omega_1 = 10$，则在对数频率轴上两点的距离为 $\lg(\omega_2/\omega_1) = \lg 10 = 1$。因此，不论起点如何，只要角频率变化 10 倍，在横轴上的线段长均等于一个单位，称为一个 10 倍频程。

用伯德图表示频率特性的优点如下：

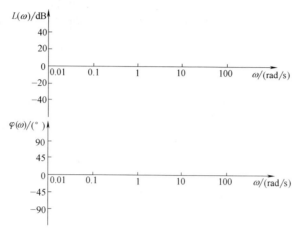

图 4-3 对数幅频特性和对数相频特性

1）可以将串联环节幅值的相乘、除，化为幅值的相加、减，使得计算和作图过程简化。

2）提供了绘制近似对数幅频曲线的简便方法。先分段，用直线作出对数幅频特性的渐近线，再用修正曲线对渐近线进行修正，即可得到较准确的对数幅频特性图。

3）因为在实际系统中，低频特性最为重要，所以对频率采用对数尺度，对扩展低频范围是很有利的。

4）当频率响应数据以伯德图的形式表示时，可以容易地通过实验确定传递函数。

4.2 典型环节的极坐标图

频率特性 $G(j\omega)$ 的极坐标图是当 ω 从零变化到无穷大时，表示在极坐标上的 $G(j\omega)$ 的幅值与相位的关系图。因此，极坐标图是当 ω 从零变化到无穷大时向量 $G(j\omega)$ 的矢端轨迹。

4.2.1 比例环节

比例环节的传递函数为

$$G(s) = K \tag{4-13}$$

频率特性为

$$G(j\omega) = K \tag{4-14}$$

实频特性 $U(\omega) = \mathrm{Re}[G(j\omega)] = K$

虚频特性 $V(\omega) = \mathrm{Im}[G(j\omega)] = 0$

幅频特性 $|G(j\omega)| = K$

相频特性 $\angle G(j\omega) = 0$

可见，比例环节频率特性的极坐标图为实轴上的一点 $(K, j0)$，如图4-4所示。

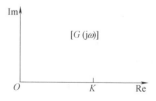

图 4-4 比例环节频率特性的极坐标图

4.2.2 积分环节

积分环节的传递函数为

$$G(s) = 1/s \tag{4-15}$$

频率特性

$$G(j\omega) = 1/(j\omega) \tag{4-16}$$

幅频特性 $\qquad |G(j\omega)| = 1/\omega$

相频特性 $\qquad \angle G(j\omega) = -90°$

积分环节的相频特性等于$-90°$，与角频率 ω 无关，表明积分环节对正弦输入信号有$-90°$的滞后作用；其幅频特性等于 $1/\omega$，是 ω 的函数，当 ω 由零变到无穷大时，输出幅值则由无穷大衰减至零。因此，积分环节的极坐标图与负虚轴重合，如图 4-5 所示。

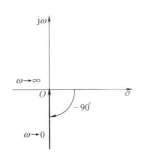

图 4-5 积分环节的极坐标图

4.2.3 微分环节

微分环节的传递函数为

$$G(s) = s \tag{4-17}$$

频率特性为

$$G(j\omega) = j\omega \tag{4-18}$$

幅频特性 $\qquad |G(j\omega)| = \omega$

相频特性 $\qquad \angle G(j\omega) = 90°$

如图 4-6 所示，微分环节的幅频特性与 ω 成正比，相频特性恒为 $90°$。因此，当 ω 从 $0 \to \infty$ 时，积分环节的幅相频率特性是一条与正虚轴重合的直线，从原点沿正虚轴向无穷远处，恰好与积分环节的特性相反。微分环节是一个相位超前环节。

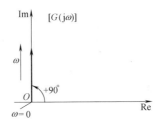

图 4-6 微分环节的极坐标图

4.2.4 惯性环节

惯性环节的传递函数为

$$G(s) = \frac{K}{Ts+1} \tag{4-19}$$

其实频特性和虚频特性可表示为

$$G(j\omega) = \frac{1}{j\omega T + 1} = U(\omega) + jV(\omega) = \frac{1}{T^2\omega^2 + 1} - j\frac{\omega T}{T^2\omega^2 + 1} \tag{4-20}$$

因此，幅频特性为 $\qquad |G(j\omega)| = \dfrac{1}{\sqrt{1 + T^2\omega^2}}$

相频特性为 $\qquad \angle G(j\omega) = -\arctan T\omega$

在 $\omega = 0$ 和 $\omega = 1/T$ 时，$G(j\omega)$ 的值分别为

$G(j\omega)|_{\omega=0} = (1,\ \angle 0°)$，$G(j\omega)|_{\omega=1/T} = (1/\sqrt{2},\ \angle -45°)$

当 ω 趋于无穷大时，$G(j\omega)$ 的幅值趋于零，相位趋于 $-90°$。当 ω 由 $0\to\infty$ 时，惯性环节幅相频率为一个半圆。这一点可以证明如下：

将式（4-20）所表示的实频特性和虚频特性，代入幅频特性表达式中，得

$$\left(U-\frac{1}{2}\right)^2+V^2=\frac{(1-T^2\omega^2)^2}{4\ (1+T^2\omega^2)^2}+\frac{(-T\omega)^2}{(1+T^2\omega^2)^2}$$
$$=\left(\frac{1}{2}\right)^2$$

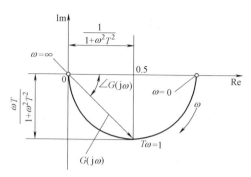

图 4-7 惯性环节幅相频率特性的极坐标图

这个公式代表一个圆的方程式，圆的半径为 $1/2$，圆心在（$1/2$，0）处，如图 4-7 所示。惯性环节是一个低通滤波和相位滞后的环节。

4.2.5 一阶微分环节

一阶微分环节（或称导前环节）的传递函数为

$$G(s)=Ts+1 \qquad (4-21)$$

其频率特性为

$$G(j\omega)=1+jT\omega \qquad (4-22)$$

幅频特性为 $\qquad |G(j\omega)|=\sqrt{1+T^2\omega^2}$

相频特性为 $\qquad \angle G(j\omega)=\arctan T\omega$

一阶微分环节幅相频率特性的极坐标图如图4-8 所示，它是在第一象限内过（1，$j0$）点且平行于虚轴的直线。

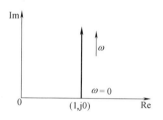

图 4-8 一阶微分环节幅相频率特性的极坐标图

4.2.6 振荡环节

振荡环节的传递函数为

$$G(s)=\frac{1}{T^2s^2+2\xi Ts+1} \qquad (0<\xi<1) \qquad (4-23)$$

其频率特性为

$$G(j\omega)=\frac{1}{(j\omega)^2T^2+j2\xi\omega T+1}=\frac{\omega_n^2}{-\omega^2+\omega_n^2+j2\xi\omega\omega_n} \qquad (4-24)$$

式中，ω_n 为系统的固有频率，$\omega_n=1/T$。

令 $\lambda=\omega/\omega_n$，则振荡环节的频率特性可写成

$$G(j\omega)=\frac{1}{(1-\lambda^2)+j2\xi\lambda}=\frac{1-\lambda^2}{(1-\lambda^2)^2+4\xi^2\lambda^2}-j\frac{2\xi\lambda}{(1-\lambda^2)^2+4\xi^2\lambda^2}$$

幅频特性为

$$|G(j\omega)|=\frac{1}{\sqrt{(1-\lambda^2)^2+4\xi^2\lambda^2}}$$

相频特性为

$$\angle G(\mathrm{j}\omega) = -\arctan\frac{2\xi\lambda}{1-\lambda^2} = \begin{cases} -\arctan\dfrac{2\xi\lambda}{1-\lambda^2} & (\lambda \leqslant 1) \\[3mm] -\left(180° - \arctan\dfrac{2\xi\lambda}{\lambda^2-1}\right) & (\lambda > 1) \end{cases}$$

当 $\lambda = 0$，即 $\omega = 0$ 时，$|G(\mathrm{j}\omega)| = 1$，$\angle G(\mathrm{j}\omega) = 0°$。

当 $\lambda = 1$，即 $\omega = \omega_n$ 时，$|G(\mathrm{j}\omega)| = \dfrac{1}{2\xi}$，$\angle G(\mathrm{j}\omega) = -90°$。

当 $\lambda = \infty$，即 $\omega = \infty$ 时，$|G(\mathrm{j}\omega)| = 0$，$\angle G(\mathrm{j}\omega) = -180°$。

当 ω 由 $0 \to \infty$ 时，$A(\omega)$ 由 $1 \to 0$，$\varphi(\omega)$ 由 $0° \to -180°$。振荡环节频率特性的极坐标图始于点（1，j0），终止于点（0，j0），曲线和虚轴交点的频率就是无阻尼固有频率，此时的幅值是 $1/(2\xi)$，曲线在第三、四象限，ξ 取值不同，极坐标图的形状也不同，振荡环节的极坐标图如图 4-9 所示。

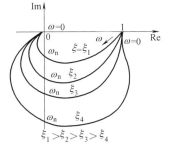

图 4-9　振荡环节的极坐标图

振荡环节的幅频特性和相频特性，同时是角频率 ω 及阻尼比 ξ 的二元函数。ξ 越小，幅频特性曲线的值越大，当 ξ 小到一定程度时，幅频特性曲线将会出现峰值。

由 $\left.\dfrac{\partial |G(\mathrm{j}\omega)|}{\partial \lambda}\right|_{\lambda=\lambda_r} = 0$，求得

$$\lambda_r = \sqrt{1-2\xi^2}$$

因为　$\lambda_r = \dfrac{\omega_r}{\omega_n}$；则求得谐振频率为

$$\omega_r = \omega_n\sqrt{1-2\xi^2}$$

从而可求得在峰值点的幅频特性和相频特性分别为

$$|G(\mathrm{j}\omega_r)| = \frac{1}{2\xi\sqrt{1-\xi^2}}$$

$$\angle G(\mathrm{j}\omega_r) = -\arctan\frac{\sqrt{1-2\xi^2}}{\xi}$$

4.2.7　二阶微分环节

二阶微分环节的传递函数为

$$G(s) = T^2s^2 + 2\xi Ts + 1 \qquad (0 < \xi < 1) \tag{4-25}$$

令 $T = 1/\omega_n$，则其频率特性为

$$G(\mathrm{j}\omega) = -\frac{\omega^2}{\omega_n^2} + \mathrm{j}2\xi\frac{\omega}{\omega_n} + 1 \tag{4-26}$$

幅频特性为

$$|G(j\omega)| = \sqrt{\left(1-\frac{\omega^2}{\omega_n^2}\right)^2 + \left(2\xi\frac{\omega}{\omega_n}\right)^2}$$

相频特性为

$$\angle G(j\omega) = \begin{cases} \arctan\dfrac{2\xi\dfrac{\omega}{\omega_n}}{1-\dfrac{\omega^2}{\omega_n^2}} & (0 \leqslant \omega \leqslant \omega_n) \\[4mm] \pi+\arctan\dfrac{2\xi\dfrac{\omega}{\omega_n}}{1-\dfrac{\omega^2}{\omega_n^2}} & (\omega > \omega_n) \end{cases}$$

由二阶微分环节的幅频特性和相频特性可知

当 $\omega = 0$ 时，$|G(j\omega)| = 1$，$\angle G(j\omega) = 0°$。

当 $\omega = \omega_n$ 时，$|G(j\omega)| = 2\xi$，$\angle G(j\omega) = 90°$。

当 $\omega = \infty$ 时，$|G(j\omega)| = \infty$，$\angle G(j\omega) = 180°$。

当 ω 从 $0 \to \infty$ 时，二阶微分环节的幅相频率特性曲线起始于点（1，j0），终止于点（$-\infty$，j∞）。曲线与虚轴的交点坐标为（0，j2ξ），此时的固有频率为 ω_n，其曲线如图 4-10 所示。

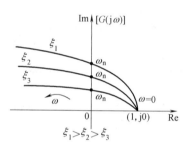

图 4-10 二阶微分环节幅相频率特性的极坐标图

4.2.8 延迟环节

延迟环节的传递函数为

$$G(s) = e^{-\tau s} \tag{4-27}$$

其频率特性为

$$G(j\omega) = e^{-j\tau\omega} = \cos\tau\omega - j\sin\tau\omega \tag{4-28}$$

幅频特性为

$$|G(j\omega)| = 1$$

相频特性为

$$\angle G(j\omega) = -\tau\omega$$

延迟环节频率特性的极坐标图是一个单位圆。其幅值恒为 1，而相位 $\angle G(j\omega)$ 则随 ω 顺时针方向的变化成正比变化，矢量的端点在单位圆上无限循环，如图 4-11 所示。

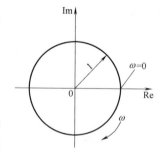

图 4-11 延迟环节频率特性的极坐标图

4.2.9 系统奈奎斯特图的画法

系统奈奎斯特图的画法如下：

1）基于传递函数，求出系统的频率特性。

2）写出系统的幅频特性和相频特性表达式。

3）分别求出 $\omega=0$ 和 $\omega\to\infty$ 时的幅值和相位。

4）观察奈奎斯特图与实轴的交点，交点可利用 $\mathrm{Im}\big[G(\mathrm{j}\omega)\big]=0$ 的关系求出，也可以利用关系式 $\angle G(\mathrm{j}\omega)=n\cdot180°$（$n$ 为整数）求出。

5）观察奈奎斯特图与虚轴的交点，交点可利用 $\mathrm{Re}\big[G(\mathrm{j}\omega)\big]=0$ 的关系求出，也可以利用关系式 $\angle G(\mathrm{j}\omega)=n\cdot90°$（$n$ 为整数）求出。

6）利用 $\dfrac{\partial\,\big|G(\mathrm{j}\omega)\big|}{\partial\omega}=0$ 求出曲线的极值点。

7）必要时画出奈奎斯特图的中间几点。

8）勾画出大致曲线。

例 4-2　已知系统的传递函数为 $G(s)=\dfrac{K}{s(Ts+1)}$，试绘制其奈奎斯特图。

解　系统的频率特性为

$$G(\mathrm{j}\omega)=\frac{K}{\mathrm{j}\omega(1+\mathrm{j}T\omega)}=K\frac{1}{\mathrm{j}\omega}\frac{1}{1+\mathrm{j}T\omega}=\frac{-KT}{1+T^2\omega^2}-\mathrm{j}\frac{K}{\omega(1+T^2\omega^2)}$$

幅频特性为
$$\big|G(\mathrm{j}\omega)\big|=\frac{K}{\omega\sqrt{1+T^2\omega^2}}$$

相频特性为
$$\angle G(\mathrm{j}\omega)=-90°-\arctan T\omega$$

当 $\omega=0$ 时，$\big|G(\mathrm{j}\omega)\big|=\infty$，$\angle G(\mathrm{j}\omega)=-90°$。

当 $\omega\to\infty$ 时，$\big|G(\mathrm{j}\omega)\big|=0$，$\angle G(\mathrm{j}\omega)=-180°$。

当 $\omega=0$ 时，曲线的渐近线为

$$\lim_{\omega\to0}\mathrm{Re}\big[G(\mathrm{j}\omega)\big]=\lim_{\omega\to0}\frac{-KT}{1+T^2\omega^2}=-KT$$

$$\lim_{\omega\to0}\mathrm{Im}\big[G(\mathrm{j}\omega)\big]=\lim_{\omega\to0}\frac{-K}{\omega(1+T^2\omega^2)}=-\infty$$

系统传递函数的极坐标图如图 4-12 所示。

例 4-3　已知系统的传递函数为 $G(s)=\dfrac{K}{(T_1s+1)(T_2s+1)(T_3s+1)}$，试画出其极坐标（奈奎斯特）图，式中 T_1、T_2、T_3 及 K 均大于 0。

解　系统的频率特性为

$$G(\mathrm{j}\omega)=K\frac{1}{(\mathrm{j}T_1\omega+1)}\frac{1}{(\mathrm{j}T_2\omega+1)}\frac{1}{(\mathrm{j}T_3\omega+1)}$$

幅频特性为
$$A(\omega)=K\frac{1}{\sqrt{T_1^2\omega^2+1}}\frac{1}{\sqrt{T_2^2\omega^2+1}}\frac{1}{\sqrt{T_3^2\omega^2+1}}$$

相频特性为
$$\varphi(\omega)=-\arctan T_1\omega-\arctan T_2\omega-\arctan T_3\omega$$

当 $\omega=0$ 时，$A\big|(\omega)\big|=K$，$\varphi(\omega)=0°$。

当 $\omega\to\infty$ 时，$A\big|(\omega)\big|=0$，$\varphi(\omega)=-270°$。

系统传递函数的极坐标图如图 4-13 所示。

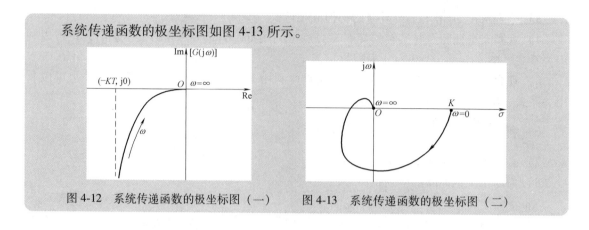

图 4-12 系统传递函数的极坐标图（一）　　图 4-13 系统传递函数的极坐标图（二）

4.3 典型环节的对数坐标图

频率特性的对数坐标图又称伯德图（Bode Diagram）或对数频率特性图（Logarithmic Plot），由对数幅频特性图和对数相频特性图组成，分别表示幅频特性和相频特性。

对数坐标图的横坐标表示频率 ω，但按对数（$\lg\omega$）分度标注，一般只标注 ω 自然数值，单位是 rad/s；对数幅频特性图的纵坐标表示 $G(j\omega)$ 的幅值，用对数 $20\lg|G(j\omega)|$ 表示（单位是分贝，记为 dB），在坐标轴上采用线性刻度分度表示；对数相频特性图的纵坐标表示 $G(j\omega)$ 的相位，单位是度，按线性分度表示。

4.3.1 比例环节

比例环节的频率特性为

$$G(j\omega)=K$$

其对数幅频特性和相频特性分别为

$$20\lg|G(j\omega)|=20\lg K$$
$$\angle G(j\omega)=0°$$

(4-29)

比例环节的对数幅频特性曲线，随着 ω 的增加，在对数坐标中是一条高度为 $20\lg K$ 的水平直线，如图 4-14a 所示；对数相频特性曲线是与 0° 重合的一条直线，如图 4-14b 所示。当 K 变化时，只是对数幅频特性曲线上下移动，而对数相频特性不变。

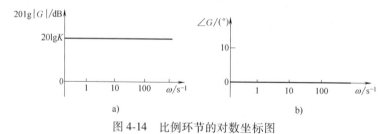

图 4-14 比例环节的对数坐标图

4.3.2 积分环节

积分环节的频率特性为

$$G(j\omega) = \frac{1}{j\omega}$$

其幅频特性和相频特性分别为

$$|G(j\omega)| = \frac{1}{\omega}, \quad \angle G(j\omega) = -90°$$

对数幅频特性为

$$20\lg|G(j\omega)| = 20\lg\frac{1}{\omega} = -20\lg\omega \tag{4-30}$$

由式（4-30）可知，积分环节的幅频特性与 ω 成反比，每当频率 ω 增加 10 倍时，对数幅频特性就下降 20dB。所以，积分环节的对数幅频特性曲线在整个频率范围内是一条斜率为 -20dB/dec 的直线。当 $\omega = 1$ 时，$20\lg|G(j\omega)| = 0$，即在此频率时，积分环节的对数幅频特性曲线与 0dB 线相交。

积分环节的对数相频特性曲线在整个频率范围内为一条 $-90°$ 的水平线。积分环节是一个相位滞后环节，其对数坐标图如图 4-15 所示。

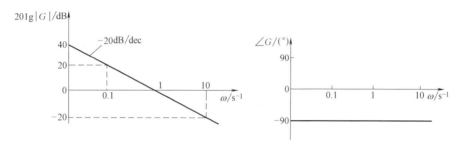

图 4-15　积分环节的对数坐标图

4.3.3　微分环节

微分环节的频率特性为

$$G(j\omega) = j\omega$$

其幅频特性和相频特性分别为

$$|G(j\omega)| = \omega, \quad \angle G(j\omega) = 90°$$

对数幅频特性为

$$20\lg|G(j\omega)| = 20\lg\omega \tag{4-31}$$

由式（4-31）可知，微分环节的幅频特性与 ω 成正比，每当频率 ω 增加 10 倍，对数幅频特性就增加 20dB。所以，微分环节的对数幅频特性曲线在整个频率范围内是一条斜率为 20dB/dec 的直线。当 $\omega = 1$ 时，$20\lg|G(j\omega)| = 0$，即在此频率时，微分环节的对数幅频特性曲线与 0dB 线相交。

微分环节的相频特性恒为 $90°$，因此，当 ω 从 $0 \rightarrow \infty$ 时，积分环节的对数相频特性曲线在整个频率范围内为一条 $90°$ 的水平线。微分环节是一个相位超前环节，其对数坐标图如图 4-16 所示。

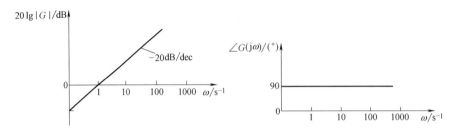

图 4-16 微分环节的对数坐标图

4.3.4 惯性环节

惯性环节的频率特性为

$$G(j\omega) = \frac{1}{j\omega T + 1}$$

若令 $\omega_T = 1/T$，求得转角频率，则有

$$G(j\omega) = \frac{1}{1 + j\omega/\omega_T} = \frac{\omega_T}{\omega_T + j\omega}$$

其频率特性和幅频特性为

$$G(j\omega) = \frac{1}{j\omega T + 1} = U(\omega) + jV(\omega) = \frac{1}{T^2\omega^2 + 1} - j\frac{\omega T}{T^2\omega^2 + 1}$$

$$|G(j\omega)| = \frac{\omega_T}{\sqrt{\omega_T^2 + \omega^2}}$$

对数幅频特性和相频特性分别为

$$20\lg|G(j\omega)| = 20\lg\omega_T - 20\lg\sqrt{\omega_T^2 + \omega^2}$$

$$\angle G(j\omega) = -\arctan\frac{\omega}{\omega_T} \tag{4-32}$$

当 $\omega \ll \omega_T$ 时，对数幅频特性值为 $20\lg|G(j\omega)| \approx 20\lg\omega_T - 20\lg\omega_T = 0\text{dB}$，对数相频特性为 $\angle G(j\omega) = -\arctan\frac{\omega}{\omega_T} = 0°$。

当 $\omega \gg \omega_T$ 时，对数幅频特性值为 $20\lg|G(j\omega)| \approx 20\lg\omega_T - 20\lg\omega$，对数相频特性为 $\angle G(j\omega) = -\arctan\frac{\omega}{\omega_T} = -90°$。

当 $\omega = \omega_T$ 时，对数幅频特性值为 $20\lg|G(j\omega_T)| = 20\lg\sqrt{2}/2\text{dB}$，对数相频特性为 $\angle G(j\omega) = -\arctan\frac{\omega}{\omega_T} = -45°$。

因此，可以用两条渐近线来近似表示对数幅频特性曲线：当频率为 $0 < \omega < \omega_T$ 时，是一条幅值等于零的水平线，称为低频渐近线；当频率 $\omega_T < \omega < \infty$ 时，是一条斜率为 -20dB/dec 的直

线，称为高频渐近线；两条渐近线相交处的频率 $\omega = \omega_T$ 称为转角频率。

惯性环节的对数坐标图如图 4-17 所示，从图中可以看出惯性环节有低通滤波器的特性，当输入频率 $\omega > \omega_T$ 时，其输出很快衰减，即滤掉输入信号的高频部分。在低频段，输出能较准确地反映输入。

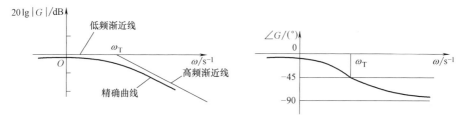

图 4-17　惯性环节的对数坐标图

4.3.5　一阶微分环节

一阶微分环节的频率特性为

$$G(j\omega) = j\omega T + 1$$

若令 $\omega_T = 1/T$，求得转角频率，则有

$$G(j\omega) = 1 + \frac{j\omega}{\omega_T} = \frac{\omega_T + j\omega}{\omega_T}$$

其幅频特性为

$$|G(j\omega)| = \frac{\sqrt{\omega_T^2 + \omega^2}}{\omega_T}$$

对数幅频特性和相频特性分别为

$$20\lg|G(j\omega)| = 20\lg\sqrt{\omega_T^2 + \omega^2} - 20\lg\omega_T$$

$$\angle G(j\omega) = \arctan\frac{\omega}{\omega_T} \tag{4-33}$$

当 $\omega \ll \omega_T$ 时，对数幅频特性值为 $20\lg|G(j\omega)| \approx 20\lg\omega_T - 20\lg\omega_T = 0$，对数相频特性为 $\angle G(j\omega) = \arctan\frac{\omega}{\omega_T} = 0°$。

当 $\omega \gg \omega_T$ 时，对数幅频特性值为 $20\lg|G(j\omega)| \approx 20\lg\omega - 20\lg\omega_T$，对数相频特性为 $\angle G(j\omega) = \arctan\frac{\omega}{\omega_T} = 90°$。

当 $\omega = \omega_T$ 时，对数幅频特性值为 $20\lg|G(j\omega_T)| = 20\lg\sqrt{2}\ \mathrm{dB}$，对数相频特性为 $\angle G(j\omega) = \arctan\frac{\omega}{\omega_T} = 45°$。

一阶微分环节的对数幅频特性和对数相频特性与惯性环节比较，仅相差一个符号。所以其对数频率特性与惯性环节的对数频率特性呈镜像关系对称于横轴，如图 4-18 所示。

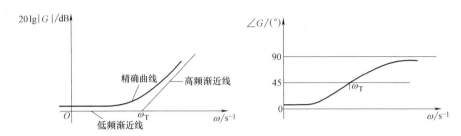

图 4-18　一阶微分环节的对数坐标图

4.3.6　振荡环节

振荡环节的频率特性为

$$G(j\omega) = \frac{1}{(j\omega)^2 T^2 + j2\xi\omega T + 1} \qquad (0<\xi<1)$$

令 $\omega_n = 1/T$ 及 $\lambda = \omega/\omega_n$，则振荡环节的频率特性和幅频特性为

$$G(j\omega) = \frac{1}{(1-\lambda^2) + j2\xi\lambda}$$

$$A(\omega) = |G(j\omega)| = \frac{1}{\sqrt{(1-\lambda^2)^2 + 4\xi^2\lambda^2}}$$

对数幅频特性和对数相频特性分别为

$$20\lg|G(j\omega)| = -20\lg\sqrt{(1-\lambda^2)^2 + 4\xi^2\lambda^2}$$

$$\angle G(j\omega) = -\arctan\frac{2\xi\lambda}{1-\lambda^2} \qquad (4\text{-}34)$$

当 $\omega \ll \omega_n$（即 $\lambda \approx 0$）时，对数幅频特性值为 $20\lg|G(j\omega)| \approx 0$，对数相频特性为 $\angle G(j\omega) = 0°$。这说明低频段的对数幅频特性是与横轴重合的直线。

当 $\omega \gg \omega_n$（即 $\lambda \gg 1$）时，由于 λ^2 远大于 1 和 ξ^2，则忽略 1 和 $4\xi^2\lambda^2$，得对数幅频特性值为 $20\lg|G(j\omega)| \approx -40\lg\lambda = -40\lg\omega + 40\lg\omega_n \approx -40\lg\omega$，对数相频特性为 $\angle G(j\omega) = \arctan(\omega_T/\omega) = -180°$（参见 4.2.6 节）。这说明高频段的幅频特性是一条始于点（$\lambda = 1$，j0），斜率为 -40dB/dec 的直线。

当 $\omega = \omega_n$（即 $\lambda = 1$）时，对数幅频特性值为 $20\lg|G(j\omega_T)| = -20\lg2\xi\text{dB}$，对数相频特性为 $\angle G(j\omega) = -\arctan(\omega/\omega_T) = -90°$。

振荡环节的对数频率特性如图4-19所示，其对数幅频特性和对数相频特性同时是角频率 ω 及阻尼比 ξ 的函数。ξ 越小，对数幅频特性曲线的值越大，当 ξ 小到一定程度时，对数幅频特性曲线将会出现峰值。对数相频特性对称于点（$\lambda = 1$，$-90°$）。ω_n 是振荡环节的转角频率。

4.3.7　二阶微分环节

二阶微分环节的频率特性为

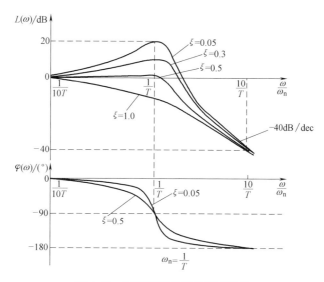

图 4-19　振荡环节的对数频率特性

$$G(j\omega) = -\frac{\omega^2}{\omega_n^2} + j2\xi\frac{\omega}{\omega_n} + 1 \quad (0 < \xi < 1)$$

如令 $\lambda = \omega / \omega_n$，则其频率特性为

$$G(j\omega) = 1 - \lambda^2 + j2\xi\lambda$$

对数幅频特性和对数相频特性分别为

$$20\lg|G(j\omega)| = 20\lg\sqrt{(1-\lambda^2)^2 + 4\xi^2\lambda^2}$$

$$\angle G(j\omega) = \arctan\frac{2\xi\lambda}{1-\lambda^2} \tag{4-35}$$

当 $\omega \ll \omega_n$（即 $\lambda \approx 0$）时，对数幅频特性值为 $20\lg|G(j\omega)| \approx 0$，对数相频特性为 $\angle G(j\omega) = 0°$。说明低频段的对数幅频特性是与横轴重合的直线。

当 $\omega \gg \omega_n$（即 $\lambda \gg 1$）时，由于 λ^2 远大于 1 和 ξ^2，则忽略 1 和 $4\xi^2\lambda^2$，得对数幅频特性值为 $20\lg|G(j\omega)| \approx 40\lg\lambda = 40\lg\omega - 40\lg\omega_n \approx 40\lg\omega$，对数相频特性为 $\angle G(j\omega) = -\arctan(\omega_T/\omega) = 180°$（参见 4.2.7 节）。这说明高频段的对数幅频特性是一条始于点（$\lambda = 1$，j0），斜率为 40dB/dec 的直线。

当 $\omega = \omega_n$（即 $\lambda = 1$）时，对数幅频特性值为 $20\lg|G(j\omega)| = 20\lg2\xi$dB，对数相频特性为 $\angle G(j\omega) = \arctan(\omega/\omega_n) = 90°$。

二阶微分环节的对数频率特性如图 4-20 所示。ω_n 是振荡环节的转角频率。

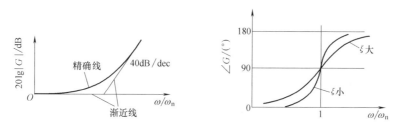

图 4-20　二阶微分环节的对数频率特性

4.3.8　延迟环节

延迟环节的频率特性为

$$G(\mathrm{j}\omega) = \mathrm{e}^{-\mathrm{j}\tau\omega} = \cos\tau\omega - \mathrm{j}\sin\tau\omega$$

其幅频特性为

$$|G(\mathrm{j}\omega)| = 1$$

相频特性为

$$\angle G(\mathrm{j}\omega) = -\tau\omega$$

对数幅频特性为

$$20\lg|G(\mathrm{j}\omega)| = 0$$

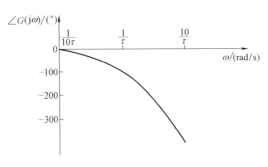

对数幅频特性为0dB线。相频特性随 ω 的增加而线性增加，在线性坐标中， $\angle G(\mathrm{j}\omega)$ 应是一条直线，但对数相频特性是一条曲线，如图4-21所示。

图4-21　延迟环节的对数相频特性

4.3.9　伯德图的一般绘制方法

在熟悉了典型环节的伯德图后，绘制系统的伯德图就比较容易了，特别是按渐近线绘制伯德图很方便。

绘制系统伯德图的一般步骤如下：

1）将系统传递函数 $G(s)$ 转化为若干个标准形式环节的传递函数（即惯性、一阶微分、振荡等环节的传递函数中常数项均为1）的乘积形式。

2）由传递函数 $G(s)$ 求出频率特性 $G(\mathrm{j}\omega)$ 。

3）确定各典型环节的转角频率。

4）作出各环节的对数幅频特性的渐近线。

5）根据误差修正曲线，对渐近线进行修正，得出各环节的对数幅频特性的精确曲线。

6）将各环节的对数幅频特性叠加（不包括系统总的增益 K ）。

7）将叠加后的曲线垂直移动 $20\lg K\mathrm{dB}$ ，得到系统的对数幅频特性。

8）作各环节的对数相频特性图，然后叠加而得到系统总的对数相频特性。

9）有延时环节时，对数幅频特性不变，对数相频特性则应加上 $-\tau\omega$ 。

例4-4　已知某系统的传递函数为 $G(s) = \dfrac{24(0.25s+0.5)}{(5s+2)(0.05s+2)}$ ，画其伯德图。

解　1）先将传递函数化为标准形式（惯性、一阶微分、振荡和二阶微分环节的常数项均为1），得

$$G(s) = \frac{3(0.5s+1)}{(2.5s+1)(0.025s+1)}$$

上式表明，系统由一个比例环节（ $K=3$ 为系统总增益）、一个一阶微分环节、两个惯性环节串联组成。

2）系统的频率特性为

$$G(j\omega) = \frac{3(1+j0.5\omega)}{(1+j2.5\omega)(1+j0.025\omega)}$$

3）求各环节的转角频率 ω_T。

一个惯性环节的频率特性为 $\dfrac{1}{1+j2.5\omega}$，其转角频率为 $\omega_{T1} = \dfrac{1}{2.5} = 0.4$。

一阶微分环节的频率特性为 $1+j0.5\omega$，其转角频率为 $\omega_{T2} = \dfrac{1}{0.5} = 2$。

另一个惯性环节的频率特性为 $\dfrac{1}{1+j0.025\omega}$，其转角频率为 $\omega_{T3} = \dfrac{1}{0.025} = 40$。

4）作各环节的对数幅频特性渐近线，如图 4-22 所示。

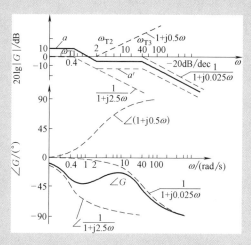

图 4-22　例 4-4 的对数坐标图

5）除比例环节外，将各环节的对数幅频特性叠加得折线 a'。

6）a' 将上移 9.5dB（等于 20lg3dB，是系统总增益的分贝数），得系统对数幅频特性 a。

7）作各环节的对数相频特性曲线，叠加后得系统的对数相频特性，如图 4-22 所示。

例 4-5　设单位负反馈系统的开环传递函数为 $G(s)H(s) = K\dfrac{1}{T_1 s + 1}\dfrac{1}{T_2 s + 1}$　$(T_1 > T_2)$，试绘制系统的伯德图。

解　1）系统的开环频率特性为

$$G(j\omega)H(j\omega) = K\frac{1}{jT_1\omega + 1}\frac{1}{jT_2\omega + 1}$$

上式表明，系统由一个比例环节和两个惯性环节串联组成。

对数幅频特性为　$L(\omega) = L_1(\omega) + L_2(\omega) + L_3(\omega)$

对数相频特性为　$\varphi(\omega)=\varphi_1(\omega)+\varphi_2(\omega)+\varphi_3(\omega)=0°-\arctan T_1\omega-\arctan T_2\omega$

2）求各环节的转角频率 ω_T。

一个惯性环节 $\dfrac{1}{jT_1\omega+1}$ 的转角频率为 $\omega_{T1}=\dfrac{1}{T_1}$，另一个惯性环节 $\dfrac{1}{jT_2\omega+1}$ 的转角频率为

$\omega_{T2}=\dfrac{1}{T_2}$。

3）绘制对数坐标，并将转角频率标注在坐标轴上。

4）在幅频特性曲线坐标中找到距横坐标 $20\lg K$dB 点，作与该点平行的直线，得到对数幅频特性低频段。

5）在转角频率为 ω_{T1} 处，作一条过（ω_{T1}，$20\lg K$）点，斜线为-20dB 的直线，将直线段延伸到转角频率 ω_{T2} 处，此环节为惯性环节。

6）在转角频率为 ω_{T2} 处，作斜线为-40dB 的直线，将直线段延伸到无穷远处。

7）作各环节的对数相频特性曲线，叠加后得系统的对数相频特性，如图 4-23 所示。

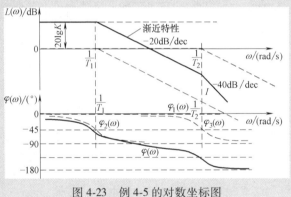

图 4-23　例 4-5 的对数坐标图

例 4-6　设系统的传递函数 $G(s)=\dfrac{10(s+3)}{s(s+2)(s^2+s+2)}$，绘制该系统的伯德图。

解　首先将系统传递函数写成标准形式为

$$G(s)=\frac{7.5\left(\dfrac{s}{3}+1\right)}{s\left(\dfrac{s}{2}+1\right)\left(\dfrac{s^2}{2}+\dfrac{s}{2}+1\right)}$$

传递函数包含比例环节、一阶微分环节、积分环节、惯性环节和振荡环节，其频率特性为

$$G(j\omega)=\frac{7.5\left(\dfrac{j\omega}{3}+1\right)}{j\omega\left(\dfrac{j\omega}{2}+1\right)\left(\dfrac{(j\omega)^2}{2}+\dfrac{j\omega}{2}+1\right)}$$

系统的对数幅频特性计算式为

$$L(\omega) = 20\lg 7.5 - 20\lg \omega - 20\lg \sqrt{1 + \left(\frac{\omega}{2}\right)^2} + 20\lg \sqrt{1 + \left(\frac{\omega}{3}\right)^2} - 20\lg \sqrt{\left(1 - \frac{\omega^2}{2}\right)^2 + \left(\frac{\omega}{2}\right)^2}$$

系统的对数相频特性计算式为

$$\angle G(j\omega) = -90° + \arctan \frac{\omega}{3} - \arctan \frac{\omega}{2} - \arctan \frac{\omega}{2 - \omega^2}$$

比例环节 $K = 7.5$，$20\lg K = 17.5 \mathrm{dB}$。

振荡环节的转角频率 $\omega_1 = \sqrt{2} \mathrm{rad/s} = 1.414 \mathrm{rad/s}$，$\xi = 0.35$。

惯性环节的转角频率 $\omega_2 = 2 \mathrm{rad/s}$。

一阶微分环节的转角频率 $\omega_3 = 3 \mathrm{rad/s}$。

伯德图的绘制步骤如下：

1）通过点（$\omega = 1 \mathrm{rad/s}$，$20\lg K\mathrm{dB} = 17.5 \mathrm{dB}$）画一条斜率为 $-20\mathrm{dB/dec}$ 的斜线，即为低频段的渐近线。这是因为系统中有一个积分环节存在。

2）由于振荡环节的影响，在 $\omega_1 = 1.414 \mathrm{rad/s}$ 处，渐近线的斜率由 $-20\mathrm{dB/dec}$ 改变为 $-60\mathrm{dB/dec}$。

3）在 $\omega_2 = 2 \mathrm{rad/s}$ 处，渐近线的斜率由 $-60\mathrm{dB/dec}$ 改变为 $-80\mathrm{dB/dec}$。因为惯性环节从 $\omega_2 = 2 \mathrm{rad/s}$ 处开始影响系统的对数幅频特性。

4）在 $\omega_3 = 3 \mathrm{rad/s}$ 处，渐近线的斜率由 $-80\mathrm{dB/dec}$ 改变为 $-60\mathrm{dB/dec}$。因为一阶微分环节从 $\omega_3 = 3 \mathrm{rad/s}$ 处开始起作用。

5）利用误差修正曲线对对数幅频特性曲线进行必要的修正。

6）根据系统的对数相频特性计算式，画出各典型环节的相频特性曲线，线性叠加后即得系统的相频特性曲线 $\phi(\omega)$。

系统的开环伯德图如图 4-24 所示。

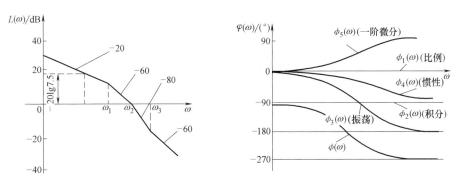

图 4-24　例 4-6 系统的开环伯德图

由前面的分析，若系统的频率特性为

$$G(j\omega) = \frac{K(1 + j\tau_1\omega)(1 + j\tau_2\omega)\cdots(1 + j\tau_m\omega)}{(j\omega)^\lambda(1 + jT_1\omega)(1 + jT_2\omega)\cdots(1 + jT_n\omega)} \quad (n > m)$$

可以看出，系统的开环伯德图具有以下特点：

1）系统在低频段的频率特性为 $G(j\omega) = K/(j\omega)^{\lambda}$。因此，其对应的对数幅频特性在低频段表现为过点（1，$20\lg K$），斜率为 $-20\lambda\, dB/dec$ 的直线。

2）在各环节的转角频率处，对数幅频渐近线的斜率发生变化，其变化量等于相应的典型环节在其转角频率处的斜率变化量（即其高频渐近线的斜率）。

4.4 系统频率特性的实验确定方法

用实验的方法来确定系统的频率特性，从而估计和识别控制系统及其各组成环节的传递函数与参数，这是频率响应分析法的主要优点之一。在难以用解析法根据机理去建立系统的传递函数或频率特性时，实验法更显示出其重要性。

4.4.1 频率特性的实验分析法

对于如图 4-25 所示的系统，通过函数发生器对其输入一个正弦信号 $x_i = A_i \sin\omega t$，再用频率特性测试仪记录下系统输出信号 $x_o(t)$ 的稳态响应，$x_o(t) = A_o(\omega)\sin[\omega t + \varphi(\omega)]$，在所需的频率范围内，逐渐改变输入频率 ω，这样就可以测量出该系统的幅频特性 $A(\omega) = A_o(\omega)/A_i$ 和相频特性 $\varphi(\omega)$，再根据所测得的数据就可以绘出系统的极坐标图或对数坐标图。当然，开环控制系统也能通过这种方法绘出极坐标图或对数坐标图。

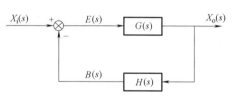

图 4-25 反馈系统的方框图

这种实验方法的基本原理就是在系统工作的频率范围内施加正弦激励信号，通过测量足够多点上系统的响应信号，计算输出正弦信号与输入正弦信号之间的幅值比和相位差，并将计算的数据绘制成伯德图，采用渐近线逼近实验曲线，然后根据渐近线确定各典型环节与转角频率，进而得到系统的频率特性或传递函数。

实验方法获得系统传递函数的具体步骤如下：

1）给系统输入一个正弦信号，测量系统的稳定输出信号。

2）计算系统测量点的频率特性，即幅频特性和相频特性。

3）不断改变输入信号的频率，获得多点的测量值和频率特性，并注意频率的均匀性。

4）将测量数据值逐一标在对数坐标图上，注意点在对数坐标图上的均匀性。

5）用相应的直线连接测量的幅频特性点，用曲线连接测量的相频特性点。

6）以标准斜率的直线代替连接测量的幅频特性点的直线。

7）找出对数幅频特性曲线的转角频率点，列写实验获得的传递函数并求出增益值 K。

8）用实验获得的传递函数 $G(s)$ 的相频计算值与实验得到的相频曲线进行比较，验证渐进直线的近似程度。

值得注意的是，只有稳定的系统才能通过实验获得频率特性，而不稳定的系统是不可能通过实验求取系统频率特性的。

4.4.2　由实验获得的对数坐标图确定（估计）系统的频率特性

利用实验获得的对数幅频特性曲线求取系统的频率特性，是绘制已知系统频率特性的逆问题，主要步骤如下：

1）在实验获得的伯德图上确定对数幅频特性的渐近线。用斜率为 0dB/dec、±20dB/dec 和 ±40dB/dec 的直线逼近实验曲线。

2）根据低频段渐近线的斜率，确定系统包含的积分（或理想微分）环节的数目 λ，根据渐近线或其延长线在 $\omega = 1 \text{rad/s}$ 处的分贝值，确定系统增益。

3）根据渐近线对数幅频特性的逼近原则，在低频段，除了积分环节和比例环节外，其他各典型环节的影响都近似为零。由线性系统叠加原理可知，如果系统中不存在积分环节，则低频段的渐近线对数幅频特性的斜率应近似为零。而当系统中存在积分环节时，渐近线对数幅频特性的斜率将是 -20dB/dec 的整数倍，倍数即为系统的积分环节数目 λ。

注意到系统低频段的特性可以近似为

$$L(\omega) = 20\lg K - 20\lambda\lg\omega \tag{4-36}$$

式中，K 为系统的开环增益。

若 $\lambda \neq 0$，则该渐近线或其延长线与 0dB 线的交点为

$$20\lg K - 20\lambda\lg\omega = 0$$
$$\omega = K^{1/\lambda} \tag{4-37}$$

于是，便可以得到 $\lambda \neq 0$ 时系统的增益。

若 $\lambda = 0$，即系统不含积分环节，则低频段对数幅频的渐近线是高度为 $20\lg K$ 的水平线，由该值便可直接确定系统的增益。

4）根据渐近线对数幅频曲线在转角频率之后斜率的变化，确定对应的环节。

若 $\omega = \omega_1$，斜率变化 ±20dB/dec，则对应一阶惯性环节或一阶微分环节，即为

$$\left(\frac{j\omega}{\omega_1} + 1 \right)^{\pm 1} \tag{4-38}$$

若 $\omega = \omega_2$，斜率变化 ±40dB/dec，则对应二阶振荡环节或二阶微分环节，即为

$$\left[\left(\frac{j\omega}{\omega_2} + 1 \right)^2 + 2\xi\left(\frac{j\omega}{\omega_2} \right) + 1 \right]^{\pm 1} \tag{4-39}$$

二阶环节的阻尼比 ξ 可根据实验曲线在转角频率附近的峰值 M_r 确定。工程实际中，系统阻尼比 $\xi \ll 1$，谐振频率 ω_r 和转角频率 ω_i 相差不大，所以往往采用下面近似计算公式来求取系统阻尼比 ξ，即

$$M_r \approx -20\lg 2\xi \tag{4-40}$$

5）将上述分析中确定的环节串联后即可得到系统的频率特性或传递函数。

6）根据实验测得的相频特性曲线校验获得的频率特性或传递函数。

根据获得的频率特性，绘制响应的相频特性曲线。若为最小相位系统，则该曲线应与实验所得的相频曲线大致相符，并且在低频段和高频段上严格相符。

若实验相频特性曲线在高频段不等于 -($n-m$)·90°，则系统为非最小相位系统。在实验相频特性曲线的高频段，若计算到的相位滞后与实验得到的相位滞后相差一个恒定的变化率，则系统必存在延迟环节。

实验法获取系统频率特性时应注意以下几点：

1）具体实验时，幅频特性（即输出输入的幅值）比较容易获得，而相位差的测量往往会由于仪器误差或者不能合理解释实验数据，使得测试结果存在较大误差。

2）测试时所用仪器的频带宽应远大于被测系统。

3）由于实际物理系统都存在一定程度的非线性，所以选择测试信号的幅值时应十分小心。如果幅值过大，系统会发生饱和现象；幅值过小，系统元件死区的存在也会使测试结果不准确。实验时应确保元件工作在线性区，此时系统的输出信号应为同频率的正弦信号。

4）如果实际系统是连续工作的，不能停机进行频率特性测试，则需要将测试信号加在输入信号中，其响应叠加在输出信号中。此时为获得系统的传递函数，则经常选择随机信号（如白噪声）。这样通过相关分析，就可以在不影响系统工作的状态下获得系统的模型。

例 4-7　最小相位系统开环对数幅频渐近线特性如图 4-26 所示。图中虚线为修正后的精确曲线，试确定系统的开环频率特性。

解　1）由图 4-26 可以看出，在该系统的低频起始段（$0<\omega<0.5\mathrm{rad/s}$），对数幅频特性曲线斜率为 $-20\mathrm{dB/dec}$，说明该系统有一个积分环节，即 $\lambda=1$。

当 $\omega=0.5\mathrm{rad/s}$ 时，纵坐标为 32dB。则

$$20\lg\frac{K}{\omega_1}=20\lg\frac{K}{0.5}=32$$

由上式可得 $K=20$。即起始段的频率特性为

$$G_1(\mathrm{j}\omega)=\frac{20}{\mathrm{j}\omega}$$

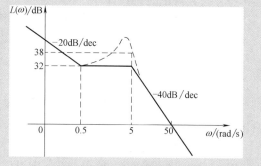

图 4-26　例 4-7 最小相位系统开环
对数幅频渐近线特性

2）在渐近线上共有两个转角频率，即 $\omega_1=0.5\mathrm{rad/s}$、$\omega_2=5\mathrm{rad/s}$，并且在这两个转角频率处，渐近线斜率的变化分别为 20dB/dec，$-40\mathrm{dB/dec}$，说明该系统还存在两个环节：一阶微分环节和振荡环节。

3）在 $0.5\leqslant\omega<5\mathrm{rad/s}$ 频段上，$L(\omega)$ 斜率由 $-20\mathrm{dB/dec}$ 改变为 0dB/dec，说明开环传递函数中包含一阶微分环节 $1+\mathrm{j}\tau\omega$，由于转角频率为 $\omega_1=0.5\mathrm{rad/s}$，则

$$\tau=\frac{1}{\omega_1}=\frac{1}{0.5}=2$$

即

$$G_2(\mathrm{j}\omega)=1+\mathrm{j}2\omega$$

4）在 $\omega=5\mathrm{rad/s}$ 时，$L(\omega)$ 的斜率由 0dB/dec 改变为 $-40\mathrm{dB/dec}$，可知系统中包含一个转角频率为 $\omega_2=5\mathrm{rad/s}$ 的振荡环节，即

$$G_3(\mathrm{j}\omega)=\frac{1}{0.04(\mathrm{j}\omega)^2+\mathrm{j}0.4\xi\omega+1}$$

5）由修正曲线可确定 ξ 值。

由图 4-26 可知，二阶振荡环节的谐振峰值 M_r 为 6dB，由式（4-40）有

$$38-32 = 20\lg\frac{1}{\sqrt{(1-0.04\times25)^2+(0.4\times5\xi)^2}} = 20\lg\frac{1}{2\xi}$$

故计算得 $\xi = 0.25$。即

$$G_3(j\omega) = \frac{1}{-0.04\omega^2+j0.1\omega+1}$$

故 $L(\omega)$ 对应的最小相位系统的频率特性为

$$G(j\omega) = \frac{20(1+j2\omega)}{j\omega[0.04(j\omega)^2+j0.1\omega+1]}$$

例 4-8　一个质量-弹簧-阻尼系统如图 4-27a 所示。通过正弦激振实验获得的系统伯德图如图 4-27b 所示，试确定该系统的参数 m、c 和 k。

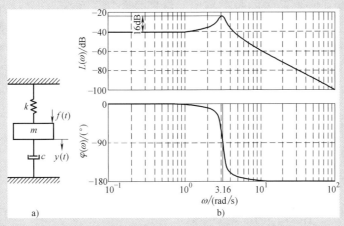

图 4-27　质量-弹簧-阻尼系统及其对数频率特性图

解　由图 4-27b 中对数幅频特性可知，低频段对数幅频特性曲线斜率为 0dB/dec，高频段斜率为 -40dB/dec，故该系统为二阶系统。要想求取系统参数 m、c 和 k，需要先从伯德图上获取系统的固有频率 ω_n、谐振峰值 M_r 和系统增益 K。

由图 4-27b 可知，由于 $\omega_n = 3.16\text{rad/s}$ 处，相位为 $-\pi/2$，因此系统转角频率 ω_1 为 3.16rad/s，谐振峰值为 16dB，系统增益为 -40dB，于是有

$$20\lg K = -40\text{dB}$$

$$M_r = 16\text{dB} \approx -20\lg2\xi$$

解得

$$K = 0.01, \quad \xi = 0.08$$

即由测试曲线可以得到系统的传递函数为

$$G(s) = K\frac{\omega_n^2}{s^2+2\xi\omega_n s+\omega_n^2} = \frac{0.01\times3.16^2}{s^2+2\times0.08\times3.16s+3.16^2} \approx \frac{0.1}{s^2+0.5s+10}$$

图 4-27 所示的质量-弹簧-阻尼系统的传递函数为

$$\frac{Y(s)}{F(s)} = \frac{1/m}{s^2 + \dfrac{c}{m}s + \dfrac{k}{m}}$$

根据系统模型参数间的关系有

$$\omega_n = \sqrt{\frac{k}{m}}, \xi = \frac{c}{2}\sqrt{\frac{1}{mk}}, K = \frac{1}{k}$$

于是求得

$$m = 10\text{kg}, \quad c = 5\text{N} \cdot \text{s/m}, \quad k = 100\text{N/m}$$

4.5 闭环频率特性与频域性能指标

前面主要讨论了控制系统的频率特性，特别是介绍了系统频率特性的两种图形表示方法：极坐标图和对数坐标图。根据系统的频率特性，就可以十分方便而容易地分析控制系统的稳定性、响应的快速性以及准确性等特性。但是，在控制系统的分析与计算中，有时需要研究系统的频域性能指标，以及频域性能指标与时域性能指标之间的关系。

4.5.1 闭环频率特性

如图 4-28 所示的具有单位负反馈的控制系统，其闭环传递函数 $G_b(s)$ 和开环传递函数 $G_k(s)$ 之间的关系为

$$G_b(s) = \frac{X_o(s)}{X_i(s)} = \frac{G_k(s)}{1 + G_k(s)}$$

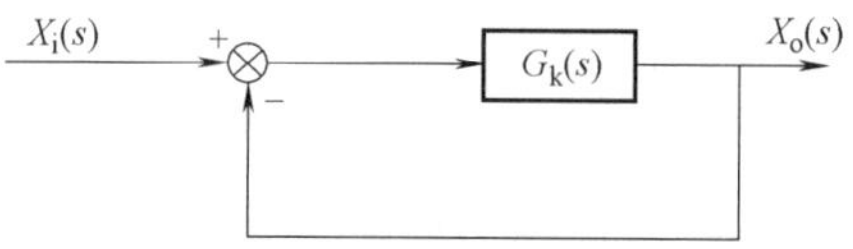

将 $s = j\omega$ 代入式中，则有

$$G_b(j\omega) = \frac{X_o(j\omega)}{X_i(j\omega)} = \frac{G_k(j\omega)}{1 + G_k(j\omega)} = M(\omega)e^{j\varphi(\omega)}$$

图 4-28 闭环频率特性方框图

则 $G_b(j\omega)$ 称为闭环频率特性，$M(\omega)$ 表示闭环频率特性的幅值，$\varphi(\omega)$ 表示其相位。

因此，已知开环频率特性 $G_k(j\omega)$，就可以求出系统的闭环频率特性 $G_b(j\omega)$，也就可以绘出闭环频率特性图。

对于非单位反馈的闭环控制系统，可以按以下方法求取闭环频率特性。若系统的前向通道传递函数为 $G(s)$，反馈通道传递函数为 $H(s)$，则系统闭环频率特性为

$$G_b(j\omega) = \frac{G_k(j\omega)}{1 + H(j\omega)G_k(j\omega)} = \frac{H(j\omega)G_k(j\omega)}{1 + H(j\omega)G_k(j\omega)} \frac{1}{H(j\omega)}$$

令

$$\frac{H(j\omega)G_k(j\omega)}{1 + H(j\omega)G_k(j\omega)} = M_1(\omega)e^{j\varphi_1(\omega)}$$

$$H(j\omega) = M_2(\omega)e^{j\varphi_2(\omega)}$$

则
$$G_{b}(j\omega)=\frac{H(j\omega)G_{k}(j\omega)}{1+H(j\omega)G_{k}(j\omega)}\frac{1}{H(j\omega)}=\frac{M_{1}(\omega)}{M_{2}(\omega)}e^{j[\varphi_{1}(\omega)-\varphi_{2}(\omega)]}=M(\omega)e^{j\varphi(\omega)} \quad (4\text{-}41)$$

其中
$$M(\omega)=\frac{M_{1}(\omega)}{M_{2}(\omega)},\varphi(\omega)=\varphi_{1}(\omega)-\varphi_{2}(\omega)$$

显然，式（4-41）中的前一项是单位反馈系统的频率特性，其前向通道传递函数为 $H(j\omega)\ G_{k}(j\omega)$。因此，非单位反馈控制系统的闭环频率特性即转化为一个单位反馈系统的频率特性乘以 $1/H(j\omega)$。而且，闭环频率特性和开环频率特性是能够相互转化的。

4.5.2　闭环系统的频域性能指标

频域性能指标是根据闭环控制系统的性能指标要求制订的，与时域特性中有超调量、调整时间和最大峰值等性能指标一样，在频域中也有相应的指标，如谐振峰值及谐振频率、系统的截止频率及带宽等。频域性能指标也是频率特性曲线上的某些特征点，用它可衡量控制系统的性能。频率特性特征量如图 4-29 所示。

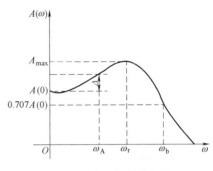

图 4-29　频率特性特征量

1. 零频幅值 $A(0)$

零频幅值 $A(0)$ 表示频率接近于零时，系统输出的幅值与输入幅值之比。在频率 $\omega\rightarrow0$ 时，若 $A(0)=1$，则系统的输出幅值能完全准确地反映输入幅值。$A(0)$ 越接近于 1，系统的稳态误差越小。因此，$A(0)$ 的数值与 1 相差数值的大小反映了系统的稳态精度。

2. 复现频率 ω_{A}

若事先规定一个 Δ 作为反映低频输入信号的允许误差，那么 ω_{A} 就是幅频特性与 $A(0)$ 之差第一次达到 Δ 时的频率值，称为复现频率。当频率超过 ω_{A} 时，输出就不能"复现"输入，故 $0\sim\omega_{A}$ 表征复现低频输入信号的频带宽度，称为复现带宽。当 ω_{A} 一定，且由它确定的允许误差 Δ 越小时，表征系统反映低频输入信号的精度越高；相反，当 Δ 一定，且由它确定的复现频率 ω_{A} 越大时，表征系统能以规定精度复现输入信号的频带越宽。

以上介绍的特征量 $A(0)$、ω_{A} 和 $0\sim\omega_{A}$ 都与时域性能指标的稳态性能有关。因此，控制系统的稳态性能主要取决于闭环幅频特性在低频段 $0\sim\omega_{A}$ 的形式。

3. 谐振频率 ω_{r} 及谐振峰值 M_{r}

幅频特性 $A(\omega)$ 出现最大值 $A_{\max}$ 时的频率称为谐振频率 ω_{r}，ω_{r} 在一定程度上反映了系统瞬态响应的速度，ω_{r} 越大，则瞬态响应越快。谐振峰值 M_{r} 即是 $\omega=\omega_{r}$ 时的最大幅值 $A_{\max}$。

谐振峰值 M_{r} 反映了系统瞬态响应的速度和相对平稳性。通常，M_{r} 越大，系统阶跃响应的超调量也越大，这意味着系统的平稳性较差。对于二阶系统，由最大超调量 $M_{p}=e^{-\xi\pi/\sqrt{1-\xi^{2}}}$ 和谐振峰值 $M_{r}=1/(2\xi\sqrt{1-\xi^{2}})$ 可以看出，它们均随着阻尼比 ξ 的增大而减小。由此可见，谐振峰值 M_{r} 越大的系统，相应的最大超调量 M_{p} 也越大，瞬态响应的相对稳定性越差。为了减弱系统的振荡性，同时使系统又具有一定的快速性，应当适当选取 M_{r} 值。如果 M_{r} 取值在 $1.0<M_{r}<1.4$ 范围内，相当于阻尼比 ξ 在 $0.4<\xi<0.7$ 范围内，这时二阶系统阶跃响应的超调量 $M_{p}<25\%$。

4. 截止频率 ω_b 和带宽

一般规定幅频特性 $A(\omega)$ 的数值由零频幅值 $A(0)$ 下降 3dB 时的频率，也就是 $A(\omega)$ 由 $A(0)$ 下降到 $0.707A(0)$ 时的频率称为系统的截止频率 ω_b。

频率 $0 \sim \omega_b$ 的频带范围称为系统的截止带宽或带宽。它表示超过此频率后，系统输出就急剧衰减，跟不上输入，形成系统响应的截止状态。通常，控制系统的带宽与瞬态响应时间成反比，这说明带宽表征控制系统响应的快速性。另外，带宽还表征系统对高频噪声所具有的滤波特性，频带越宽，高频噪声信号的抑制能力越差。为了使系统准确地跟踪任意输入信号，需要系统具有较宽的带宽，但系统抗干扰能力减弱。因此，必须综合考虑来选择合适的频带范围。

4.5.3　系统的频域性能指标与时域性能指标之间的关系

建立频域指标和时域指标的关系，不但有助于对各性能指标的理解，而且对分析和设计控制系统具有重要的意义。

下面针对典型的系统模型来讨论频域指标和时域指标的关系。

1. 一阶系统

对于具有单位反馈的一阶系统，其开环传递函数 $G_k(s)$ 和闭环传递函数 $G_b(s)$ 分别为

$$G_k(s) = \frac{K}{s} \quad \text{和} \quad G_b(s) = \frac{1}{Ts+1}$$

式中，T 为系统的时间常数，$T = 1/K$。

显然，这类一阶系统是典型的惯性系统，它在时域上的阶跃响应输出无超调，其过渡时间由时间常数决定，为 $t_s = 3T$（取 $\Delta = 5$ 时）。通过计算容易得到这类一阶系统的截止带宽为

$$\omega_b = \frac{1}{T} \tag{4-42}$$

因此，有

$$t_s = \frac{3}{\omega_b} \tag{4-43}$$

这表明可以由系统频率特性的特征量分析计算其瞬态性能。

2. 二阶系统

对于标准二阶系统，系统的闭环传递函数为

$$G_b(s) = \frac{\omega_n^2}{s^2 + 2\xi\omega_n + \omega_n^2}$$

显然，这个闭环系统是由一个振荡环节组成的，其频率特性的幅频特性为

$$A(\omega) = \frac{\omega_n^2}{\sqrt{(\omega_n^2 - \omega^2)^2 + (2\xi\omega_n\omega)^2}}$$

根据带宽的定义，下式成立

$$20\lg \frac{1}{\sqrt{\left[1 - \left(\frac{\omega_b}{\omega_n}\right)^2\right]^2 + \left(2\xi\frac{\omega_b}{\omega_n}\right)^2}} = 20\lg\frac{1}{\sqrt{2}}$$

则有

$$\sqrt{\left(1-\frac{\omega_b^2}{\omega_n^2}\right)^2+4\xi^2\frac{\omega_b^2}{\omega_n^2}}=\sqrt{2}$$

因而有

$$\omega_b=\omega_n\left[(1-2\xi^2)+\sqrt{(1-2\xi^2)^2+1}\right]^{1/2}$$

由此可知，二阶系统的带宽频率 ω_b 与无阻尼固有频率 ω_n 成正比，与阻尼比 ξ 成反比。根据前述的二阶系统的上升时间 t_r 和调节时间 t_s 与无阻尼固有频率 ω_n 及阻尼比 ξ 的关系式，可知系统的带宽频率 ω_b 与上升时间 t_r 和调节时间 t_s 成反比。这一结论也适合于高阶系统。

令 $\dfrac{dA(\omega)}{d\omega}=0$，可得当 $0\leqslant\xi<0.707$ 时，系统的谐振频率和谐振峰值存在，分别为

$$\omega_r=\omega_n\sqrt{1-2\xi^2}$$
$$M_r=\frac{1}{2\xi\sqrt{1-\xi^2}} \tag{4-44}$$

二阶系统的最大超调量为

$$M_p=e^{-\xi\pi\sqrt{1-\xi^2}}$$

由此可见，最大超调量 M_p 和谐振峰值 M_r 都随着阻尼比 ξ 的增大而减小。随着 M_r 的增加，相应地 M_p 也增加。其物理意义在于：当闭环幅频特性有谐振峰值时，系统输入信号的频谱在 $\omega=\omega_r$ 附近的谐波分量通过系统后显著增强，从而引起振荡。

二阶系统的过渡过程时间为

$$t_s\approx\frac{3\sim4}{\xi\omega_n}=\frac{(3\sim4)\sqrt{1-2\xi^2}}{\xi\omega_r} \tag{4-45}$$

由此可见，当阻尼比 ξ 一定时，调整时间 t_s 与谐振频率 ω_r 成反比。ω_r 大的系统，瞬态响应速度快；ω_r 小的系统，则瞬态响应速度慢。

高阶系统的阶跃响应与频率响应之间的关系较复杂。如果高阶系统的控制性能主要由一对共轭复数主导极点来支配，则其频域性能指标与时域性能指标之间的关系就可近似视为二阶系统。对于高阶系统，通常采用以下两个经验公式进行估算，即

$$M_p=0.16+0.4(M_r-1)$$
$$t_s=\frac{\pi}{\omega_c}[2+1.5(M_r-1)+2.5(M_r-1)^2] \tag{4-46}$$

式中，ω_c 为剪切频率，是系统的对数幅频特性曲线过 0dB 处所对应的频率。

4.6　最小相位系统与非最小相位系统

4.6.1　最小相位传递函数与最小相位系统

在右半复平面没有零点和极点的传递函数称为最小相位传递函数，对应的系统称为最小相位系统。反之，在右半复平面上有零点或极点的传递函数，称为非最小相位传递函数，对

应的系统，称为非最小相位系统。

在稳定的系统中，如果幅频特性相同，对于任意给定频率，最小相位系统的相位滞后是最小的。

若一个最小相位系统和另一个非最小相位系统的幅频特性相同，即它们的传递函数的分子、分母最高次数 m、n 相同，系统型号 λ 相同，各项因子中参数相同（符号不必相同），那么通常对于最小相位系统，其相频特性满足条件

$$\omega \to 0 \text{ 时} \qquad \varphi(0) = -\lambda \cdot 90°$$

$$\omega \to \infty \text{ 时} \qquad \varphi(\infty) = -(n-m) \cdot 90°$$

而非最小相位系统却不都满足上述要求。

例 4-9 某两个单位反馈控制系统的开环传递函数分别为

$$G_1(s) = \frac{T_1 s + 1}{T_2 s + 1}, \quad G_2(s) = \frac{-T_1 s + 1}{T_2 s + 1} \qquad (0 < T_1 < T_2)$$

试判断两个系统是否为最小相位系统。

解 $G_1(s)$ 的零点为 $z = -1/T_1$，极点为 $p = -1/T_2$，如图 4-30a 所示。$G_2(s)$ 的零点为 $z = 1/T_1$，极点为 $p = -1/T_2$，如图 4-30b 所示。根据最小相位系统的定义，具有 $G_1(s)$ 的系统是最小相位系统，而具有 $G_2(s)$ 的系统是非最小相位系统。

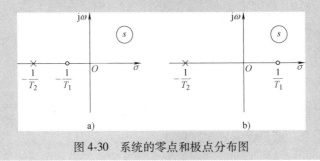

图 4-30 系统的零点和极点分布图

对于稳定系统而言，根据最小相位传递函数的定义可推知：最小相位系统的相位变化范围最小，这是因为

$$G(j\omega) = \frac{K(1 + j\tau_1 \omega)(1 + j\tau_2 \omega) \cdots (1 + j\tau_m \omega)}{(1 + jT_1 \omega)(1 + jT_2 \omega) \cdots (1 + jT_n \omega)}$$

对于稳定系统，T_1，T_2，$\cdots$，T_n 均为正值，τ_1，τ_2，$\cdots$，τ_m 可正可负，而最小相位系统的 τ_1，τ_2，$\cdots$，τ_m 均为正值，从而有

$$\varphi_1(\omega) = \sum_{i=1}^{m} \arctan \tau_i \omega - \sum_{j=1}^{n} \arctan T_j \omega$$

非最小相位系统，若有 q 个零点在 s 平面的右半平面，则有

$$\varphi_2(\omega) = \sum_{i=q+1}^{m} \arctan \tau_i \omega - \sum_{k=1}^{q} \arctan \tau_k \omega - \sum_{j=1}^{n} \arctan T_j \omega$$

比较上面的两个相位表达式可知，稳定系统中最小相位系统的相位变化范围最小。在上例中，两个系统具有同一幅频特性，而相频特性却不同，如图 4-31 所示，这就说明了上述结论。这一结论可用来判断稳定系统是否为最小相位系统。在对数频率特性曲线上，可以通

过检验幅频特性的高频渐近线和频率为无穷大的相位来确定该系统是否为最小相位系统。

数学上可以证明，对于最小相位系统，对数幅频特性和相频特性不是相互独立的，两者之间存在着严格的确定关系。如果已知对数幅频特性，通过公式也可以求出相频特性；同样，通过公式也可以由相频特性计算出幅频特性，所以两者包含的信息内容是相同的。从建立数学模型和分析、设计系统的角度看，只要详细画出两者中的一个就足够了。由于对数幅频特性容易画，所以对于

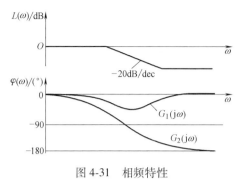

图 4-31　相频特性

最小相位系统，通常只绘制详细的对数幅频特性图，而对于相频特性只画简图，甚至不绘制相频特性图。

4.6.2　产生非最小相位的一些环节

1. 延时环节

若将延时环节函数 $e^{-\tau}$ 展成幂级数，得

$$e^{-\tau} = 1 - \tau t + \frac{1}{2}\tau^2 t^2 - \frac{1}{3}\tau^3 t^3 + \cdots$$

因为上式中有些项的系数为负，故可分解成下面的因子

$$e^{-\tau} = (s+a)(s-b)(s+c)\cdots$$

式中，a，b，c，$\cdots$ 均为正值。

若延时环节串联在系统中，则传递函数 $G(s)$ 的分子有正根，表示延时环节使系统有零点位于 $[s]$ 平面右半平面，也就是使系统成为非最小相位系统。

2. 不稳定的一阶微分环节和二阶微分环节

不稳定的一阶微分环节 $(1-Ts)$ 和不稳定的二阶微分环节 $\left(1 - 2\xi\frac{1}{\omega_n}s + \frac{1}{\omega_n^2}s^2\right)$ 均有零点位于 $[s]$ 平面的右半平面，使系统成为非最小相位系统。

3. 不稳定的惯性环节和振荡环节

不稳定的惯性环节 $\left(\frac{1}{1-Ts}\right)$ 和不稳定的振荡环节 $\dfrac{1}{1 - 2\xi\frac{1}{\omega_n}s + \frac{1}{\omega_n^2}s^2}$ 均有零点位于 $[s]$ 平面的

右半平面，使系统成为非最小相位系统。

4-1　什么是系统的频率特性？

4-2　分析频率特性时常采用的图解形式有哪几种？分别是如何定义的？

4-3　最小相位系统和非最小相位系统的概念是什么？

4-4　已知系统的单位阶跃响应为

$$x_o(t) = 1 - 1.8e^{-4t} + 0.8e^{-9t} \quad (t \geq 0)$$

试求系统的传递函数、幅频特性及相频特性。

4-5 设单位负反馈系统的开环传递函数为 $G(s) = 10/(s+1)$，试分别求在下列输入信号作用下，闭环系统的稳定输出 $y(t)$：

(1) $x_1(t) = \sin(t + 30°)$

(2) $x_2(t) = 2\cos(2t - 45°)$

(3) $x_3(t) = \sin(t + 30°) - 2\cos(2t - 45°)$

4-6 试求下列系统的幅频特性 $A(\omega)$、相频特性 $\varphi(\omega)$、实频特性 $U(\omega)$ 和虚频特性 $V(\omega)$。

(1) $G(s) = \dfrac{5}{30s+1}$

(2) $G(s) = \dfrac{1}{s(0.1s+1)}$

4-7 试绘制具有下列传递函数的各系统的奈奎斯特图。

(1) $G(s) = \dfrac{1}{1+0.1s+0.01s^2}$

(2) $G(s) = \dfrac{1}{(1+0.5s)(1+2s)}$

(3) $G(s) = \dfrac{1}{s(1+0.5s)(1+0.1s)}$

(4) $G(s) = 10e^{-0.1s}$

4-8 试画出具有下列传递函数的系统的对数坐标图。

(1) $G(s) = \dfrac{1}{0.2s+1}$

(2) $G(s) = 10s+2$

(3) $G(s) = \dfrac{2.5(s+10)}{s^2(0.2s+1)}$

(4) $G(s) = \dfrac{20(s+5)(s+40)}{s(s+0.1)(s+20)^2}$

4-9 已知单位负反馈系统的开环传递函数为 $G(s) = \dfrac{10}{(0.05s+1)(0.1s+1)}$，试计算系统的 M_r 和 ω_r。

4-10 已知单位负反馈系统的开环传递函数为 $G(s) = \dfrac{K}{s(Ts+1)}$，当系统的输入 $x(t) = \sin 10t$ 时，闭环系统的稳态输出为 $y(t) = \sin(10t - 90°)$，试计算参数 K 和 T 的数值。

4-11 图 4-32 所示为三个最小相位系统的开环对数幅频特性曲线，试分别写出其传递函数。

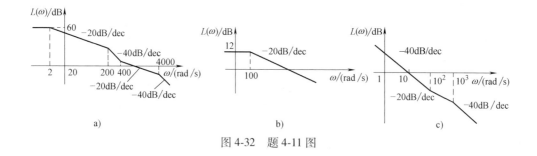

图 4-32 题 4-11 图

第 **5** 章　控制系统的稳定性

设计控制系统时应满足多种性能指标，但首要的技术要求是系统必须稳定。一般来说，稳定是控制系统正常工作的首要条件，也是控制系统的重要性能指标之一。从实际应用的角度来看，可以认为只有稳定的系统才有用。分析系统的稳定性是经典控制理论的重要组成部分。经典控制理论对判断一个线性定常系统是否稳定提供了多种方法。本章首先介绍线性定常系统稳定性的基本概念和条件，然后重点讨论代数稳定性判据和几何稳定性判据，最后介绍系统的相对稳定性及其应用。

5.1　稳定性的基本概念

5.1.1　稳定性的定义

原来处于平衡状态的系统，在受到扰动作用后都会偏离原来的平衡状态。所谓稳定性，就是指系统在扰动作用消失后，经过一段过渡过程后能否恢复到原来的平衡状态或足够准确地恢复到原来的平衡状态的性能。若系统能恢复到原来的平衡状态，则称系统是稳定的，如图 5-1a 所示；若控制系统受到干扰后，被控制量 $y(t)$ 的振幅发散振荡（图 5-1b）或等幅振荡（图 5-1c），在工程上一般都认为该系统是不稳定的。

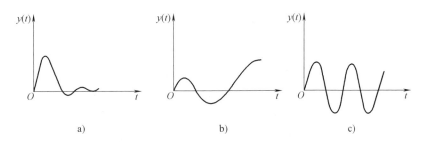

图 5-1　控制系统的稳定性

5.1.2　控制系统的稳定性条件

对于线性系统，稳定性这种固有特性只取决于系统的结构参数，而与初始条件及输入的干扰信号无关。为讨论闭环控制系统的稳定性问题，首先将系统稳定性做如下数学上的定义：设线性系统在零初始条件下输入一个理想脉冲函数 $\delta(t)$（这相当于系统在零位置平衡状态时受到一个脉冲扰动），系统输出为单位脉冲响应函数 $x_o(t)$。如果 $x_o(t)$ 随着时间的推移趋于零，即 $\lim\limits_{t\to\infty}x_o(t)=0$，　则系统稳定；若 $\lim\limits_{t\to\infty}x_o(t)=\infty$，　则系统不稳定；若 $\lim\limits_{t\to\infty}x_o(t)=a$，则系统处于临界状态（其中 a 为常数）。

对于线性控制系统，闭环系统的传递函数为

$$G_b(s)=\frac{X_o(s)}{X_i(s)}=\frac{G(s)}{1+G(s)H(s)}$$

在单位脉冲干扰作用下，系统的响应为

$$X_o(s)=\frac{G(s)}{1+G(s)H(s)}=\frac{G(s)}{(s-s_1)(s-s_2)(s-s_3)\cdots(s-s_n)}$$

式中，$s_i(i=1,2,\cdots,n)$ 为系统的特征根。

设特征方程无重根，将上式分解成部分分式之和的形式，得

$$X_o(s)=\frac{c_1}{s-s_1}+\frac{c_2}{s-s_2}+\cdots+\frac{c_n}{s-s_n}=\sum_{i=1}^{n}\frac{c_i}{s-s_i}$$

式中，$c_i(i=1,2,\cdots,n)$ 为待定系数，其值可确定。

对上式进行拉氏反变换，得到系统的时域脉冲响应为

$$x_o(t)=\sum_{i=1}^{n}c_i e^{s_i t} \tag{5-1}$$

由式（5-1）可见，要满足系统稳定性条件 $\lim\limits_{t\to\infty}x_o(t)=0$，只有当系统的特征根 $s_i(i=1,2,\cdots,n)$ 全部具有负实数时才能实现；如果其中有正实数的特征根，则 $\lim\limits_{t\to\infty}x_o(t)=\infty$，系统必不稳定。

为不失一般性，当系统的特征方程有重根和成对出现的复根时，设特征方程的 n 个根中，有 m 个单根 $s_i(i=1,2,\cdots,m)$、k 个重根 $s_i(i=1,2,\cdots,k)$、$2l$ 个复根 s_i 和 $\bar{s}_i(i=1,2,\cdots,l)$，则式（5-1）可以写成

$$x_o(t)=\sum_{i=1}^{m}c_i e^{s_i t}+\sum_{i=1}^{k}\frac{d_i}{(r_i-1)!}t^{r_i-1}e^{s_i t}+\sum_{i=1}^{l}a_i e^{(\sigma_i+j\omega_i)t}+\sum_{i=1}^{l}b_i e^{(\sigma_i-j\omega_i)t} \tag{5-2}$$

式中，c_i、d_i、a_i 和 b_i 为常系数；r_i 为第 i 重根的个数。

式（5-2）中的指数项 $e^{s_i t}$ 和 $e^{\sigma_i t}$ 决定着 $t\to\infty$ 时的输出响应 $x_o(t)$。

由式（5-2）可知，若 s_i 和 σ_i 都是负值，则当时间 $t\to\infty$ 时，$x_o(t)\to0$。这说明控制系统的特征方程式的根是负实根或共轭复根具有负实部时，系统在稳态（$t\to\infty$）下必然是稳定的；反之，若 s_i 和 σ_i 为正值，则当 $t\to\infty$ 时，$x_o(t)\to\infty$，则系统不稳定。如若共轭复根的实部 σ_i 为零，便出现了所谓临界稳定状态，则 $x_o(t)$ 中将包含有 $e^{-j\omega t}$ 这样的振荡分量，系统产生持续振荡，从工程实践角度看，一般认为临界稳定状态也是属于不稳定的范畴。若根落在原点上，则在 $x_o(t)$ 中会出现常数项，相当于系统偏离平衡状态，所以系统不稳定。

考察闭环控制系统的传递函数式

$$G_b(s)=\frac{X_o(s)}{X_i(s)}=\frac{G(s)}{1+G(s)H(s)}=\frac{b_m s^m+b_{m-1}s^{m-1}+\cdots+b_1 s+b_0}{a_n s^n+a_{n-1}s^{n-1}+\cdots+a_1 s+a_0} \qquad (n>m)$$

可知，控制系统的特征方程式就是其传递函数 $G_b(s)$ 的分母等于零的方程。因此，在求得

系统的传递函数 $G_b(s)$ 后，取其分母等于零，便可分析系统的稳定性，这在工程上十分方便。

线性系统的特性或状态是由线性微分方程来描述的，而微分方程的解通常就是系统输出量的时间表达式，它包含两部分：稳态分量（又称强制分量）和瞬态分量（又称自由分量）。稳态分量对应微分方程的特解，与外作用形式有关；瞬态分量对应微分方程的通解，是系统齐次方程的解，它与系统本身的参数、结构和初始条件有关，而与外作用形式无关。研究系统的稳定性，就是研究系统输出量中的瞬态分量的运动形式。这种运动形式完全取决于系统的特征方程式，即齐次微分方程式，因为它正是研究扰动消除后输出量变化形式的。

5.1.3　线性系统稳定的充分必要条件

线性系统稳定与否完全取决于其微分方程的特征方程根。如果特征方程的全部根都是负实数或实部为负的复数，则系统是稳定的。如果特征方程的各根中只有一个根是正实数或只有一对根是实部为正的复数，则微分方程的解中就会出现发散项。

由此可得出如下结论：线性系统稳定的充分必要条件是它的特征方程式的所有根均为负数或具有负的实数部分；或者说，特征方程式的所有根均在复数平面的左半部分。由于系统特征方程式的根就是系统的极点，所以又可以说，系统稳定的充分必要条件是系统的极点均在 $[s]$ 平面的左半部分。

如果特征方程在复平面的右半平面上没有根，但在虚轴上有根，则可以说该线性系统是能够处于临界稳定的。

5.2　代数稳定性判据

线性定常系统稳定的充分必要条件是系统的特征根全部具有负实部。为此，要判断系统的稳定性，就要求解系统的特征根，看这些根是否具有负实部。但是当系统的阶数高于 4 阶时，求解特征根比较困难。为此，考虑通过特征方程的系数和特征根的关系，来判断系统的特征根是否全部具有负实部，从而判断系统的稳定性。由此产生了一系列稳定性判据，其中英国数学家劳斯（E. J. Routh）在 1875 年建立了由特征方程系数组成的劳斯表作为判别系统稳定性的判据，德国数学家赫尔维茨（A. Hurwitz）在 1895 年建立了特征方程系数组成的赫尔维茨矩阵，根据各阶主子式的值来判别系统的稳定性。

5.2.1　劳斯判据

设系统的特征方程为

$$D(s) = a_n s^n + a_{n-1} s^{n-1} + \cdots + a_1 s + a_0$$

$$= a_n \left(s^n + \frac{a_{n-1}}{a_n} s^{n-1} + \cdots + \frac{a_1}{a_n} s + \frac{a_0}{a_n} \right) = a_n (s - s_1)(s - s_2) \cdots (s - s_n) \tag{5-3}$$

式中，s_1，s_2，$\cdots$，s_n 为系统的特征根。

由系统特征方程的根与系统的关系，得

$$\frac{a_{n-1}}{a_n} = -(s_1 + s_2 + \cdots + s_n)$$

$$\frac{a_{n-2}}{a_n} = (s_1 s_2 + s_1 s_3 + \cdots + s_{n-1} s_n)$$

$$\frac{a_{n-3}}{a_n} = -(s_1 s_2 s_3 + s_1 s_2 s_4 + \cdots + s_{n-2} s_{n-1} s_n)$$

$$\cdots$$

$$\frac{a_0}{a_n} = (-1)^n (s_1 s_2 \cdots s_n)$$

(5-4)

由式（5-4）可知，要使全部特征根 s_1，s_2，$\cdots$，s_n 均具有负实部，就必须满足以下两个条件：

1）特征方程的各项系数 $a_i (i = 1, 2, \cdots, n)$ 都不等于零。因为若有一个系数为零，则必然出现实部为零的特征根或实部有正有负的特征根，才能满足式（5-4）中的条件，此时系统为临界稳定（根在虚轴上）或不稳定（根具有正实部）。

2）特征方程的各项系数 a_i 的符号都相同，才能满足式（5-4）中各式的条件。

习惯一般取 a_n 为正值，因此上述两个条件可归结为系统稳定的一个必要条件，即 $a_i > 0$。这是系统稳定的必要条件。

将式（5-3）中的各项系数按下面的格式排成劳斯表，即

$$
\begin{array}{c|ccccc}
s^n & a_n & a_{n-2} & a_{n-4} & a_{n-6} & \cdots \\
s^{n-1} & a_{n-1} & a_{n-3} & a_{n-5} & a_{n-7} & \cdots \\
s^{n-2} & b_1 & b_2 & b_3 & b_4 & \cdots \\
s^{n-3} & c_1 & c_2 & c_3 & c_4 & \cdots \\
\vdots & \vdots & \vdots & \vdots & \vdots & \vdots \\
s^2 & e_1 & e_2 & & & \\
s^1 & f_1 & & & & \\
s^0 & g_1 & & & &
\end{array}
$$

其中，前两列中不存在的系数可以填"0"，元素 b_1，b_2，b_3，b_4，$\cdots$，c_1，c_2，c_3，c_4，$\cdots$，e_1，e_2，f_1，g_1 根据下列公式计算得出

$$b_1 = -\frac{1}{a_{n-1}} \begin{vmatrix} a_n & a_{n-2} \\ a_{n-1} & a_{n-3} \end{vmatrix} = -\frac{a_n a_{n-3} - a_{n-1} a_{n-2}}{a_{n-1}}$$

$$b_2 = -\frac{1}{a_{n-1}} \begin{vmatrix} a_n & a_{n-4} \\ a_{n-1} & a_{n-5} \end{vmatrix} = -\frac{a_n a_{n-5} - a_{n-1} a_{n-4}}{a_{n-1}}$$

$$b_3 = -\frac{1}{a_{n-1}} \begin{vmatrix} a_n & a_{n-6} \\ a_{n-1} & a_{n-7} \end{vmatrix} = -\frac{a_n a_{n-7} - a_{n-1} a_{n-6}}{a_{n-1}}$$

$$\vdots$$

计算 b_i 时所用的二阶行列式是由劳斯表右侧前两行的第 1 列与第 $(i+1)$ 列构成的。系数 b_i 的计算一直进行到其余值为零时止。

$$c_1 = -\frac{1}{b_1}\begin{vmatrix} a_{n-1} & a_{n-3} \\ b_1 & b_2 \end{vmatrix} = -\frac{a_{n-1}b_2 - b_1 a_{n-3}}{b_1}$$

$$c_2 = -\frac{1}{b_1}\begin{vmatrix} a_{n-1} & a_{n-5} \\ b_1 & b_3 \end{vmatrix} = -\frac{a_{n-1}b_3 - b_1 a_{n-5}}{b_1}$$

$$c_3 = -\frac{1}{b_1}\begin{vmatrix} a_{n-1} & a_{n-7} \\ b_1 & b_4 \end{vmatrix} = -\frac{a_{n-1}b_4 - b_1 a_{n-7}}{b_1}$$

$$\vdots$$

显然，计算 c_i 时所用的二阶行列式是由劳斯表右侧第二、三行组成的第 1 列与第（$i+1$）列构成的，同样，系数 c_i 的计算一直进行到其余值为零为止。

其他的 e_i、f_i 以及 g_i 计算以此类推。

劳斯判据给出系统稳定的充分必要条件为劳斯表中第一列各元素均为正值，且不为零。

劳斯判据还指出：劳斯表中第一列各元素符号改变的次数，等于系统特征方程具有正实部特征根的个数。

对于较低阶的系统，劳斯判据可以化为如下简单形式，以便于应用。

1）二阶系统（$n=2$）特征方程为 $D(s) = a_2 s^2 + a_1 s^1 + a_0$，　劳斯表为

$$\begin{array}{c|cc} s^2 & a_2 & a_0 \\ s^1 & a_1 & \\ s^0 & a_0 & \end{array}$$

根据劳斯判据得，二阶系统稳定的充要条件为

$$a_0 > 0 \ , \ a_1 > 0 \ , \ a_2 > 0 \tag{5-5}$$

2）三阶系统（$n=3$）特征方程为 $D(s) = a_3 s^3 + a_2 s^2 + a_1 s^1 + a_0$，劳斯表为

$$\begin{array}{c|cc} s^3 & a_3 & a_1 \\ s^2 & a_2 & a_0 \\ s^1 & \dfrac{a_2 a_1 - a_3 a_0}{a_2} & 0 \\ s^0 & a_0 & 0 \end{array}$$

由劳斯判据得，三阶系统稳定的充要条件为

$$a_0 > 0, \ a_1 > 0, \ a_2 > 0, \ a_3 > 0, \ a_1 a_2 > a_0 a_3 \tag{5-6}$$

例 5-1　设系统的特征方程为 $D(s) = s^4 + 2s^3 + 3s^2 + 4s + 3$，试用劳斯判据判断系统的稳定性。

解　由特征方程的各项系数可知，系统已满足稳定的必要条件。列劳斯表

$$\begin{array}{c|ccc} s^4 & 1 & 3 & 3 \\ s^3 & 2 & 4 & 0 \\ s^2 & 1 & 3 & \\ s^1 & -2 & & \\ s^0 & 3 & & \end{array}$$

由劳斯表的第一列看出：系数符号不全为正值，从 $+1 \to -2 \to +3$，符号改变两次，说明闭环系统有两个正实部的根，即在 $[s]$ 的右半平面有两个极点，所以控制系统不稳定。

例 5-2 系统的特征方程为 $2s^4+s^3+3s^2+5s+10=0$，用劳斯判据判断系统是否稳定。

解 因为方程各项系数非零且符号一致，满足方程的根在复平面左半平面的必要条件，但仍然需要检验它是否满足充分条件。计算其劳斯表中各个参数如下

$$n=4，a_4=2，a_3=1，a_2=3，a_1=5，a_0=10$$

劳斯表为

$$
\begin{array}{c|ccc}
s^4 & a_4 & a_2 & a_0 \\
s^3 & a_3 & a_1 & 0 \\
s^2 & b_1 & b_2 & 0 \\
s^1 & c_1 & c_2 & 0 \\
s^0 & d_1 & 0 & 0
\end{array}
$$

$$b_1=-\frac{1}{a_3}\begin{vmatrix} a_4 & a_2 \\ a_3 & a_1 \end{vmatrix}=-\frac{2\times5-1\times3}{1}=-7$$

$$b_2=-\frac{1}{a_3}\begin{vmatrix} a_4 & a_0 \\ a_3 & 0 \end{vmatrix}=-\frac{2\times0-1\times10}{1}=10$$

$$c_1=-\frac{1}{b_1}\begin{vmatrix} a_3 & a_1 \\ b_1 & b_2 \end{vmatrix}=-\frac{1\times10-(-7)\times5}{-7}\approx6.43$$

$$c_2=-\frac{1}{b_1}\begin{vmatrix} a_3 & 0 \\ b_1 & b_3 \end{vmatrix}=0$$

$$d_1=-\frac{1}{c_1}\begin{vmatrix} b_1 & b_2 \\ c_1 & c_2 \end{vmatrix}=-\frac{(-7)\times0-10\times6.43}{6.43}=10$$

计算的劳斯表结果为

$$
\begin{array}{c|ccc}
s^4 & 2 & 3 & 10 & \\
s^3 & 1 & 5 & 0 & \\
s^2 & -7 & 10 & 0 & \text{符号改变} \\
s^1 & 6.43 & 0 & 0 & \text{符号改变} \\
s^0 & 10 & 0 & 0 &
\end{array}
$$

表格第一列元素的符号改变两次，因此方程有 2 个根在复平面的右半部分。求解特征方程，可以得到 4 个根，分别为：$s_{1,2}=-1.005\pm j0.933$ 和 $s_{3,4}=0.755\pm j1.444$。显然，后面一对复根在复平面右半平面，因而系统不稳定。

5.2.2 赫尔维茨判据

赫尔维茨法和劳斯法都属于代数判据，只在处理技巧上有所不同，前者是把特征方程的系数用相应的行列式表示。赫尔维茨判据的特点是便于记忆，但对于高阶系统，计算过程较

为复杂。

赫尔维茨矩阵为 $n \times n$ 矩阵，其行列式按下法组成：在主对角线上写出特征方程式的第二项系数 a_{n-1} 到最后一项系数 a_0，在主对角线以下的各行中，按列填充下标号码逐次增加的各系数，而在主对角线以上的各行中，按列填充下标号码逐次减小的各系数。如果在某位置上按次序应填入的系数下标>n 或<0，则在该位置上填入零。对于 n 次特征方程来说，其主行列式为

$$D_n = \begin{vmatrix} a_{n-1} & a_{n-3} & a_{n-5} & \cdots & 0 \\ a_n & a_{n-2} & a_{n-4} & \cdots & 0 \\ 0 & a_{n-1} & a_{n-3} & \cdots & 0 \\ 0 & a_n & a_{n-2} & \cdots & 0 \\ 0 & 0 & \cdots & 0 & 0 \\ \vdots & \vdots & \vdots & \vdots & \vdots \\ 0 & \cdots & \cdots & a_1 & 0 \\ 0 & \cdots & \cdots & a_2 & a_0 \end{vmatrix} \qquad (5-7)$$

根据赫尔维茨判据，线性系统稳定的必要条件是特征方程的所有系数 a_1，a_2，$\cdots$，a_n 均为正；系统稳定的充分必要条件应是：由系统特征方程各项系数所构成的赫尔维茨矩阵的各阶主子式的值全部为正。即

$$\Delta_1 = a_{n-1} > 0$$

$$\Delta_2 = \begin{vmatrix} a_{n-1} & a_{n-3} \\ a_n & a_{n-2} \end{vmatrix} > 0$$

$$\Delta_3 = \begin{vmatrix} a_{n-1} & a_{n-3} & a_{n-5} \\ a_n & a_{n-2} & a_{n-4} \\ 0 & a_{n-1} & a_{n-3} \end{vmatrix} > 0$$

$$\vdots$$

$$\Delta_n = \begin{vmatrix} a_{n-1} & a_{n-3} & a_{n-5} & \cdots & 0 \\ a_n & a_{n-2} & a_{n-4} & \cdots & 0 \\ 0 & a_{n-1} & a_{n-3} & \cdots & 0 \\ 0 & a_n & a_{n-2} & \cdots & 0 \\ 0 & 0 & \cdots & 0 & 0 \\ \vdots & \vdots & \vdots & \vdots & \vdots \\ 0 & \cdots & \cdots & a_1 & 0 \\ 0 & \cdots & \cdots & a_2 & a_0 \end{vmatrix} > 0$$

下面举例说明应用此判据判断系统稳定性的过程。

例 5-3　系统的特征方程为 $s^4 + 8s^3 + 18s^2 + 16s + 5 = 0$，试用赫尔维茨判据判别系统的稳定性。

解 由特征方程知各项系数为

$$n=4, \quad a_4=1, \quad a_3=8, \quad a_2=18, \quad a_1=16, \quad a_0=5$$

均为正值。满足判据的必要条件 $a_i>0$。再检查第二个条件，可写出其赫尔维茨主行列式为

$$\begin{vmatrix} 8 & 16 & 0 & 0 \\ 1 & 18 & 5 & 0 \\ 0 & 8 & 16 & 0 \\ 0 & 1 & 18 & 5 \end{vmatrix}$$

可得各子行列式分别为

$$\Delta_1 = a_{n-1} = 8 > 0$$

$$\Delta_2 = \begin{vmatrix} a_{n-1} & a_{n-3} \\ a_n & a_{n-2} \end{vmatrix} = \begin{vmatrix} 8 & 16 \\ 1 & 18 \end{vmatrix} = 128 > 0$$

$$\Delta_3 = \begin{vmatrix} a_{n-1} & a_{n-3} & a_{n-5} \\ a_n & a_{n-2} & a_{n-4} \\ 0 & a_{n-1} & a_{n-3} \end{vmatrix} = \begin{vmatrix} 8 & 16 & 0 \\ 1 & 18 & 5 \\ 0 & 8 & 16 \end{vmatrix} = 1728 > 0$$

$$\Delta_4 = \begin{vmatrix} a_{n-1} & a_{n-3} & a_{n-5} & a_{n-7} \\ a_n & a_{n-2} & a_{n-4} & a_{n-6} \\ 0 & a_{n-1} & a_{n-3} & a_{n-5} \\ 0 & a_n & a_{n-2} & a_{n-4} \end{vmatrix} = \begin{vmatrix} 8 & 16 & 0 & 0 \\ 1 & 18 & 5 & 0 \\ 0 & 8 & 16 & 0 \\ 0 & 1 & 18 & 5 \end{vmatrix} = 5 \times \begin{vmatrix} 8 & 16 & 0 \\ 1 & 18 & 5 \\ 0 & 8 & 16 \end{vmatrix} = 5 \times 1728 > 0$$

因这些子行列式均大于零，故系统稳定。

例 5-4 单位负反馈系统的开环传递函数为 $G(s) = \dfrac{K}{s(0.1s+1)(0.25s+1)}$，试求使系统稳定的 K 值范围。

解 系统闭环的特征方程为

$$1 + G(s)H(s) = 1 + \frac{K}{s(0.1s+1)(0.25s+1)} = 0$$

即

$$0.025s^3 + 0.35s^2 + s + K = 0$$

特征方程的各项系数为

$$a_3 = 0.025, \quad a_2 = 0.35, \quad a_1 = 1, \quad a_0 = K$$

根据赫尔维茨判据的条件：

1）$a_i > 0$，则要求 $K > 0$。

2）要求子行列式都大于零，则由

$$\Delta_3 = \begin{vmatrix} a_2 & a_0 & 0 \\ a_3 & a_1 & 0 \\ 0 & a_2 & a_0 \end{vmatrix}$$

知
$$\Delta_2 = \begin{vmatrix} a_2 & a_0 \\ a_3 & a_1 \end{vmatrix} = a_1 a_2 - a_3 a_0 = 0.35 \times 1 - 0.025K > 0$$

可得 $K<14$，保证系统稳定的 K 值范围是 $0<K<14$。

上述说明，此判据不仅可以判断系统是否稳定，还可以根据稳定性的要求确定系统参数的允许范围。应注意的是，系统特征方程是闭环系统的闭环传递函数分母为零的方程。

5.3　几何稳定性判据

闭环系统稳定的充分必要条件，是所有的闭环极点位于 [s] 平面的左半平面，或者说特征方程的根都必须具有负实部。几何稳定性判据仍是根据系统稳定的充分必要条件导出的另一种方法。几何稳定性判据的特点是根据开环系统频率特性来判断闭环系统的稳定性，也称频域法判据。应用几何稳定性判据的优点是不必求解闭环特征根，同时还可以得知系统的相对稳定性，以及改善系统稳定性的途径。因此该判据在控制工程中得到广泛应用。

5.3.1　辐角原理

几何稳定性判据是以复变函数中的辐角原理为基础的。因此，需要了解辐角原理的基本内容。

设有一复变函数

$$F(s) = \frac{K(s-z_1)(s-z_2)\cdots(s-z_m)}{(s-p_1)(s-p_2)\cdots(s-p_n)} \tag{5-8}$$

式中，s 为复变量，以 $s=\sigma+\mathrm{j}\omega$ 表示。

复变函数 $F(s)$ 在 [F] 复平面上，用 $F(s)=u+\mathrm{j}v$ 表示。

设 $F(s)$ 在 [s] 平面上为一单值复变函数，其零极点图如图 5-2a 所示。在 [s] 平面上取一封闭曲线，记为 L_s，要求 L_s 不通过 $F(s)$ 的任一极点和零点。设 L_s 包围了 $F(s)$ 的 z 个零点和 p 个极点。记 L_s 在 [F] 平面上的映射为向量 $\boldsymbol{L}_F$，因为 $F(s)$ 为一单值复变函数，所以 $\boldsymbol{L}_F$ 是唯一的，其端点的轨迹也是一个封闭曲线，如图 5-2b 所示。

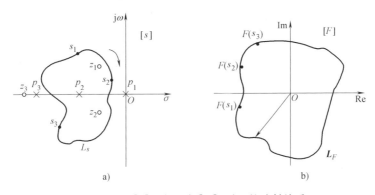

图 5-2　从 [s] 平面到 [F] 平面的映射关系

显然，向量 $\boldsymbol{L}_F$ 的具体形状由函数 $F(s)$ 确定，一般比较复杂。但是，$\boldsymbol{L}_F$ 绕 [F] 平面原点的圈数与封闭曲线 L_s 所包围的 $F(s)$ 的零点和极点的数目存在简单的关系。这就是柯西发现的辐角原理。其具体叙述如下：

若 L_s 包围了 $F(s)$ 的 z 个零点和 p 个极点，当 s 顺时针沿 L_s 取值时，$\boldsymbol{L}_F$ 绕 [F] 平面原点的圈数为

$$N = Z - P \tag{5-9}$$

式中，$\boldsymbol{L}_F$ 的参考方向为顺时针方向，即当 $\boldsymbol{L}_F$ 顺时针绕 [F] 平面的原点 N 圈时，$N>0$；当 $\boldsymbol{L}_F$ 逆时针绕 [F] 平面的原点 N 圈时，$N<0$；当 $\boldsymbol{L}_F$ 不绕 [F] 平面的原点时，$N=0$。

现对辐角原理作简要的说明。根据复数性质可知，两个复数积的辐角等于它们辐角的和。由式（5-8）得 $F(s)$ 的辐角为

$$\angle F(s) = \sum_{j=1}^{m} \angle (s - z_j) - \sum_{i=1}^{n} \angle (s - p_i) \tag{5-10}$$

设 $F(s)$ 的零点、极点分布如图 5-3a 所示。

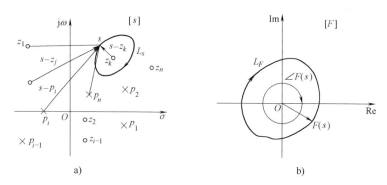

图 5-3 关于辐角原理的说明

为了说明简洁，首先假设封闭曲线 L_s 内只含有一个零点 z_k。动点 s 按顺时针方向沿封闭曲线 L_s 转一周，s 点在其像平面 $F(s)$ 上的像轨迹 L_F 的辐角变化 $\Delta \angle F(s)$ 可以表示为

$$\Delta \angle F(s) = \Delta \sum_{j=1}^{m} \angle (s - z_j) - \Delta \sum_{i=1}^{n} \angle (s - p_i) \tag{5-11}$$

复数 $s-z_j$ 和 $s-p_i$ 在 [s] 平面上的分量分别由 z_j 和 p_i 指向 s。若动点 s 按顺时针沿 L_s 转一周，由图 5-3a 可见，只有向量 $s-z_k$ 的辐角变化是 2π，即 $\Delta \angle (s-z_k) = 2\pi$，其余向量的辐角变化全是零。由式（5-11）可知 $\Delta \angle F(s) = 2\pi$，这说明向量 $F(s)$ 的轨迹 L_F 按顺时针方向绕 [F] 平面原点转一周，如图 5-3b 所示。

同样可推知，如果在 [s] 平面上的封闭曲线 L_s 内含有 $F(s)$ 的一个极点，当动点 s 按顺时针沿 L_s 转一周，则向量 $F(s)$ 端点的轨迹 L_F 按逆时针方向绕 $F(s)$ 平面原点转一周。

把以上结论推广到一般情况，如果在 [s] 平面上的封闭曲线 L_s 内含有 $F(s)$ 的 p 个极点和 z 个零点，当动点 s 按顺时针沿 L_s 转一周，向量 $F(s)$ 端点的轨迹 L_F 按顺时针方向绕 $F(s)$ 平面原点转的周数为 $N=Z-P$，即为式（5-11）表示的辐角原理。

5.3.2 奈奎斯特稳定性判据

线性系统（开环系统或闭环系统）稳定的充分和必要条件是：系统特征方程的所有根

（即传递函数的极点）都具有负实部。或者说，特征方程的根应全部落在 $[s]$ 平面虚轴的左侧。前面介绍过的代数稳定性判据是建立在代数基础之上的，其特点是利用闭环系统的信息（如闭环特征方程的系数）去研究闭环系统是否稳定。本节所要讨论的奈奎斯特稳定性判据则是建立在频率法基础之上的，其特点是利用开环系统的信息（如开环幅相频率特性曲线）来研究其所对应的闭环系统是否稳定。

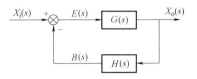

图 5-4　反馈系统结构图

1. 系统开环频率特性与开、闭环特征式的关系

设某个反馈的闭环系统如图 5-4 所示，则其闭环传递函数为

$$G_\mathrm{b}(s) = \frac{G(s)}{1+G(s)H(s)} \tag{5-12}$$

开环传递函数为

$$G_\mathrm{k}(s) = G(s)H(s)$$

系统的特征方程为

$$1+G(s)H(s) = 0$$

令上式左端为函数 $F(s)$，即

$$F(s) = 1+G(s)H(s)$$

将其写成一般的形式为

$$F(s) = 1+\frac{b_m s^m+b_{m-1}s^{m-1}+\cdots+b_1 s+b_0}{(s+p_1)(s+p_2)\cdots(s+p_n)} = \frac{K(s+z_1)(s+z_2)\cdots(s+z_{n'})}{(s+p_1)(s+p_2)\cdots(s+p_n)} \tag{5-13}$$

式中，n 为开环传递函数 $G(s)H(s)$ 的分母多项式的阶数；m 为开环传递函数 $G(s)H(s)$ 的分子多项式的阶数。

由于物理上实际能实现的阶数大都有 $n>m$。所以，函数 $F(s)$ 分子的阶数 n' 一般不可能超过分母的阶数 n。

由式（5-13）可知，函数 $F(s)$ 的分母与开环传递函数的分母相同，即函数 $F(s)$ 的极点为开环传递函数 $G(s)H(s)$ 的极点，都是 $s=-p_i(i=1,2,\cdots,n)$。

又由式（5-12）及式（5-13）可知，函数 $F(s)$ 的分子即为闭环传递函数的分母，即函数 $F(s)$ 的零点为闭环传递函数的极点，都是 $s=-z_j(j=1,2,\cdots,n')$。

由上面的对应关系可知，原来系统稳定的必要条件是闭环传递函数的全部极点均须具有负实部。由于函数 $F(s)$ 沟通了开环与闭环传递函数之间的关系，所以有可能利用开环传递函数，通过函数 $F(s)$ 来判明闭环系统的稳定性。

2. 基于极坐标图的奈奎斯特稳定性判据

对于式（5-13）所示的复变函数，在 $[s]$ 平面上作如下的奈奎斯特曲线 L_s：它由整个虚轴和在右半 $[s]$ 平面的半径为无穷大的半圆弧所组成，如果函数 $F(s)$ 在虚轴上有极点和（或）零点，则奈奎斯特曲线只从其右侧绕过，如图 5-5a 所示。显然，奈奎斯特曲线 L_s 包围了 $[s]$ 平面的整个右半部分，并规定奈奎斯特曲线 L_s 的正方向为顺时针方向。那么，依据幅角原理，奈奎斯特曲线 L_s 关于函数 $F(s)$ 映射的极坐标曲线 L_F 在 $F(s)$ 平面也为一条封闭曲线，它围绕原点的圈数可由式（5-9）计算得到。

由于反馈系统中的 $F(s)=1+G(s)H(s)$，表明将函数 $F(s)$ 映射的极坐标曲线 L_F 向左平

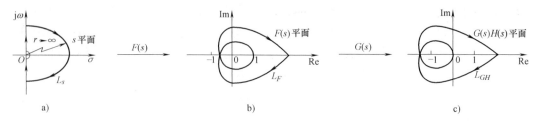

图 5-5 $F(s)$ 和 $G(s)$ 的比较

移一个单位就可得到开环系统的极坐标曲线 F_G，如图 5-5c 所示，即 [s] 平面上的奈奎斯特曲线 L_s 关于开环传递函数 $G(s)H(s)$ 映射的像就是封闭曲线 L_{GH}。因此，开环系统的极坐标曲线 L_{GH} 围绕 $(-1, j0)$ 点的圈数 N 就等于极坐标曲线 L_F 围绕原点的圈数，为

$$N = N_z - N_p \tag{5-14}$$

此时的 N_z 是函数 $F(s)$ 在右半 [s] 平面上的零点数，也就是闭环系统在右半 [s] 平面上的极点数；N_p 是函数 $F(s)$ 在右半 [s] 平面上的极点数，也就是开环系统在右半 [s] 平面上的极点数。显然，对于稳定的闭环系统，有 $N_z = 0$，也即 $N = -N_p$。于是，基于极坐标图的稳定性判据如下：

(1) 稳定性判据 1 当系统开环传递函数 $G(s)H(s)$ 的全部极点都位于 [s] 平面左半部时 ($N_p = 0$)，如果系统的奈奎斯特曲线 L_{GH} 不包围 [GH] 平面的 $(-1, j0)$ 点 ($N = 0$)，则闭环系统是稳定的 ($N_z = N_p + N = 0$)，否则是不稳定的。

(2) 稳定性判据 2 当系统开环传递函数 $G(s)H(s)$ 有 p 个位于 [s] 平面右半部的极点时，如果系统的奈奎斯特曲线 L_{GH} 逆时针包围 [GH] 平面的 $(-1, j0)$ 点的圈数等于位于 [s] 平面右半部的开环极点数 ($N = -N_p$)，则闭环系统是稳定的 ($N_z = N + N_p = 0$)，否则是不稳定的。

(3) 稳定性判据 3 如果系统的奈奎斯特曲线 L_{GH} 顺时针包围点 $(-1, j0)$ ($N > 0$)，则闭环系统不稳定 ($N = N_z - N_p > 0$)。

(4) 稳定性判据 4 在有些情况下，奈奎斯特曲线 L_{GH} 曲线恰好通过 [GH] 平面的 $(-1, j0)$ 点（注意不是包围），此时如果系统的开环传递函数无位于 [s] 平面右半部的开环极点，则系统处于临界稳定状态。

例 5-5 已知系统开环传递函数 $G(s)H(s) = \dfrac{20}{(s+1)(2s+1)(5s+1)}$，应用奈奎斯特稳定性判据判别闭环系统的稳定性。

解 系统的开环频率特性为

$$G(j\omega)H(j\omega) = \frac{20}{(j\omega+1)(j2\omega+1)(j5\omega+1)}$$

幅频特性为

$$A(\omega) = \frac{20}{\sqrt{(1+\omega^2)(1+4\omega^2)(1+25\omega^2)}}$$

相频特性为

$$\varphi(\omega) = -\arctan\omega - \arctan 2\omega - \arctan 5\omega$$

当 $\omega = 0$ 时，$A(0) = 20$，$\varphi(0) = 0°$。

当 $\omega \to \infty$ 时，$A(\infty)=0$，$\varphi(\infty)=-270°$。

将不同的 ω 值代入频率特性 $G(\mathrm{j}\omega)H(\mathrm{j}\omega)$ 表达式，根据求出的各 ω 值下的幅频特性和相频特性就可以画出 $G(\mathrm{j}\omega)H(\mathrm{j}\omega)$ 的幅频和相频特性曲线，如图 5-6 所示。

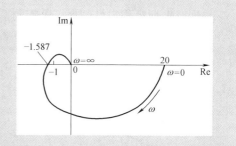

由图 5-6 可见，开环奈奎斯特曲线顺时针包围（-1，j0）点一圈，即 $N=1$，而开环特征根全部位于左半 $[s]$ 平面，即 $N_p=0$，由奈奎斯特稳定性判据可知，系统闭环不稳定。

图 5-6　例 5-5 系统的幅频和相频特性曲线

例 5-6　设系统的开环传递函数为

$$G(s)H(s)=\frac{K}{s(T^2s^2+2\xi Ts+1)}(0<\xi<1)，\text{试分析系统的稳定性。}$$

解　当 $\omega=0$ 时，$G(s)H(s)\to\infty$，$\angle G(s)H(s)=-90°$。

当 $\omega\to\infty$ 时，$G(s)H(s)=0$，$\angle G(s)H(s)=-270°$。

其开环奈奎斯特曲线如图 5-7 所示，由于 $G(s)H(s)$ 在 $[s]$ 平面的右半平面无极点，故 $N_p=0$。

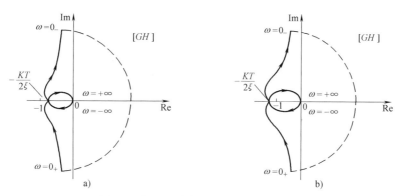

图 5-7　例 5-6 系统的开环奈奎斯特曲线

1）若 $G(s)H(s)$ 如图 5-7a 所示，奈奎斯特曲线与实轴负半轴的交点坐标为 $-\dfrac{KT}{2\xi}$，奈奎斯特曲线不包围（-1，j0）点，所以系统稳定。

2）由图 5-7b 可知，奈奎斯特曲线与实轴负半轴的交点坐标 $-\dfrac{KT}{2\xi}<-1$，奈奎斯特曲线顺时针包围（-1，j0）点，所以系统不稳定。

5.3.3　对数频率特性的稳定性判据

对数频率特性稳定性判据，实质上是奈奎斯特稳定性判据的另一种形式，就是利用系统开环伯德图来判别闭环系统的稳定性。

1. 对数频率特性稳定性判据的原理

根据奈奎斯特稳定性判据，若控制系统的开环是稳定的，闭环系统稳定的充要条件是开环频率特性不包围（-1，j0）点。图 5-8a 中的特性曲线 1 对应的闭环系统稳定，特性曲线 2 对应的闭环系统不稳定。

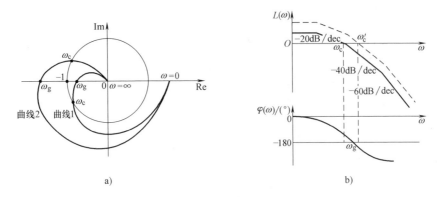

图 5-8 极坐标图和与其对应的伯德图

a）极坐标图 b）伯德图

如果开环频率特性 $G(\mathrm{j}\omega)$ 与单位圆相交的一点频率为 ω_c，而与实轴相交的一点频率为 ω_g，这样当幅值 $A(\omega) \geq 1$ 时（在单位圆上或在单位圆外），就相当于

$$20\lg A(\omega) \geq 0$$

当幅值 $A(\omega) < 1$ 时（在单位圆内），就相当于

$$20\lg A(\omega) < 0$$

所以，对应图 5-8a 特性曲线 1（闭环系统是稳定的），在 ω_c 点处

$$L(\omega_c) = 20\lg A(\omega_c) = 0$$

$$\varphi(\omega_c) > -\pi \tag{5-15}$$

而在 ω_g 点处

$$L(\omega_g) = 20\lg A(\omega_g) < 0$$

$$\varphi(\omega_g) = -\pi \tag{5-16}$$

若将图 5-8a 所示的极坐标图转换成伯德（对数坐标）图，如图 5-8b 所示，则两种坐标图之间有如下对应关系：

1）极坐标图上的单位圆对应于伯德图上的 0dB 线，即对数幅频特性图的横轴。单位圆之外对应于对数幅频特性图的 0dB 线之上。

2）极坐标图上的负实轴相当于对数相频图上的 -180°线。

因此，开环幅相特性曲线在（-1，j0）点以左穿过实轴称为穿越，这相当于在 $L(\omega) \geq 0$ 的所有频率范围内，对数相频特性穿过 -180°线。当 ω 增加时，相位增大为正穿越，对应于伯德图，在开环对数幅频特性为正值的频率范围内，沿 ω 增加的方向，对数相频特性曲线自下而上穿过 -180°线为正穿越；反之，沿 ω 增加的方向，对数相频特性曲线自上而下穿过 -180°线为负穿越。

2. 对数频率特性的稳定性判据

如果系统开环是稳定的（即 $p = 0$，通常为最小相位系统），则在 $L(\omega) \geq 0$ 的所有频率 ω

值下，相位 $\varphi(\omega)$ 不超过 $-\pi$ 线或正负穿越之差为零，那么闭环系统是稳定的。

　　如果系统在开环状态下的特征方程式有 p 个根在复平面的右边，它在闭环状态下稳定的充分必要条件是：在所有 $L(\omega) \geqslant 0$ 的频率范围内，相频特性曲线 $\varphi(\omega)$ 在 $-\pi$ 线上的正负穿越之差为 $p/2$。

　　例 5-7　已知 $G(s)H(s) = \dfrac{K}{(T_1 s + 1)(T_2 s + 1)}$，试分析其稳定性。

　　解　作伯德图如图 5-9 所示。

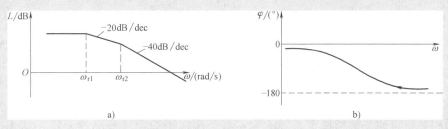

图 5-9　开环伯德图

　　由图 5-9b 可见，$\varphi(\omega)$ 曲线与 $-180°$ 线永无交点，且 $\varphi(\omega)$ 线均在 $-180°$ 线之上，故闭环系统总是稳定的。

　　例 5-8　已知系统开环特征方程的右根数 p 以及开环伯德图如图 5-10 所示，试判断闭环系统的稳定性。

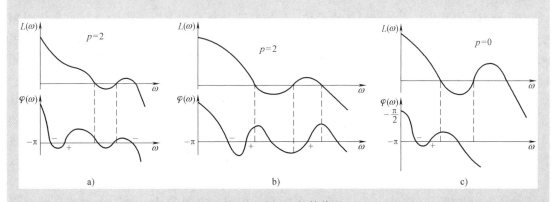

图 5-10　例 5-8 的伯德图

　　解　从图 5-10a 知正负穿越之差为 $1-2=-1 \neq p/2$，因 $p=2$，所以这个系统在闭环状态下是不稳定的。

　　已知系统开环特征方程式有两个右根（即 $p=2$），从图 5-10b 知正负穿越之差为 $2-1=1=p/2$，所以这个系统在闭环状态下是稳定的。

　　如图 5-10c 所示，该系统开环特征方程式没有右根（即 $p=0$），从图 5-10c 知正负穿越之差为 $1-1=0$，所以这个系统在闭环下是稳定的。

因此，对数奈奎斯特稳定性判据也可以表述为：若开环系统稳定（$p=0$），开环对数幅频特性比其对数相频特性先交于横轴，即 $\omega_c < \omega_g$，则闭环系统稳定；若开环对数幅频特性比其对数相频特性后交于横轴，即 $\omega_c > \omega_g$，则闭环系统不稳定；若 $\omega_c = \omega_g$，则闭环系统临界稳定。换言之，若开环对数幅频特性达到 0dB 时，其对应的相频特性还在 $-180°$ 线以上，则闭环系统稳定；若开环相频特性达到 $-180°$ 时，其对数幅频特性还在 0dB 线以上，则闭环系统不稳定。

5.4 系统的相对稳定性

前面所讨论和分析判断的稳定性主要是指系统的绝对稳定性。对于一个实际的控制系统，不仅要求稳定，而且还必须具有一定的稳定储备，这就是相对稳定性的概念。

所谓相对稳定性，是指稳定系统的稳定状态距离不稳定（或临界稳定）状态的程度。反映这种稳定程度的指标就是稳定裕度。从图形上理解，由于最小相位系统开环传递函数在 $[s]$ 平面右半面无极点，如果闭环系统是稳定的，则其开环传递函数 GH 的轨迹不包围 $[GH]$ 平面上的点 $(-1, j0)$。稳定裕度就是衡量系统开环传递函数的极坐标曲线距离 $[GH]$ 平面实轴上 $(-1, j0)$ 点的远近程度。这个距离越远，稳定裕度越大，就意味着系统的稳定程度越高。稳定裕度的定量表示主要有相位稳定裕度 γ 和幅值稳定裕度 h。

5.4.1 相位稳定裕度

在 $[GH]$ 平面上，系统开环传递函数 GH 的轨迹与复平面上以原点为中心的单位圆相交的频率称为幅值交界频率（或幅值穿越频率，在对数幅频特性曲线上称为剪切频率），用 ω_c 表示。在 ω_c 上，使系统达到临界稳定状态所需附加的相位滞后量，称为相位稳定裕度（相位裕度），以 γ 表示，即 $\varphi(\omega_c) - \gamma = -180°$。于是相位裕度可用下式求得

$$\gamma = 180° + \varphi(\omega_c) = 180° + \angle G(j\omega_c) H(j\omega_c) \tag{5-17}$$

在开环极坐标图上，从原点到 $G(j\omega)H(j\omega)$ 曲线与单位圆的交点作一直线，分别如图 5-11a、b 所示。从负实轴到该直线所转过的角度即为 γ，显然，γ 在第二象限为负（顺时针旋转为负），在第三象限为正（逆时针旋转为正）。$\gamma > 0$ 时，表明开环幅相曲线不包围点 $(-1, j0)$，系统稳定；$\gamma < 0$ 时，表明开环幅相曲线包围点 $(-1, j0)$，系统不稳定；$\gamma = 0$ 时，表明开环幅相曲线正好通过点 $(-1, j0)$，系统临界稳定。由图 5-11a 可见，γ 越大，轨迹离点 $(-1, j0)$ 越远，系统的稳定裕度越大。

注意到，$[GH]$ 平面上的单位圆对应伯德图上的零分贝线，所以系统开环传递函数 GH 的奈奎斯特图与单位圆的交点对应其幅频曲线与零分贝线的交点。在对数坐标图上，γ 为剪切频率 ω_c 处的相位 $\varphi(\omega_c)$ 与 $-180°$ 线之间的夹角，如图 5-11c、d 所示。通常剪切频率 ω_c 可由对数幅频渐近特性作图求得，或者根据 $G(j\omega)H(j\omega) = 1$ 计算求出。

5.4.2 幅值稳定裕度

在 $[GH]$ 平面上，开环传递函数 GH 的奈奎斯特图与负实轴相交的频率称为相位交界

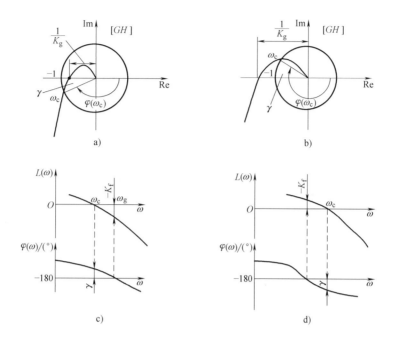

图 5-11 相位裕度与幅值裕度的定义

a）稳定系统 b）不稳定系统 c）稳定系统 d）不稳定系统

频率（或穿越频率），用 ω_g 表示。交点处幅值的倒数称为幅值稳定裕度（幅值裕度），用 K_g 表示，即

$$K_g = \frac{1}{|G(j\omega_g)H(j\omega_g)|} \tag{5-18}$$

$[GH]$ 平面上的负实轴对应伯德图上的 $-180°$ 线，所以系统开环传递函数 GH 的奈奎斯特图线与负实轴的交点对应其对数相频特性曲线与 $-180°$ 线的交点。在伯德图上，幅值裕度以分贝表示时，记为 K_f，如图 5-11c、d 所示。用公式表示为

$$K_f = 20\lg K_g = 20\lg \frac{1}{|G(j\omega_g)H(j\omega_g)|} = -20\lg|G(j\omega_g)H(j\omega_g)| \tag{5-19}$$

显然 $K_f > 0$，即 $|G(j\omega_g)H(j\omega_g)| < 1$，系统稳定；$K_f < 0$，$|G(j\omega_g)H(j\omega_g)| > 1$，系统不稳定；$K_f = 0$，$|G(j\omega_g)H(j\omega_g)| = 1$，系统临界稳定。

为了使系统具有足够的稳定裕度和获得良好的动态性能，一般要求相位裕度 $\gamma = 30° \sim 60°$，幅值裕度 $K_g = 2 \sim 2.5$ 或 $K_f = 6 \sim 20\mathrm{dB}$。

应当指出，仅用相位裕度或幅值裕度，都不足以说明系统的相对稳定性。只有同时给出相位裕度和幅值裕度时，才能表明系统的相对稳定性。

例 5-9 已知单位负反馈系统的闭环传递函数为 $G_b(s) = \dfrac{K}{0.1s^3 + 0.7s^2 + s + K}$，求使此闭环系统稳定时 K 的取值范围。当 $K = 4$ 时，求闭环系统的相位裕度 γ 和幅值裕度 K_f。

解 此闭环系统的特征方程为

$$0.1s^3 + 0.7s^2 + s + K = 0$$

可按赫尔维茨稳定性判据判断 K 的取值范围。

此特征方程的系数为

$$n = 3, a_3 = 0.1, a_2 = 0.7, a_1 = 1, a_0 = K$$

因为要求 $a_i > 0$，所以 $K > 0$。

由于其二阶主子式大于零，得

$$\Delta_2 = \begin{vmatrix} a_2 & a_0 \\ a_3 & a_1 \end{vmatrix} = \begin{vmatrix} 0.7 & K \\ 0.1 & 1 \end{vmatrix} = 0.7 - 0.1K > 0$$

所以 $0 < K < 7$。

当 $K = 4$ 时，其闭环传递函数为

$$G_b(s) = \frac{4}{0.1s^3 + 0.7s^2 + s + 4}$$

开环传递函数为

$$G_k(s) = \frac{G_b(s)}{1 - G_b(s)} = \frac{4}{0.1s^3 + 0.7s^2 + s}$$

开环频率特性为

$$G_k(j\omega) = \frac{4}{0.1(j\omega)^3 + 0.7(j\omega)^2 + j\omega}$$

$$= \frac{4}{\omega\sqrt{(0.7\omega)^2 + (0.1\omega^2 - 1)^2}} e^{-180° + \arctan\frac{1 - 0.1\omega^2}{0.7\omega}} \quad (0 \leqslant \omega \leqslant \sqrt{10})$$

1）求幅值交界频率 ω_c 和相位裕度 γ。

令 $|G_k(j\omega_c)| = 1$，即

$$\frac{4}{\omega_c\sqrt{(0.7\omega_c)^2 + (0.1\omega_c^2 - 1)^2}} = 1$$

解此方程，得

$$\omega_c^2 = 5.5, \ \omega_c = 2.345$$

由系统开环频率特性的表达式可知

$$\varphi(\omega_c) = -180° + \arctan\frac{1 - 0.1\omega_c^2}{0.7\omega_c} = -180° + 15.33°$$

显然

$$\gamma = 180° + \varphi(\omega_c) = 15.33°$$

2）求相位交界频率 ω_g 和幅值裕度 K_f。

根据相位交界频率 ω_g 的定义，有

$$-180° + \arctan\frac{1 - 0.1\omega_g^2}{0.7\omega_g} = -180°$$

解此方程，得

$$1 - 0.1\omega_g^2 = 0$$

由此得 $\omega_g^2 = 10$, $\omega_g = 3.162$

根据幅值裕度的定义，有

$$K_f = 20\lg K_g = 20\lg \frac{1}{|G_k(j\omega_g)|} = 20\lg 1.75\,\text{dB} = 4.86\,\text{dB}$$

由此可见，当 $K = 4$ 时，系统的稳定裕度较小。

值得注意的是，在求系统稳定裕度时，应根据系统开环频率特性 $G_k(j\omega)$ 确定幅值交界频率 ω_c 和相位交界频率 ω_g。

5.4.3 影响系统稳定性的主要因素

系统稳定，是系统能够正常工作的首要条件。前面介绍了稳定性判据和系统的相对稳定性，不难发现影响系统稳定性的主要因素有以下几种。

1. 系统开环增益

由奈氏判据或对数判据可知，降低系统开环增益，可增加系统的幅值裕度储备和相位裕度储备，从而提高系统的相对稳定性。这是提高相对稳定性的最简便方法。

2. 积分环节

由系统的相对稳定性要求可知，Ⅰ型系统（含1个积分环节）的稳定性好，Ⅱ型系统稳定性较差，Ⅲ型以上系统就难于稳定了。因此，开环系统含有积分环节的数目一般不能超过两个。

3. 系统固有频率和阻尼比

众所周知，最小相位二阶系统不存在稳定性问题，即系统开环增益和时间常数不影响稳定性。但高于二阶的系统，由于存在储能元件，系统参数匹配不合理则会造成系统不稳定。在开环增益确定的条件下，系统固有频率越高、阻尼比越大，则系统稳定性储备便可能越大，系统的相对稳定性会越好。

4. 延时环节和非最小相位环节

延时环节和非最小相位环节会给系统带来相位滞后，从而减小相位裕度储备，降低稳定性，因而应尽量避免延时环节或使其延时时间尽量最小，尽量避免非最小相位环节出现。

如图 5-12 所示的延时环节串联在前向通道时，系统的开环传递函数为

$$G_K(s) = G_1(s)e^{-\tau s}$$

开环传递函数的幅频特性和开环相频特性为

$$A(\omega) = |G_K(j\omega)| = |G_1(j\omega)|$$

$$\varphi(\omega) = \varphi_1(\omega) - \tau\omega$$

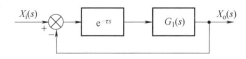

图 5-12 延时环节串联在前向通道

由此可见，延时环节不改变系统的幅频特性 $A(\omega)$，而仅使相频特性 $\varphi(\omega)$ 发生变化，使相位滞后增加，降低相位稳定裕度。

5.5　切削的数学模型及稳定性分析

在切削过程中出现的一些偶然因素，如材料的硬点或缺陷会使刀具产生振动。刀具的振动会在工件的已加工表面留下振痕。除极少数情况外，刀具总是完全地或部分地重复切削到前一次或前一个刀齿切削过的表面，当刀具再一次切削这些有振痕的表面时，切削厚度就会发生变化，切削厚度的变化可引起切削力的波动，又激起刀具和工件的相对振动，并再次残留下振痕。如此重复循环，有可能使开始较少的振痕波及整个加工表面，形成自激振荡。

用控制理论很容易理解切削过程产生自激振荡的机理，并很容易找出切削过程绝对稳定的条件。下面以外圆车削为例分析切削过程的稳定性。

5.5.1　切削系统的数学模型

图 5-13 所示为车削过程的模型。车削时，刀具在 y 方向的进给将引起切削力 $f_y(t)$，该切削力使刀具产生弹性变形，其变形量为 $y_b(t)$。该变形量反馈回来将使刀具的实际进给量产生变化。同时在车削中，由于某种偶然因素，在已加工表面残留的振痕对实际切削深度也会产生一定程度的影响。因此，车削时，存在内部反馈，该反馈使车削过程成为一个闭环系统的工作过程。

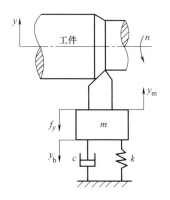

图 5-13　车削过程的模型

1）列写车削过程的原始方程。车刀的实际切削深度 $y_s(t)$ 可由下式给出，即

$$y_s(t) = y_m(t) - y_b(t) + \mu y_b(t-\tau) \qquad (5\text{-}20)$$

式中，$y_m(t)$ 为名义切削深度；μ 为重叠系数，量纲为一，它表明相邻进给间的重叠程度，一般车削 $0 < \mu < 1$，切断时，纵向进给量 $s = 0$，$\mu = 1$，车螺纹时，$\mu = 0$；τ 为工件每转所需时间（s），$\tau = 60/n$，n 为工件转速（r/min）。

切削力 $f_y(t)$ 可由下面的近似公式给出，即

$$f_y(t) = K_c y_s(t) \qquad (5\text{-}21)$$

式中，K_c 为切削刚度系数，与切削宽度、零件材料和刀具几何角度等有关。

机床、刀具、工件系统以切削力 $f_y(t)$ 为输入量，刀具变形 $y_b(t)$ 为输出量时，可看成是质量-弹簧-阻尼系统，其运动方程为

$$m\frac{\mathrm{d}^2 y_b(t)}{\mathrm{d}t^2} + c\frac{\mathrm{d}y_b(t)}{\mathrm{d}t} + k y_b(t) = f_y(t) \qquad (5\text{-}22)$$

式中，m 为在 y 方向的折算质量；c 为在 y 方向的折算黏性摩擦因数；k 为在 y 方向的折算弹簧刚度。

2）在零初始条件下，分别对式（5-20）~式（5-22）取拉氏变换，得

$$Y_s(s) = Y_m(s) - Y_b(s) + \mu Y_b(s)\mathrm{e}^{-\tau s}$$

$$F_y(s) = K_c Y_s(s) \qquad (5\text{-}23)$$

$$(ms^2 + cs + k)Y_b(s) = F_y(s)$$

3）根据车削加工的物理过程，找出式（5-23）中参数的因果关系，画出车削过程的传递函数图，如图 5-14 所示。这是分析车削过程稳定性的基础。

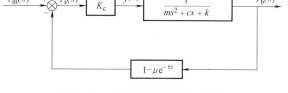

图 5-14　车削过程的传递函数图

由此，车削系统的闭环传递函数为

$$G(s) = \frac{Y_b(s)}{Y_m(s)} = \frac{K_c}{(ms^2+cs+k)+K_c(1-\mu e^{-\tau s})}$$

$$= \frac{K_c \omega_n^2}{k(s^2+2\xi\omega_n s+\omega_n^2)+K_c\omega_n^2(1-\mu e^{-\tau s})}$$

其中

$$\omega_n = \sqrt{k/m}, \quad \xi = c/(2\sqrt{mk})$$

5.5.2　切削稳定性分析

切削系统的闭环特征方程为

$$k(s^2+2\xi\omega_n s+\omega_n^2)+K_c\omega_n^2(1-\mu e^{-\tau s}) = 0 \tag{5-24}$$

由于上式含有超越函数 $e^{-\tau s}$，若直接用代数等判据比较困难。因此，用作图法绘制幅相频率特性曲线来分析系统的稳定性。

将式（5-24）写成下面形式，即

$$\frac{1}{\dfrac{s^2}{\omega_n^2}+2\xi\dfrac{s}{\omega_n}+1} = \frac{-k}{K_c(1-\mu e^{-\tau s})} \tag{5-25}$$

在上式中，令 $s=j\omega$，则有

$$\frac{1}{\left(\dfrac{j\omega}{\omega_n}\right)^2+j2\xi\dfrac{\omega}{\omega_n}+1} = \frac{-k}{K_c(1-\mu e^{-j\tau\omega})} \tag{5-26}$$

令

$$G_m(j\omega) = \frac{1}{\left(\dfrac{j\omega}{\omega_n}\right)^2+j2\xi\dfrac{\omega}{\omega_n}+1}$$

而

$$G_c(j\omega) = \frac{-k}{K_c(1-\mu e^{-j\tau\omega})}$$

则式（5-26）可写成

$$G_m(j\omega) = G_c(j\omega) \tag{5-27}$$

$G_m(j\omega)$ 是振荡环节，其幅相频率特性曲线如图 5-15 右半部所示。利用欧拉公式将 $G_c(j\omega)$ 写成下面形式，即

$$G_c(j\omega) = \frac{-k}{K_c(1-\mu e^{-j\omega\tau})} = \frac{-k}{K_c(1-\mu\cos\omega\tau+j\mu\sin\omega\tau)}$$

$$= \frac{-k(1-\mu\cos\omega\tau)}{K_c(1+\mu^2-2\mu\cos\omega\tau)}+j\frac{k\mu\sin\omega\tau}{K_c(1+\mu^2-2\mu\cos\omega\tau)} \tag{5-28}$$

当 $\mu=1$ 时

$$G_c(j\omega) = \frac{-k}{2K_c} + j\frac{k\sin\omega\tau}{2K_c(1-\cos\omega\tau)} \tag{5-29}$$

以 $\omega\tau$ 为参变量，给出不同的 μ 值，由式（5-28）可画出 $G_c(j\omega)$ 的幅相频率特性曲线，如图 5-15 左半部所示。由图 5-15 可知，这是一组圆心与半径均不同的圆，其特点是 $\mu=0$ 时，圆变成了一个点，随 μ 的增加，圆的半径增加；当 $\mu=1$ 时，$G_c(j\omega)$ 曲线变成一条直线（即半径为无穷大的圆），该直线与虚轴的距离为 $k/(2K_c)$。令式（5-28）的虚部等于零，然后再令 $\omega\tau$ 分别等于 0 和 π，可导出圆心在实轴上的坐标 x 及半径 R 的计算公式分别为

$$x = \frac{-k}{K_c(1-\mu^2)}, \quad R = \frac{k\mu}{K_c(1-\mu^2)}$$

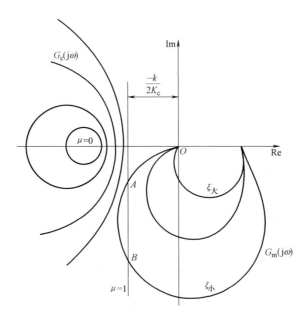

图 5-15　幅相频率特性曲线

在图 5-15 中，若 $G_m(j\omega)$ 曲线与 $G_c(j\omega)$ 曲线不相交，表示特征方程式（5-24）无根，这时车削过程绝对稳定；若 $G_m(j\omega)$ 曲线与 $G_c(j\omega)$ 曲线相切于一点，表示车削过程达到绝对稳定边界；若 $G_m(j\omega)$ 曲线与 $G_c(j\omega)$ 曲线相交，则车削过程可能不稳定，在一定条件下，也可能稳定，即只能达到条件稳定。

图 5-15 中两个曲线族的形状及其相互位置分别由描述切削过程和机床-刀具-工件系统动力特性的两组参数决定。如果改变这两组参数，两个曲线族的相互位置将发生变化，交点的情况也将发生变化，从而可改变车削过程的稳定情况。由图 5-15 可知，若使两组曲线远离，使它们没有相交的可能性，则可使车削过程达到绝对稳定。为此可采取如下措施：①提高机床-刀具-工件系统的阻尼比和刚度；②减小重叠系数 μ 和切削刚度系数 K_c。

下面推导车削过程绝对稳定的条件［即 $G_m(j\omega)$ 曲线与 $G_c(j\omega)$ 曲线不相交的条件］。

由图 5-15 可知，若 $G_m(j\omega)$ 负实部的最大绝对值小于 $k/(2K_c)$，即

$$\max \left|-\mathrm{Re}\left[\,G_{\mathrm{m}}(\,\mathrm{j}\omega)\,\right]\,\right|<\frac{k}{2K_{\mathrm{c}}} \tag{5-30}$$

则切削过程绝对稳定。

将 $G_{\mathrm{m}}(\mathrm{j}\omega)$ 写成下面形式，即

$$G_{\mathrm{m}}(\mathrm{j}\omega)=\frac{1-\lambda^2}{(1-\lambda^2)^2+4\xi^2\lambda^2}-\mathrm{j}\,\frac{2\xi\lambda}{(1-\lambda^2)^2+4\xi^2\lambda^2} \tag{5-31}$$

其中

$$\lambda=\omega/\omega_{\mathrm{n}}$$

且

$$\mathrm{Re}\left[\,G_{\mathrm{m}}(\mathrm{j}\omega)\,\right]=\frac{1-\lambda^2}{(1-\lambda^2)^2+4\xi^2\lambda^2} \tag{5-32}$$

将式（5-32）对 λ 求导，并令导数等于零，得

$$1-\lambda^2=\pm 2\xi$$

取 $1-\lambda^2=-2\xi$ 并代入式（5-32），可得负实部最大绝对值为

$$\max \left|-\mathrm{Re}\left[\,G_{\mathrm{m}}(\mathrm{j}\omega)\,\right]\,\right|=\frac{1}{4\xi(1+\xi)} \tag{5-33}$$

由以上可知，车削过程绝对稳定的条件为

$$\frac{1}{4\xi(1+\xi)}<\frac{k}{2K_{\mathrm{c}}} \tag{5-34}$$

由式（5-34）可以看出，增加 k 和 ξ，减小 K_{c} 可提高车削过程稳定性。而在这些参数中，提高阻尼比 ξ 对改善车削过程稳定性最有利，因为阻尼比 ξ 对稳定性的影响近似成平方关系。

如果 $G_{\mathrm{m}}(\mathrm{j}\omega)$ 曲线与 $G_{\mathrm{c}}(\mathrm{j}\omega)$ 曲线相交，车削过程不能绝对稳定，只能达到条件稳定。这时可用改变延迟时间 τ（即改变主轴转速或工件转速）使车削过程稳定，下面予以说明。

设两条曲线交点 A、B 处的频率分别为 ω_A 和 ω_B，ω_A 和 ω_B 既是 $G_{\mathrm{m}}(\mathrm{j}\omega)$ 曲线上 A、B 两点上的频率，也是 $G_{\mathrm{c}}(\mathrm{j}\omega)$ 曲线上 A、B 两点上的频率。由于在交点处，$G_{\mathrm{m}}(\mathrm{j}\omega)=G_{\mathrm{c}}(\mathrm{j}\omega)$，所以式（5-29）与式（5-31）的实部和虚部应分别相等，即

$$\frac{1-\lambda^2}{(1-\lambda^2)^2+4\xi^2\lambda^2}=\frac{-k}{2K_{\mathrm{c}}} \tag{5-35}$$

$$-\frac{2\xi\lambda}{(1-\lambda^2)^2+4\xi^2\lambda^2}=\frac{k\sin\omega\tau}{2K_{\mathrm{c}}(1-2\cos\omega\tau)} \tag{5-36}$$

利用式（5-35）可求得 λ 值，而 $\lambda=\omega/\omega_{\mathrm{n}}$，从而可求得交点 A 和 B 处的 ω_A 和 ω_B。在式（5-36）中，代入 ω_A 和 ω_B，即可求得相应的延迟时间 τ_A 和 τ_B。

如果在工作频率 ω 下保证 ω 避开 $\omega_A\sim\omega_B$ 的范围，也就是适当选择 τ，使 $\omega<\omega_B$ 或 $\omega>\omega_A$，则车削过程就可稳定，但此时系统是有条件的稳定。

这里需要指出，若两组曲线无交点，无论主轴转速为何值，切削过程都是稳定的。

习　题

5-1　系统稳定性的定义是什么？一个系统稳定的充分和必要条件是什么？

5-2　简述奈奎斯特稳定性判据的主要内容。

5-3 简述系统稳定裕度的含义。

5-4 已知系统的开环传递函数

（1）$G(s) = \dfrac{10(s+1)}{s(s-1)(s+5)}$

（2）$G(s) = \dfrac{10}{s(s-1)(s+3)}$

试用劳斯判据判别闭环系统的稳定性。

5-5 单位负反馈系统的开环传递函数为 $G(s) = \dfrac{K}{s(s+1)(s+2)}$，试确定系统稳定时，开环增益 K 的取值范围。

5-6 试根据系统开环频率特性，用奈奎斯特稳定性判据判断相应闭环系统的稳定性。

（1）$G(j\omega)H(j\omega) = \dfrac{10}{(1+j\omega)(1+2j\omega)(1+3j\omega)}$

（2）$G(j\omega)H(j\omega) = \dfrac{10}{j\omega(1+j\omega)(1+10j\omega)}$

5-7 试用奈奎斯特稳定性判据判别图 5-16 所示曲线对应系统的稳定性。已知图 5-16a~j 所示为对应的开环传递函数。

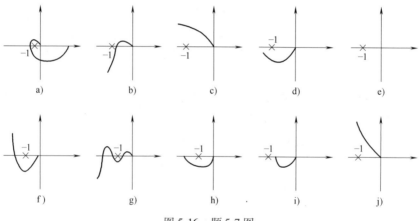

图 5-16 题 5-7 图

5-8 试用对数频率判据分析与下列开环传递函数对应的闭环系统的稳定性。

（1）$G(s)H(s) = \dfrac{K}{(T_1 s+1)(T_2 s+1)(T_3 s+1)}$

（2）$G(s)H(s) = \dfrac{K(\tau s+1)}{s^2(s^2+3s+1)}$ （$\tau=0.2$ 和 $\tau=0.5$）

5-9 试用对数频率判据，定性分析 $G(s)H(s) = \dfrac{K}{s(Ts+1)}e^{-ts}$ 中参数 K、t 对闭环系统稳定性的影响。

5-10 设一单位负反馈系统的开环传递函数为 $G(s) = \dfrac{as+1}{s^2}$，试确定 a 值，使系统的相位裕度等于 $45°$。

5-11 若系统的开环传递函数为 $G(s) = \dfrac{K}{s(s+1)(0.2s+1)}$，试求 $K=10$ 及 $K=100$ 时的相位稳定裕度 γ 与幅值稳定裕度 K_g。

5-12　单位负反馈系统的闭环对数幅频特性分段折线如图 5-17 所示，要求系统具有 30°的相位稳定裕度，试计算开环增益应增大多少倍。

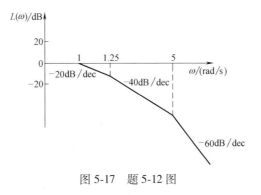

图 5-17　题 5-12 图

第 **6** 章　控制系统的误差分析

评价一个系统的性能包括瞬态性能和稳态性能两大部分。瞬态响应的性能指标可以评价系统的快速性和稳定性，而系统的准确性指标需用误差来衡量。控制系统的准确性（或称精度）是对控制系统的基本要求之一，系统的精度是用系统的误差来度量的。系统的误差可以分为动态误差和稳态误差，动态误差是指误差随时间变化的过程值，而稳态误差是指误差的终值。本章的目的是使学生建立闭环控制系统的误差和稳态误差的概念，掌握稳态误差的计算方法、影响误差的因素以及提高系统精度的途径。

稳态误差的大小与系统所用的元件精度、系统的结构参数和输入信号的形式都有密切的关系。本章研究的稳态误差是基于系统的元件都是理想化的情况，即不考虑元件精度对整个系统精度的影响。

6.1　误差的概念

6.1.1　误差

与误差有关的概念都是建立在反馈控制系统基础之上的，反馈控制系统的一般模型如图 6-1 所示。控制的目的是期望被控对象的输出与系统的输入一致，或按给定的函数关系复现输入信号。严格说来，系统的误差是指被控对象的期望输出信号 $x_{or}(t)$ 与实际输出信号 $x_o(t)$ 之差 $\varepsilon(t)$，即 $\varepsilon(t) = x_{or}(t) - x_o(t)$。

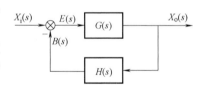

图 6-1　反馈控制系统的一般模型

一般情况下，期望输出信号 $x_{or}(t)$ 与输入信号之间给定关系的拉氏变换为 $X_{or}(s) = X_i(s)/H(s)$，则误差信号的拉氏变换为

$$\Delta(s) = \frac{1}{H(s)} X_i(s) - X_o(s) \tag{6-1}$$

在单位反馈的情况下　　$\Delta(s) = X_i(s) - X_o(s)$

或　　　　　　　　　　$\varepsilon(t) = x_i(t) - x_o(t)$

这种用系统的期望输出值与实际输出值之差来定义系统误差，虽然在性能指标中也经常用到，但由于这样定义的误差 $\Delta(s)$ 不便于测量，并且 $x_i(t)$ 和 $x_o(t)$ 往往因量纲不同而不便于比较，因此，上述定义的方法一般只具有数学意义。

6.1.2　偏差信号

控制系统的偏差信号 $E(s)$ 被定义为控制系统的输入信号 $X_i(s)$ 与控制系统的主反馈信

号 $B(s)$ 之差,能够间接地反映系统的期望输出值与实际输出值之差,而且在实际工程系统中便于测量。因而,用系统的偏差信号来定义系统的误差更有实际意义。

$$E(s) = X_i(s) - B(s) = X_i(s) - H(s)X_o(s) \tag{6-2}$$

式中, $X_o(s)$ 为控制系统的实际输出信号; $H(s)$ 为主反馈通道的传递函数。

6.1.3　误差信号

控制系统的误差信号 $\Delta(s)$ 被定义为控制系统的期望输出信号 $X_{or}(s)$ 与控制系统的实际输出信号 $X_o(s)$ 之差。

$$\Delta(s) = X_{or}(s) - X_o(s) \tag{6-3}$$

6.1.4　期望输出信号的确定

当控制系统的偏差信号 $E(s) = 0$ 时,该控制系统无控制作用,此时的实际输出信号 $X_o(s)$ 就是期望输出信号 $X_{or}(s)$。即当 $E(s) = 0$ 时, $X_{or}(s) = X_o(s)$。

当控制系统的偏差信号 $E(s) \neq 0$ 时,实际输出信号 $X_o(s)$ 与期望输出信号 $X_{or}(s)$ 不同,因为 $E(s) = X_i(s) - H(s)X_o(s)$。

将 $E(s) = 0$, $X_{or}(s) = X_o(s)$ 代入,得 $E(s) = X_i(s) - H(s)X_{or}(s)$。即

$$X_{or}(s) = \frac{X_i(s)}{H(s)} \tag{6-4}$$

此式说明,控制系统的输入信号 $X_i(s)$ 是期望输出信号 $X_{or}(s)$ 的 $H(s)$ 倍。

对于单位反馈系统,因为 $H(s) = 1$,所以 $X_{or}(s) = X_i(s)$。

6.1.5　偏差信号与误差信号的关系

将式 (6-4) 代入式 (6-3),并考虑式 (6-2) 得

$$\Delta(s) = X_{or}(s) - X_o(s) = \frac{X_i(s)}{H(s)} - X_o(s) = \frac{X_i(s) - H(s)X_o(s)}{H(s)} = \frac{E(s)}{H(s)}$$

即

$$\Delta(s) = \frac{E(s)}{H(s)} \tag{6-5}$$

这就是偏差信号 $E(s)$ 与误差信号 $\Delta(s)$ 之间的关系式。由式 (6-5) 可知,对于一般的控制系统,误差不等于偏差,求出偏差后,由该式即可求出误差。

对于单位反馈系统,因为 $H(s) = 1$,所以 $\Delta(s) = E(s)$。

需要说明的是,误差只针对稳定系统进行计算,只有系统稳定才有计算误差 (或偏差) 的必要。

1) 误差是从系统输出端来定义的,是输出期望值与实际输出值之差。在使用时,要注意实际的输入信号和输出信号的量纲是否相同。

2) 偏差是从系统输入端来定义的,是系统输入信号与主反馈信号之差。偏差在实际系统中是能测量的,具有一定的物理意义。

3) 对于单位负反馈系统而言,误差与偏差是一致的;对于非单位负反馈系统而言,误差与偏差是不同的。

6.2 系统的类型

闭环系统的开环传递函数 $G(s)H(s)$ 一般可以写成时间常数乘积的形式，即

$$G(s)H(s)=\frac{K(\tau_1 s+1)(\tau_2 s+1)\cdots(\tau_m s+1)}{s^\lambda(T_1 s+1)(T_2 s+1)\cdots(T_{n-\lambda}s+1)}=\frac{K\prod_{j=1}^{m}(\tau_j s+1)}{s^\lambda\prod_{i=1}^{n-\lambda}(T_i s+1)} \tag{6-6}$$

式中，τ_1、τ_2、$\cdots$、τ_m，T_1、T_2、$\cdots$、$T_{n-\lambda}$ 为时间常数；K 为开环放大倍数；s^λ 为包括 λ 个串联的积分环节，$\lambda=0$，1，2，$3\cdots$。

当 s 趋于零时，积分环节 s^λ 项在确定控制系统稳态误差方面起主导作用，因此，控制系统可以按其开环传递函数中积分环节的个数来分类。

当 $\lambda=0$，即没有积分环节时，称系统为 0 型系统，其开环传递函数可以表示为

$$G(s)H(s)=\frac{K_0(\tau_1 s+1)(\tau_2 s+1)\cdots(\tau_m s+1)}{(T_1 s+1)(T_2 s+1)\cdots(T_n s+1)} \tag{6-7}$$

式中，K_0 为 0 型系统的开环增益。

当 $\lambda=1$，即有一个积分环节时，称系统为 Ⅰ 型系统，其开环传递函数可以表示为

$$G(s)H(s)=\frac{K_1(\tau_1 s+1)(\tau_2 s+1)\cdots(\tau_m s+1)}{s(T_1 s+1)(T_2 s+1)\cdots(T_{n-1}s+1)} \tag{6-8}$$

式中，K_1 为 Ⅰ 型系统的开环增益。

当 $\lambda=2$，即有两个积分环节时，称系统为 Ⅱ 型系统，其开环传递函数可以表示为

$$G(s)H(s)=\frac{K_2(\tau_1 s+1)(\tau_2 s+1)\cdots(\tau_m s+1)}{s^2(T_1 s+1)(T_2 s+1)\cdots(T_{n-2}s+1)} \tag{6-9}$$

式中，K_2 为 Ⅱ 型系统的开环增益。

以此类推。但由于 $\lambda\geqslant2$ 时，系统很难稳定，因而 Ⅲ 型或 Ⅲ 型以上的系统在工程上一般是不采用的。

应当注意到，系统的类型与系统的阶次是两个不同的概念。例如，$G(s)H(s)=\frac{K(0.2s+1)}{s(s+1)(6s+1)}$ 为 Ⅰ 型系统，而系统是三阶系统。

6.3 静态误差

在时域中误差是时间 t 的函数。一个稳定的闭环控制系统，在外加输入信号的作用下，经过一段时间（调整时间 t_s）之后，瞬态响应分量衰减到可以忽略的程度，输出信号 $x_o(t)$ 趋于稳态分量 $x_{oss}(t)$，这时误差信号 $\varepsilon(t)$ 也趋近于一个稳态值 $\varepsilon_{ss}(t)$。稳态误差是误差信号的稳态分量，即

$$\varepsilon_{ss}=\lim_{t\to\infty}\varepsilon(t)$$

根据拉氏变换的终值定理，可得稳态误差为

$$\varepsilon_{ss} = \lim_{t \to \infty} \varepsilon(t) = \lim_{s \to 0} s\Delta(s) \tag{6-10}$$

对于图 6-1 所示的系统，由式（6-2）和式（6-5）得

$$\Delta(s) = \frac{E(s)}{H(s)} = \frac{X_i(s) - H(s)X_o(s)}{H(s)} = \frac{X_i(s)}{H(s)}\left[1 - H(s)\frac{X_o(s)}{X_i(s)}\right]$$

$$= \frac{X_i(s)}{H(s)}\left[1 - H(s)\frac{G(s)}{1 + G(s)H(s)}\right] = \frac{X_i(s)}{H(s)}\frac{1}{1 + G(s)H(s)}$$

所以
$$\Delta_{ss} = \lim_{s \to 0} s\frac{1}{H(s)}\frac{1}{1 + G(s)H(s)}X_i(s) \tag{6-11}$$

对于单位反馈系统，因为 $H(s) = 1$，所以其稳态误差 Δ_{ss} 为

$$\Delta_{ss} = \lim_{s \to 0} s\frac{1}{1 + G(s)}X_i(s) \tag{6-12}$$

影响系统稳态误差的因素很多，主要有系统的结构、参数和输入量的形式。此外，系统的内部扰动，如元件发热、磨损、老化、特性漂移、库仑摩擦、间隙等原因都能引起系统的参数或静态特性的变化，也会影响系统输出的变化而产生稳态误差。

为了分析方便，把系统的稳态误差分为给定稳态误差和扰动稳态误差。前者是在给定输入信号（以下简称输入信号）作用下产生的稳态误差，表征了系统的精度；后者是在扰动信号作用下引起的误差，反映了系统的抗干扰能力，即系统的刚度。

6.3.1　静态误差系数和静态误差的计算

以上是运用拉氏变换的终值定理来求稳态误差。下面将引出静态误差系数的定义，用静态误差系数来表达稳态误差的大小，并进一步阐明稳态误差与系统结构参数及输入信号类型之间的关系。

1. 静态误差系数的定义

对于图 6-1 所示的反馈控制系统，当不同类型的典型信号输入时，其稳态误差不同。因此，可以根据不同的输入信号来定义不同的静态误差系数，进而用静态误差系数来表示稳态误差。

2. 静态位置误差系数 K_p

反馈控制系统在单位阶跃输入信号 $X_i(s) = 1/s$ 作用下的稳态误差称为位置误差。即

$$\Delta_{ss} = \lim_{s \to 0} s\frac{1}{H(s)}\frac{1}{1 + G(s)H(s)}\frac{1}{s} = \frac{1}{H(0)}\frac{1}{1 + G(0)H(0)}$$

定义 $K_p = \lim_{s \to 0} G(s)H(s) = G(0)H(0)$ 为静态位置误差系数，于是可用 K_p 来表示反馈控制系统在单位阶跃输入时的稳态误差。即

$$\Delta_{ss} = \frac{1}{H(0)}\frac{1}{1 + K_p} \tag{6-13}$$

对于单位反馈控制系统有
$$K_p = \lim_{s \to 0} G(s) = G(0)$$

则
$$\Delta_{ss} = \frac{1}{1 + K_p}$$

前已说明，系统的开环传递函数可以写成

$$G(s)H(s) = \frac{K(\tau_1 s+1)(\tau_2 s+1)\cdots(\tau_m s+1)}{s^\lambda(T_1 s+1)(T_2 s+1)\cdots(T_{n-\lambda} s+1)}$$

对于 0 型系统（$\lambda=0$）
$$K_p = \lim_{s\to 0}\frac{K(\tau_1 s+1)(\tau_2 s+1)\cdots(\tau_m s+1)}{(T_1 s+1)(T_2 s+1)\cdots(T_{n-\lambda} s+1)} = K$$

相应的位置误差为
$$\Delta_{ss} = \frac{1}{1+K}$$

所以，0 型系统的静态位置误差系数 K_p 等于该系统的开环放大系数 K。

对于 Ⅰ 型或高于 Ⅰ 型的系统（$\lambda\geqslant 1$）
$$K_p = \lim_{s\to 0}\frac{K(\tau_1 s+1)(\tau_2 s+1)\cdots(\tau_m s+1)}{s^\lambda(T_1 s+1)(T_2 s+1)\cdots(T_{n-\lambda} s+1)} = \infty$$

相应的位置误差为
$$\Delta_{ss} = \frac{1}{1+K_p} = 0$$

图 6-2 所示为单位反馈系统的单位阶跃输入响应曲线，其中图 6-2a 为 0 型系统，图6-2b 为 Ⅰ 型或高于 Ⅰ 型的系统。

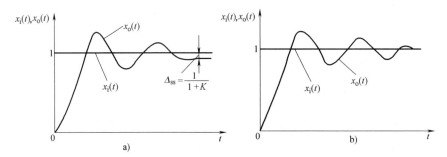

图 6-2　单位阶跃输入响应曲线

a）0 型系统　b）Ⅰ 型或高于 Ⅰ 型的系统

由上所述可知，0 型系统对于阶跃输入具有稳态误差，只要开环系数足够大，该稳态误差可以足够小。但是过高的开环放大系数会使系统变得不稳定，所以，如果要求控制系统对阶跃输入没有稳态误差，则系统必须是 Ⅰ 型或高于 Ⅰ 型的系统。

3. 静态速度误差系数 K_v

反馈控制系统在单位斜坡输入信号 $X_i(s)=1/s^2$ 作用下的稳态误差称为速度误差。即

$$\Delta_{ss} = \lim_{s\to 0}s\frac{1}{H(s)}\frac{1}{1+G(s)H(s)}\frac{1}{s^2} = \frac{1}{H(0)}\frac{1}{\lim_{s\to 0}sG(s)H(s)}$$

定义静态速度误差系数 $K_v = \lim_{s\to 0}sG(s)H(s)$，于是可用 K_v 来表示反馈控制系统在单位斜坡输入时的稳态误差。即

$$\Delta_{ss} = \frac{1}{H(0)}\frac{1}{K_v} \tag{6-14}$$

对于单位反馈控制系统有
$$K_v = \lim_{s\to 0}sG(s),\ \Delta_{ss} = \frac{1}{K_v}$$

对于 0 型系统（$\lambda=0$）
$$K_v = \lim_{s\to 0}s\frac{K(\tau_1 s+1)(\tau_2 s+1)\cdots(\tau_m s+1)}{(T_1 s+1)(T_2 s+1)\cdots(T_{n-\lambda} s+1)} = 0$$

相应的速度误差为
$$\Delta_{ss} = \frac{1}{K_v} = \infty$$

对于 I 型系统
$$K_v = \lim_{s \to 0} s \frac{K(\tau_1 s+1)(\tau_2 s+1)\cdots(\tau_m s+1)}{s(T_1 s+1)(T_2 s+1)\cdots(T_{n-\lambda} s+1)} = K$$

相应的速度误差为
$$\Delta_{ss} = \frac{1}{K_v} = \frac{1}{K}$$

所以，I 型系统的静态速度误差系数 K_v 等于该系统的开环放大系数 K。

对于 II 型或高于 II 型的系统（$\lambda \geq 2$）
$$K_v = \lim_{s \to 0} s \frac{K(\tau_1 s+1)(\tau_2 s+1)\cdots(\tau_m s+1)}{s^\lambda(T_1 s+1)(T_2 s+1)\cdots(T_{n-\lambda} s+1)} = \infty$$

相应的速度误差为
$$\Delta_{ss} = \frac{1}{K_v} = 0$$

图 6-3 所示为单位反馈系统的单位斜坡输入响应曲线。其中，图 6-3a 为 0 型系统，图 6-3b 为 I 型系统，图 6-3c 为 II 型或高于 II 型的系统。

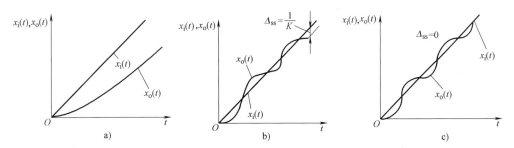

图 6-3　单位斜坡输入响应曲线

a）0 型系统　b）I 型系统　c）II 型或高于 II 型的系统

上述分析表明，0 型系统不能跟踪斜坡输入；I 型系统能跟踪斜坡输入，但有一定的稳态误差，在稳态工作时，输入速度与输出速度相等，但有一个位置上的误差，开环放大系数 K 越大，稳态误差越小；II 型或高于 II 型的系统能够准确地跟踪斜坡输入，稳态误差为零。

4. 静态加速度误差系数 K_a

反馈控制系统在单位加速度输入信号 $X_i(s) = 1/s^3$ 作用下的稳态误差称为加速度误差。即
$$\Delta_{ss} = \lim_{s \to 0} s \frac{1}{H(s)} \frac{1}{1+G(s)H(s)} \frac{1}{s^3} = \frac{1}{H(0)} \frac{1}{\lim\limits_{s \to 0} s^2 G(s)H(s)}$$

定义静态加速度误差系数 $K_a = \lim\limits_{s \to 0} s^2 G(s)H(s)$，于是可用 K_a 来表示反馈控制系统在单位加速度输入时的稳态误差。即
$$\Delta_{ss} = \frac{1}{H(0)} \frac{1}{K_a} \tag{6-15}$$

对于单位反馈控制系统有
$$K_a = \lim_{s \to 0} s^2 G(s), \quad \Delta_{ss} = \frac{1}{K_a}$$

对于 0 型系统（$\lambda = 0$） $\quad K_a = \lim\limits_{s \to 0} s^2 \dfrac{K(\tau_1 s+1)(\tau_2 s+1)\cdots(\tau_m s+1)}{(T_1 s+1)(T_2 s+1)\cdots(T_{n-\lambda} s+1)} = 0$

相应的加速度误差为 $\quad \Delta_{ss} = \dfrac{1}{K_a} = \infty$

对于 I 型系统 $\quad K_a = \lim\limits_{s \to 0} s^2 \dfrac{K(\tau_1 s+1)(\tau_2 s+1)\cdots(\tau_m s+1)}{s(T_1 s+1)(T_2 s+1)\cdots(T_{n-\lambda} s+1)} = 0$

相应的加速度误差为 $\quad \Delta_{ss} = \dfrac{1}{K_a} = \infty$

对于 II 型系统 $\quad K_a = \lim\limits_{s \to 0} s^2 \dfrac{K(\tau_1 s+1)(\tau_2 s+1)\cdots(\tau_m s+1)}{s^2(T_1 s+1)(T_2 s+1)\cdots(T_{n-\lambda} s+1)} = K$

相应的加速度误差为 $\quad \Delta_{ss} = \dfrac{1}{K_a} = \dfrac{1}{K}$

所以，II 型系统的静态加速度误差系数 K_a 等于该系统的开环放大系数 K。

对于 III 型或高于 III 型的系统（$\lambda \geqslant 3$）

$$K_a = \lim\limits_{s \to 0} s^2 \dfrac{K(\tau_1 s+1)(\tau_2 s+1)\cdots(\tau_m s+1)}{s^\lambda(T_1 s+1)(T_2 s+1)\cdots(T_{n-\lambda} s+1)} = \infty$$

相应的加速度误差为 $\quad \Delta_{ss} = \dfrac{1}{K_a} = 0$

图 6-4 所示为 II 型单位反馈系统单位加速度输入信号的响应曲线。

上述分析表明，0 型和 I 型系统不能跟踪加速度信号输入；II 型系统能跟踪加速度信号输入，但有一定的稳态误差，其值与开环放大系数 K 成反比；III 型或高于 III 型的系统能够准确地跟踪加速度输入，稳态误差为零。

应当特别注意，上面所讨论的位置误差、速度误差和加速度误差分别是指在单位阶跃、单位速度、单位加速度输入时在系统输出位置上的误差。例如，有限的速度误差意味着在稳态时，输出和输入以同样的速度变化，但有一个有限的静态速度误差。

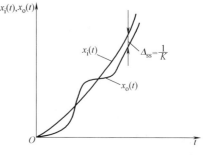

图 6-4　单位加速度输入信号的响应曲线

0 型、I 型和 II 型单位反馈系统在不同输入信号作用下的稳态误差见表 6-1。在对角线上稳态误差为有限值，在对角线以上部分稳态误差为无穷大，在对角线以下部分稳态误差为零。

表 6-1　单位反馈系统在不同输入信号作用下的稳态误差

系统类型	输入信号		
	单位阶跃 $x_i(t) = 1$	单位斜坡 $x_i(t) = t$	单位加速度 $x_i(t) = \dfrac{1}{2} t^2$
0 型	$\dfrac{1}{K+1}$	∞	∞

（续）

系统类型	输入信号		
	单位阶跃 $x_i(t) = 1$	单位斜坡 $x_i(t) = t$	单位加速度 $x_i(t) = \dfrac{1}{2}t^2$
Ⅰ 型	0	$\dfrac{1}{K}$	∞
Ⅱ 型	0	0	$\dfrac{1}{K}$

由表 6-1 可得如下结论：

1）同一个系统，如果输入的控制信号不同，其稳态误差也不同。

2）同一个控制信号作用于不同的控制系统，其稳态误差也不同。

3）系统的稳态误差与其开环增益有关，开环增益越大，系统的稳态误差越小；反之，开环增益越小，系统的稳态误差越大。

4）系统的稳态误差与系统类型和控制信号的关系，可以通过系统类型的 λ 值和控制信号拉氏变换后拉氏算子 s 的阶次 L 值来分析。当 $L \leqslant \lambda$ 时，无稳态误差；当 $L > \lambda$ 时，有稳态误差，且 $L - \lambda = 1$ 时，Δ_{ss} 为常数，$L - \lambda \geqslant 2$ 时，$\Delta_{ss} = \infty$。

需要注意的问题如下：

1）上述分析中所述的静态速度误差和静态加速度误差，并不是指速度上和加速度上的误差，而是指系统在速度输入或加速度输入时所产生的在位置上的误差；位置误差、速度误差和加速度误差的量纲是一样的。

2）上述分析中习惯地称输出量是"位置"，输出量的变化率是"速度"，但是对于误差分析所得到的结论，同样适用于输出量为其他物理量的系统。例如，在温度控制中，上述的"位置"就表示温度，"速度"就表示温度的变化率等。因此，对于"位置""速度"等名词应当广义地理解。

6.3.2　干扰输入作用下的静态误差

干扰输入作用下系统的误差是，假设给定输入信号 $X_i(s) = 0$，也就是说系统输出量的期望值为零，这时由于干扰作用使系统产生输出，那么输出值的大小就是误差大小。干扰作用产生的误差称为系统的干扰误差，以输出量 $X_o(s)$ 的稳态值来讨论系统的干扰误差。

设系统方框图如图 6-5 所示。

当 $X_i(s) = 0$ 时，则

$$X_o(s) = \frac{G_2(s)}{1 + G_1(s)G_2(s)H(s)}N(s)$$

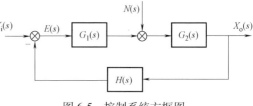

图 6-5　控制系统方框图

由式（6-3）可知，干扰所引起的误差为

$$\Delta(s) = X_{or}(s) - X_o(s) = 0 - X_o(s) = -\frac{G_2(s)}{1 + G_1(s)G_2(s)H(s)}N(s) = \Phi_{en}(s)N(s)$$

式中，$\Phi_{en}(s)$ 为系统对干扰作用的误差传递函数，$\Phi_{en}(s) = -\dfrac{G_2(s)}{1+G_1(s)G_2(s)H(s)}$。因而系统的干扰误差为

$$\Delta_{ssn} = \lim_{s\to 0} s\Delta(s) = -\lim_{s\to 0} \frac{sG_2(s)}{1+G_1(s)G_2(s)H(s)} N(s) \tag{6-16}$$

式中，$G_2(s)$ 为干扰作用点到输出之间前向通道传递函数，$G_1(s)G_2(s) = G_k(s)$，是系统的开环传递函数。

式（6-16）表明，系统干扰稳态误差与系统的开环传递函数、干扰作用点的位置以及干扰作用的形式有关。

6.3.3 复合控制系统的误差分析

在实际控制系统中，不但存在给定的输入信号 $x_i(t)$，而且还存在干扰作用 $n(t)$，如图 6-5 所示。因此，在计算系统总误差时必须考虑干扰作用 $n(t)$ 所引起的误差。根据线性系统的叠加原理，系统总误差等于输入信号和扰动信号单独作用于系统时所分别引起的系统稳态误差的代数和。

1. 输入信号单独作用下的系统稳态误差

假设扰动作用 $n(t)=0$，图 6-5 所示的闭环控制系统在输入信号 $x_i(t)$ 单独作用下的误差传递函数为

$$\Phi_{ei}(s) = \frac{\Delta_i(s)}{X_i(s)} = \frac{E_i(s)}{H(s)X_i(s)} = \frac{X_i(s)-H(s)X_o(s)}{H(s)X_i(s)} = \frac{1}{H(s)} - \frac{X_o(s)}{X_i(s)}$$

$$\Phi_{ei}(s) = \frac{1}{H(s)} - \frac{G_1(s)G_2(s)}{1+G_1(s)G_2(s)H(s)} = \frac{1}{H(s)[1+G_1(s)G_2(s)H(s)]}$$

则此时系统的稳态误差为

$$\Delta_{ssi} = \lim_{s\to 0} s\Phi_{ei}X_i(s) = \lim_{s\to 0} s \frac{1}{H(s)[1+G_1(s)G_2(s)H(s)]} X_i(s) \tag{6-17}$$

2. 扰动单独作用下的系统稳态误差

假设输入信号 $x_i(t)=0$，即 $X_i(s)=0$，图 6-5 所示的闭环控制系统在干扰单独作用下的误差传递函数为

$$\Phi_{en}(s) = \frac{\Delta_n(s)}{N(s)} = \frac{E_n(s)}{H(s)N(s)} = \frac{X_i(s)-H(s)X_o(s)}{H(s)N(s)} = -\frac{X_o(s)}{N(s)} = -\frac{G_2(s)}{1+G_1(s)G_2(s)H(s)}$$

则此时系统的稳态误差为

$$\Delta_{ssn} = \lim_{s\to 0} s\Phi_{en}N(s) = -\lim_{s\to 0} s \frac{G_2(s)}{1+G_1(s)G_2(s)H(s)} N(s) \tag{6-18}$$

3. 系统总误差

根据线性叠加原理，系统总误差为

$$\Delta_{ss} = \Delta_{ssi} + \Delta_{ssn} \tag{6-19}$$

由此可见，系统的稳态误差就是指实际输出量与希望输出量的接近程度，两者越接近，系统的精度就越高。减小系统误差的途径主要有如下几种：

1）系统的实际输出通过反馈环节与输入进行比较，因此反馈通道的精度对于减小系统误差至关重要；反馈通道元件的精度要高，避免在反馈通道引入干扰。

2）在保证系统稳定的前提下，对于输入引起的误差，可通过增大系统开环放大倍数和提高系统的型次方法来减小。

3）在保证系统稳定的前提下，对于干扰引起的误差，可通过在系统前向通道干扰点前加积分器和增大放大倍数来减小。

6.4　动态误差

系统动态误差是指系统的瞬态响应与稳态值的偏差，反映的是系统的动态性能，显示了系统的平稳性。在控制系统中，利用静态品质系数求得的静态误差是一个静态值，即在 $t \to \infty$ 时系统稳态误差的权限值，这个极限值或是零，或是有限的非零值，或是无穷大。但是对于实际的控制系统，时间 $t \to \infty$ 是一个有限的变化过程，即实际控制系统的稳态误差往往表现为时间的函数，这个随时间变化的稳态误差就是系统的动态误差。不同系统的静态误差可能是一致的，但它们的动态误差则往往是不相同的。显然，利用静态品质系数无法求出系统稳态误差随时间变化的规律（即动态误差）。为此，引入动态误差系数的概念，利用它就可以研究 $t \to \infty$ 时系统的动态误差。

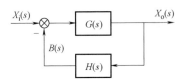

图 6-6　控制系统的典型结构框图

对于图 6-6 所示的控制系统，由式（6-5）和式（6-11）可知，其偏差（以下简称误差，因同时计算时用偏差代替误差更为方便和简单）传递函数为

$$\Phi(s) = \frac{\Delta(s)}{X_i(s)} = \frac{1}{1+G(s)H(s)}$$

依据拉氏变换的终值定理，在时间 $t \to \infty$ 所对应的 $s=0$ 处展开成泰勒级数形式，取前 n 项，得

$$\Phi(s) = \Phi(0) + \Phi'(0)s + \frac{1}{2!}\Phi''(0)s^2 + \cdots + \frac{1}{n!}\Phi^{(n)}(0)s^n \tag{6-20}$$

误差的拉氏变换式为

$$\Delta(s) = \Phi(s)X_i(s) = \Phi(0)X_i(s) + \Phi'(0)sX_i(s) + \frac{1}{2!}\Phi''(0)s^2X_i(s) + \cdots + \frac{1}{n!}\Phi^{(n)}(0)s^nX_i(s) \tag{6-21}$$

这个级数的收敛域是 $s=0$ 的邻域（相当于 $t \to \infty$ 的某邻域）。所以，当初始条件为零时，对式（6-21）进行拉氏反变换，就可得时间在 $t \to \infty$ 的变化过程中，动态误差的时域表达式，即

$$\varepsilon_{ss}(t) = \Phi(0)x_i(t) + \Phi'(0)x'_i(t) + \frac{1}{2!}\Phi''(0)x''_i(t) + \cdots + \frac{1}{n!}\Phi^{(n)}(0)x_i^{(n)}(t) \tag{6-22}$$

对此式求 $t \to \infty$ 的极值，就得控制系统的静态误差。

令　　　　　$\frac{1}{C_0} = \Phi(0), \frac{1}{C_1} = \Phi'(0), \frac{1}{C_2} = \frac{1}{2!}\Phi''(0), \cdots, \frac{1}{C_n} = \frac{1}{n!}\Phi^{(n)}(0)$

则式（6-22）可写成

$$\varepsilon_{ss}(t) = \frac{x_i(t)}{C_0} + \frac{x'_i(t)}{C_1} + \frac{x''_i(t)}{C_2} + \cdots + \frac{x_i^{(n)}(t)}{C_n}$$

由此可见，控制系统的动态误差与输入信号及其各阶导数有关。因此，将动态误差中的输入信号及其各阶导数所对应的动态误差系数分别定义为：C_0为位置动态误差系数；C_1为速度动态误差系数；C_2为加速度动态误差系数。

例6-1 已知单位负反馈系统的开环传递函数为 $G(s) = \dfrac{10}{s(s+1)}$，试计算其静态误差系数，并求输入 $x_i(t) = a_0 + a_1 t + a_2 t^2$ 时的动态误差。

解 已知系统为 I 型系统。依据表6-1，系统的静态误差系数为

$$K_p = \infty, K_v = 10, K_a = 0$$

由于系统的误差传递函数为

$$\Phi(s) = \frac{\Delta(s)}{X_i(s)} = \frac{1}{1+G(s)} = \frac{s+s^2}{s^2+s+10} = 0.1s + 0.09s^2 - 0.019s^3 + \cdots$$

即

$$\varepsilon_{ss}(t) = 0.1x'_i(t) + 0.09x''_i(t) - 0.019x'''_i(t) + \cdots$$

则动态误差系数为

$$C_0 = \infty, C_1 = \frac{1}{0.1} = 10, C_2 = \frac{1}{0.09} = 11.1$$

因为

$$x_i(t) = a_0 + a_1 t + a_2 t^2$$

则

$$x'_i(t) = a_1 + 2a_2 t, x''_i(t) = 2a_2, x'''_i(t) = 0$$

故动态误差为

$$\varepsilon_{ss}(t) = 0.1a_1 + 0.18a_2 + 0.2a_2 t$$

6.5 工程中的误差分析实例

例6-2 某单位反馈的电液反馈伺服系统，其开环传递函数为

$$G(s) = \frac{17(0.4s+1)}{s^2(0.04s+1)(0.2s+1)(0.007s+1)(0.0017s+1)}$$

试分别求出该系统对单位阶跃、等速、等加速输入时的稳态误差。

解 该系统的静态误差系数为

$$K_p = \lim_{s \to 0} G(s) = \infty$$

$$K_v = \lim_{s \to 0} s G(s) = \infty$$

$$K_a = \lim_{s \to 0} s^2 G(s) = 17$$

所以该系统对三种典型输入的稳态误差分别为

位置误差

$$\Delta_{ssp} = 1/(1+K_p) = 0$$

速度误差

$$\Delta_{ssv} = 1/K_v = 0$$

加速度误差

$$\Delta_{ssa} = 1/K_a = 0.059$$

例 6-3 如图 6-7a 所示系统中，设扰动信号为单位阶跃输入 $D_1(s) = D_2(s) = 1/s$，试分别求出 $D_1(s)$ 和 $D_2(s)$ 单独作用时，系统的稳态误差 Δ_{ssd1} 和 Δ_{ssd2}。

解 假定 $X_i(s) = 0$，扰动信号 $D_1(s)$、$D_2(s)$ 分别单独作用于系统时，其等效方框图如图 6-7b、图 6-7c 所示。误差信号分别为

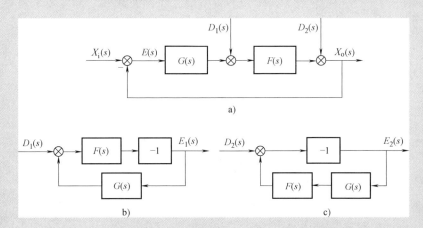

图 6-7 干扰信号作用下的系统方框图
a）有外干扰的反馈控制系统 b）单独加上 $D_1(s)$ 的方框图
c）单独加上 $D_2(s)$ 的方框图

$$E_1(s) = \frac{-F(s)}{1+G(s)F(s)}D_1(s) \qquad E_2(s) = \frac{-1}{1+G(s)F(s)}D_2(s)$$

利用终值定理求稳态误差，分别为

$$\Delta_{ssd1} = \lim_{s \to 0} s\frac{-F(s)}{1+G(s)F(s)}\frac{1}{s} = -\frac{F(0)}{1+G(0)F(0)}$$

一般情况下，$G(0)F(0) \gg 1$，所以有

$$\Delta_{ssd1} \approx -\frac{1}{G(0)} \quad , \quad \Delta_{ssd2} \approx -\frac{1}{G(0)F(0)}$$

由此可以看出，扰动信号引起的稳态误差与扰动信号的作用点有关，误差的大小主要取决于扰动信号作用点之前的环节增益。

例 6-4 图 6-8 所示为一直流他励电动机调速系统，$G(s) = \dfrac{K_2}{T_m s+1}$，试求系统在常值阶跃扰动力矩 $n(t) = -\dfrac{R}{C_m}1(t)$ 作用下所引起的稳态误差。其中 K_1、K_2 为

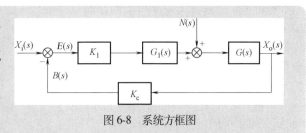

图 6-8 系统方框图

放大系数，T_m 为时间常数，K_c 为测速负反馈系数，R 是电动机电枢电阻，C_m 是力矩系数。

解 该系统是一个非单位反馈控制系统,在扰动力矩单独作用下的误差传递函数为

$$\Phi_{en}(s)=\frac{\Delta_n(s)}{N(s)}=-\frac{\dfrac{K_2}{T_m s+1}}{1+K_1 G_1(s)\dfrac{K_2}{T_m s+1}K_c}=-\frac{K_2}{T_m s+1+K_1 K_2 K_c G_1(s)}$$

则系统的稳态误差为

$$\Delta_{ssn}=\lim_{s\to0}s\Phi_{en}(s)N(s)=\lim_{s\to0}s\left(-\frac{K_2}{T_m s+1+K_1 K_2 K_c G_1(s)}\right)\left(-\frac{R}{C_m}\frac{1}{s}\right)$$

$$\Delta_{ssn}=\frac{K_2}{1+K_1 K_2 K_c G_1(s)}\frac{R}{C_m}$$

当 $G_1(s)=1$ 时,系统的稳态误差为 $e_{ssn}=\dfrac{K_2}{1+K_1 K_2 K_c}\dfrac{R}{C_m}$;当回路增益 $K_1 K_2 K_c\gg1$ 时,有

$\Delta_{ssn}=\dfrac{R}{K_1 K_c C_m}$,这就说明了扰动作用点与偏差信号间的放大倍数 K_1 越大,则稳态误差越小。

当采用比例加积分控制时,即 $G_1(s)=1+\dfrac{K_3}{s}$,其中 K_3 为常数,此时系统的稳态误差为

$$\Delta_{ssn}=\frac{K_2}{1+K_1 K_2 K_c\lim\limits_{s\to0}\left(1+\dfrac{K_3}{s}\right)}\frac{R}{C_m}=0$$

例 6-5 某单位反馈控制系统如图 6-9 所示,求在单位阶跃输入信号作用下的稳态误差。

解 由式(6-11),可知该单位反馈控制系统的误差传递函数 $\Phi_e(s)$ 为

$$\Phi_e(s)=\frac{1}{1+G(s)}=\frac{1}{1+\dfrac{20}{s}}=\frac{s}{s+20}$$

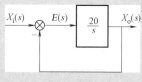

图 6-9 单位反馈控制系统

则在单位阶跃输入信号作用下的稳态误差为

$$\Delta_{ss}=\lim_{s\to0}s\frac{1}{1+G(s)}X_i(s)=\lim_{s\to0}s\frac{s}{s+20}\frac{1}{s}=0$$

例 6-6 已知两个系统如图 6-10 所示,当系统输入的控制信号为 $x_i(s)=4+6t+3t^2$ 时,试分别求出两个系统的稳态误差。

解 1)如果系统的输入是阶跃函数、速度函数和加速度函数三种输入的线性组合,即 $x_i(s)=A+Bt+Ct^2$,其中 A、B、C 为常数。根据线性叠加原理可以证明,系统的稳态误差为

$$\Delta_{ss}=\frac{A}{1+K_p}+\frac{B}{K_v}+\frac{2C}{K_a}$$

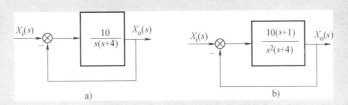

图 6-10　系统框图

a）系统 a　b）系统 b

2）系统 a 的开环传递函数的时间常数表达式为

$$G_a(s)=\frac{10}{s(s+4)}=\frac{2.5}{s(0.25s+1)}$$

系统 a 为 I 型系统，其开环增益为 $K=2.5$，则有 $K_p=\infty$，$K_v=K=2.5$，$K_a=0$，可得系统 a 的稳态误差为

$$\Delta_{ss}=\frac{A}{1+K_p}+\frac{B}{K_v}+\frac{2C}{K_a}=\frac{4}{1+\infty}+\frac{6}{2.5}+\frac{2\times3}{0}=\infty$$

因为 $K_a=0$，所以系统 a 的输出不能跟踪输入 $x_i(s)=4+6t+3t^2$ 的加速度分量 $3t^2$，稳态误差为无穷大。

3）系统 b 的开环传递函数的时间常数表达式为

$$G_b(s)=\frac{10(s+1)}{s^2(s+4)}=\frac{2.5(s+1)}{s^2(0.25s+1)}$$

系统 b 为 II 型系统，其开环增益为 $K=2.5$，则有 $K_p=\infty$，$K_v=\infty$，$K_a=K=2.5$，可得系统 b 的稳态误差为

$$\Delta_{ss}=\frac{A}{1+K_p}+\frac{B}{K_v}+\frac{2C}{K_a}=\frac{4}{1+\infty}+\frac{6}{\infty}+\frac{2\times3}{2.5}=2.4$$

习　题

6-1　已知单位反馈系统的开环传递函数：

（1）$G(s)=\dfrac{100}{(0.1s+1)(s+5)}$

（2）$G(s)=\dfrac{50}{s(0.1s+1)(s+5)}$

（3）$G(s)=\dfrac{10(2s+1)}{s^2(s^2+6s+100)}$

试求输入分别为 $x(t)=2t$ 和 $x(t)=t^2+2t+2$ 时，系统的稳态误差。

6-2　已知单位反馈系统的开环传递函数：

（1） $G(s) = \dfrac{50}{(0.1s+1)(2s+1)}$

（2） $G(s) = \dfrac{K}{s(s^2+4s+200)}$

（3） $G(s) = \dfrac{10(2s+1)(4s+1)}{s^2(s^2+2s+10)}$

试分别求出系统的静态位置误差系数 K_p、静态速度误差系数 K_v、静态加速度误差系数 K_a。

6-3　复合控制系统的方框图如图 6-11 所示，前馈环节的传递函数 $G_c(s) = \dfrac{as^2+bs}{T_2s+1}$。当输入 $x_i(t)$ 为单位加速度信号时，为使系统的静态误差为零，试确定前馈环节的参数 a 和 b。

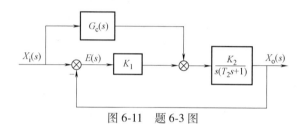

图 6-11　题 6-3 图

6-4　设温度计在 1min 内指示出相应值的 98%，并且假设温度计为一阶系统，求时间常数。如果将温度计放在澡盆内，测得的澡盆的温度以 10°/min 的速度线性变化，求温度计的误差。

6-5　对于图 6-12 所示的系统，试求：

（1）系统在单位阶跃信号作用下的稳态误差。

（2）系统在单位斜坡作用下的稳态误差。

（3）讨论 K_h 和 K 对 Δ_{ss} 的影响。

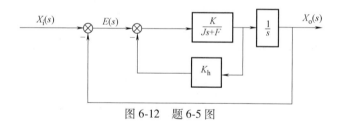

图 6-12　题 6-5 图

6-6　某系统如图 6-13 所示。

（1）试求静态误差系数。

（2）当速度输入为 5rad/s 时，试求稳态误差。

6-7　单位反馈系统的方框图如图 6-14 所示，试求：

（1）当 $x_i(t)=t$，$n(t)=1(t)$ 时，要使系统的稳态误差 $\Delta_{ssn}=0.1$，K_1 应取何值？

（2）为使 $\Delta_{ssn}=0$，应在系统的什么位置串联何种形式的环节？

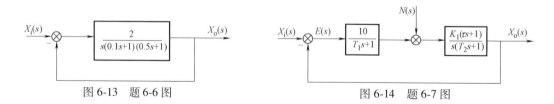

图 6-13　题 6-6 图　　　　　　　　　　图 6-14　题 6-7 图

6-8　已知单位反馈系统的开环传递函数为 $G(s) = \dfrac{20}{(0.5s+1)(0.04s+1)}$，试分别求出系统在单位阶跃输入、单位速度输入和单位加速度输入时的稳态误差。

6-9　已知单位反馈系统前向通道的传递函数为 $G(s) = \dfrac{100}{s(0.1s+1)}$，试求：

（1）稳态误差系数 K_p、K_v 和 K_a。

（2）当输入为 $x_i(t) = a_0 + a_1 t + \dfrac{1}{2} a_2 t^2$ 时系统的稳态误差。

第 7 章 控制系统的根轨迹

闭环系统传递函数的极点决定了系统瞬态响应的基本特征，其零点则影响瞬态响应的形态。因此，对闭环控制系统的瞬态响应来说，传递函数的极点即特征根是起主导作用的。此外，闭环传递函数的分子通常是由一些低阶因子组成的，其零点容易求得；而闭环传递函数的分母往往是高阶次的多项式，要求出它的极点需将它进行因式分解。当分母多项式的阶次大于三阶时，进行因式分解是困难的。特别是当开环传递函数中的某些系数（或其他参数）发生变化时，需要进行反复的计算才能得到所要求的结果。因此，用因式分解的方法求特征根是很不方便的。

为了避免直接求解高阶特征方程根的困难，美国学者 W. R. 埃文斯在 1948 年提出了一种不直接求解特征方程的根轨迹方法，在控制系统的分析与设计中得到广泛的应用。这就是所谓的根轨迹法，是指当系统的某个（或几个）参数从 0 变到 $+\infty$ 时，闭环特征根在复平面上描绘的一些曲线。应用这些曲线可根据某个参数确定相应的特征根。在根轨迹法中，一般是取开环放大倍数 K（开环增益）或与其成比例的系数 K_1 作为可变参数，有时也取其他参数作为可变参数。后面如没有特别说明，就假定是以 K（或 K_1）作为可变参数。

由于根轨迹一般是以 K 为可变参数，根据开环传递函数的零、极点画出来的，因而它能指出开环传递函数零、极点与闭环系统的极点（特征根）之间的关系。利用根轨迹能够分析参数和结构一定的闭环系统的瞬态响应特性，以及参数变化对瞬态响应特性的影响，而且还可以根据对瞬态响应特性的要求确定可变参数和调整开环传递函数的零、极点的位置以及改变它们的个数。这就是说，根轨迹可用于解决线性系统的分析和设计问题。

根轨迹法和频率法一样具有直观的特点。由于根轨迹和闭环系统的稳定性和瞬态响应有着直接的联系，所以只要对根轨迹进行观察，用不着进行复杂的计算就可以看出瞬态响应的主要特征。

根轨迹的应用主要有以下三方面：

（1）分析开环增益（或其他参数）值变化对系统行为的影响 在控制系统中，极点距离虚轴的远近程度对系统的过渡过程有很大影响。在根轨迹上，很容易看出开环增益取不同值时极点位置的变化情况，由此可估计出对系统过渡过程的影响。

（2）确定具有指定参数时的控制系统性能 在控制系统中，有时为了某种目的需要指定控制系统的参数，在根轨迹上，能方便地确定参数对极点位置的影响情况以及对系统过渡过程的影响。

（3）分析附加环节对控制系统性能的影响 为了某种目的常需要在控制系统中引入附加环节，这就相当于引入新的开环极点和开环零点。通过根轨迹可估计出引入的附加环节对系统性能的影响。

　　根轨迹法是分析和设计线性定常控制系统的图解方法，使用十分简单，特别是在进行多回路系统分析时，用根轨迹法比用其他方法更为方便，因此其在工程实践中获得了广泛应用。

　　本章主要介绍根轨迹的基本概念、根轨迹方程、控制系统根轨迹绘制的一般法则以及根轨迹在分析系统性能中的作用。

7.1　根轨迹与控制系统特性

7.1.1　根轨迹的基本概念

　　所谓根轨迹，是指当系统某个参数（如开环增益）由零到无穷大变化时，闭环特征根在复平面上运动而形成的轨迹。通过根轨迹图可以看出系统参量变化对系统闭环极点分布的影响，以及它们与系统性能的关系。

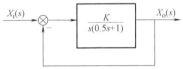

　　如图 7-1 所示的单位负反馈系统开环传递函数为

$$G_k(s) = \frac{K}{s(0.5s+1)} = \frac{2K}{s(s+2)} \tag{7-1}$$

图 7-1　单位负反馈系统

式中，K 为开环增益。

　　开环传递函数有两个极点：$p_1 = 0$，$p_2 = -2$，没有零点。其闭环传递函数为

$$G(s) = \frac{2K}{s^2 + 2s + 2K} \tag{7-2}$$

闭环特征方程为

$$D(s) = s^2 + 2s + 2K = 0 \tag{7-3}$$

闭环特征根（简称特征根，也即闭环传递函数的极点）为

$$s_1 = -1 + \sqrt{1-2K}, s_2 = -1 - \sqrt{1-2K}$$

上式表明，特征根 s_1 和 s_2 是随着 K 值的改变而变化的。当 $K \leqslant 0.5$ 时，s_1 和 s_2 都是负实数；当 $K > 0.5$ 时，s_1 和 s_2 变成了复数。下面具体分析当 K 由 $0 \to \infty$ 时，s_1 和 s_2 在 [s] 平面上移动的轨迹：

　　1）当 $K = 0$ 时，$s_1 = 0$，$s_2 = -2$。这两个极点就是根轨迹的起始点。

　　2）当 $0 < K \leqslant 0.5$ 时，s_1 和 s_2 都是负实数，根轨迹在 $-2 \sim 0$ 之间，这时系统处于过阻尼状态，它的阶跃响应是单调上升无超调。

　　3）当 $K = 0.5$ 时，$s_1 = s_2 = -1$，这时两个根重合在一起，即特征方程式有一对重根。在这种情况下，系统处于临界阻尼状态，它的阶跃响应仍然是非周期性的。

　　4）当 $0.5 < K \leqslant +\infty$ 时，s_1 和 s_2 为复数，$s_1 \to (-1, +j\infty)$，$s_2 \to (-1, -j\infty)$，$s = -1$ 为根轨迹的一部分。此时系统处于欠阻尼状态，阶跃响应是衰减振荡的。

　　以上分析说明，此例共有两条轨迹线，这两条轨迹线称为系统根轨迹的两条分支，它们组成了整个系统的根轨迹，如图 7-2 中粗线所示。二阶系统有两个特征根，它的根轨迹有两条分支。一个 n 阶系统的根轨迹则有 n 个分支。在 $K=0$ 时的闭环极点刚好等于开环极点，因此说，系统开环传递函数的极点就是它的各条根轨迹分支的起点。当 $K=\infty$ 时的闭环极点则是根轨迹分支的终点，此终点对应于开环传递函数的零点。当 K 为有限值时，二阶系统特征根的实部总是负值，因此，图 7-2 中的根轨迹全部位于左半 $[s]$ 平面内。三阶或三阶以上系统的特征根的实部在 K 超过某一数值后可能变为正值，以致根轨迹的某些分支由复平面左半面穿过虚轴进入右半平面，使系统不稳定。

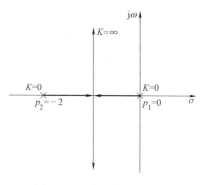

图 7-2　二阶系统的根轨迹

如图 7-2 所示，箭头表示随 K 增加时，根轨迹的变化趋势。这种通过求解特征方程来绘制根轨迹的方法称为解析法。

7.1.2　根轨迹与系统性能

绘制根轨迹的目的是利用根轨迹分析系统的各种性能，以图 7-2 为例进行说明如下：

1. 稳定性

当开环增益由零变到无穷时，图 7-2 上的根轨迹不会越过虚轴进入 $[s]$ 右半平面，因此图 7-1 所示系统对所有的 K 值都是稳定的。如果分析高阶系统的根轨迹图，那么根轨迹有可能越过虚轴进入 $[s]$ 右半平面，此时根轨迹与虚轴交点处的 K 值，就是临界开环增益。

2. 稳态性能

由图 7-2 可见，开环系统在坐标原点有一个极点，所以系统属 I 型系统，因而根轨迹上的 K 值就是静态误差系数，在单位阶跃信号作用下系统的稳态误差为零。如果给定系统的稳态误差要求，则由根轨迹图可以确定闭环极点位置的允许范围。在一般情况下，根轨迹图上标注出来的参数不是开环增益，而是所谓根轨迹增益。开环增益和根轨迹增益之间，仅相差一个比例常数，很容易进行换算。对于其他参数变化的根轨迹图，情况是类似的。

3. 动态性能

由图 7-2 可见，当 $0<K\leqslant0.5$ 时，所有闭环极点位于实轴上，系统为过阻尼系统，单位阶跃响应无超调，为非周期过程；当 $K=0.5$ 时，闭环两个实数极点重合，系统为临界阻尼系统，单位阶跃响应仍为非周期过程，但响应速度比 $0<K\leqslant0.5$ 情况要快；当 $K>0.5$ 时，闭环极点为复数极点，系统为欠阻尼系统，单位阶跃响应为阻尼振荡过程，且超调量将随 K 值的增大而增大，但调节时间的变化不会显著。

从上面分析可以看出，根轨迹与系统性能之间有着密切的联系。然而对于高阶系统，用一般代数解析方法逐点求闭环特征方程根来绘制系统的根轨迹，显然是不现实的。而根轨迹法反映的是利用反馈系统中开、闭环传递函数的关系，由开环传递函数直接寻求闭环根轨迹的总体规律。故希望能有简便的图解方法，可以根据已知的开环传递函数迅速绘出闭环系统的根轨迹。为此，需要研究闭环零、极点与开环零、极点之间的关系。

7.2　绘制根轨迹的基本法则

7.2.1　绘制根轨迹的相位条件和幅值条件

图 7-2 中的根轨迹是利用取不同的 K 值计算出的特征根描绘出来的。但是，这不是绘制根轨迹的合适方法。如果能容易地用解析法求出特征根的数值，就不需要根轨迹方法了。实际上，闭环系统的根轨迹都是用图解法绘制的。下面按图 7-3 所给定的传递函数确定用图解法绘制系统根轨迹的基本条件。

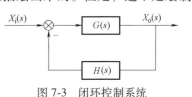

图 7-3　闭环控制系统

图 7-3 所示闭环控制系统的特征方程为

$$1 + G(s)H(s) = 0$$

或

$$G(s)H(s) = -1 \tag{7-4}$$

式中，$G(s)H(s)$ 为复变量 s 的函数。

等式两边幅值和相位分别相等的条件有

$$|G(s)H(s)| = 1 \tag{7-5}$$

$$\angle G(s)H(s) = \pm 180°(2q+1) \qquad (q = 0, 1, 2, \cdots) \tag{7-6}$$

式（7-5）和式（7-6）是满足特征方程的幅值条件和相位条件，是绘制根轨迹的重要依据。在 [s] 平面的任意一点，凡是能满足上述幅值条件和相位条件的，就是系统的特征根，就必定在根轨迹上。这样，就得到了绘制根轨迹的两个基本条件。

系统开环传递函数通常可以写成两种因子分解式，即

$$G(s)H(s) = \frac{K \prod\limits_{j=1}^{m}(\tau_j s + 1)}{\prod\limits_{i=1}^{n}(T_i s + 1)} \tag{7-7}$$

$$G(s)H(s) = \frac{K_1 \prod\limits_{j=1}^{m}(s - z_j)}{\prod\limits_{i=1}^{n}(s - p_i)} \tag{7-8}$$

式中，K 为开环传递函数写成时间常数形式时的增益（又称开环增益）；τ_j、T_i 分别为分子和分母的时间常数；K_1 为开环传递函数写成零点、极点形式时的增益（又称根轨迹增益）；z_j、p_i 分别为开环的零点和极点。

由式（7-7）和式（7-8）不难看出

$$K = K_1 \frac{\prod\limits_{j=1}^{m}(-z_j)}{\prod\limits_{i=1}^{n}(-p_i)} \tag{7-9}$$

$$z_j = \frac{-1}{\tau_j} \qquad (j = 1, 2, \cdots, m)$$

$$p_i = \frac{-1}{T_i} \qquad (i = 1, 2, \cdots, n)$$

在实际的物理系统中，如不考虑开环传递函数中位于无穷远处的零点和极点，则一般有 $n \geqslant m$，即开环传递函数的极点数（分母阶次）大于或等于零点数（分子阶次）。

式 (7-8) 表示的零点和极点的传递函数形式用于绘制根轨迹比较方便。式中每一个复变量因子 $(s-z_j)$ 或 $(s-p_i)$ 都是时间向量，可以在复 $[s]$ 平面上用向量表示。为了与空间向量区别，在本书中将复变量 $(s-z_j)$、$(s-p_i)$ 等称为相量。相量可以写成复数的形式，也可以写成指数的形式。相量 $(s-z_j)$ 或 $(s-p_i)$ 写成指数形式时，用 $|s-z_j|$ 或 $|s-p_i|$ 表示相量的幅值，用 $\angle(s-z_j)$ 或 $\angle(s-p_i)$ 表示相量的相位。相量相乘时，其幅值为各相量幅值的乘积，其相位则等于各相量的相位之和。

将式 (7-8) 代入式 (7-5) 及式 (7-6) 中，可以得到另外一种形式的幅值条件和相位条件

$$K_1 \frac{\prod\limits_{j=1}^{m} |s-z_j|}{\prod\limits_{i=1}^{n} |s-p_i|} = 1 \quad 或 \quad K_1 = \frac{\prod\limits_{i=1}^{n} |s-p_i|}{\prod\limits_{j=1}^{m} |s-z_j|} \qquad (7\text{-}10)$$

$$\sum_{j=1}^{m} \angle(s-z_j) - \sum_{i=1}^{n} \angle(s-p_i) = \pm 180°(2q+1) \qquad (q = 0,1,2,\cdots) \qquad (7\text{-}11)$$

在 $[s]$ 平面上满足相位条件的点所构成的图形就是闭环系统的根轨迹。而且，相位条件是决定闭环系统根轨迹的充分必要条件，而幅值条件主要是用来确定根轨迹上各点对应的 K_1 值。为了简捷地求出根轨迹的大致图形，需要根据相位条件和幅值条件推证出若干绘制根轨迹的规则。

7.2.2　绘制根轨迹的基本规则

下面介绍以增益 K_1 为可变量的根轨迹的绘制规则。

规则 1　根轨迹的各条分支是连续的，而且关于实轴对称。

通常，实际系统的参数都是实数，因而闭环系统特征方程是系数为实数的代数方程。因为代数方程中的系数连续变化时，代数方程的根也是连续变化的，所以特征方程的根轨迹是连续的。又因为闭环特征方程式的系数均为实数，因此其相应的特征根或为实根，或为共轭复根。实根位于实轴上，共轭复根关于实轴对称，由此可见，根轨迹必然关于实轴对称。利用这一性质，在绘制根轨迹的时候，只需先绘制出 $[s]$ 平面上半平面的根轨迹部分，然后利用对称关系能得到 $[s]$ 平面下半平面上的根轨迹形状。

规则 2　根轨迹的分支数与开环传递函数的极点数 n 相等。当 $K_1 = 0$ 时，根轨迹的各条分支从开环极点出发；当 $K_1 \to \infty$ 时，有 m 条分支趋向开环零点，有 $(n-m)$ 条分支趋向无穷远。

根据幅值条件

$$K_1 = \frac{\prod\limits_{i=1}^{n} |s-p_i|}{\prod\limits_{j=1}^{m} |s-z_j|}$$

可知，当要满足 $K_1 = 0$ 时，只有 $s = p_i$ 才能满足上式，故根轨迹分支为 n 条，各条分支的

起点即为开环极点。

若上式改写为

$$\frac{1}{K_1} = \frac{\prod\limits_{j=1}^{m} |s - z_j|}{\prod\limits_{i=1}^{n} |s - p_i|}$$

可知，当 $K_1 \to \infty$ 时，只有 $s \to z_j$ 或 $s \to \infty$ 才能满足上式，因此当 $K_1 \to \infty$ 时根轨迹的 m 条分支趋向开环零点，另外 $(n-m)$ 条分支趋向无穷远。原因是，若系统开环传递函数 $G(s)H(s)$ 为有理函数，可以认为系统具有 n 个开环零点。其中 m 个为有限开环零点，另外 $(n-m)$ 个开环零点在无穷远处。

概括地说，根轨迹起始于开环极点而终止于开环零点或无穷远处。根轨迹的分支数等于开环极点数，也就是特征方程的阶数。

规则3　在 $[s]$ 平面实轴的线段上存在根轨迹的条件是：在这些线段右侧实轴上的开环零点和开环极点的数目之和为奇数。

下面利用根轨迹的相位条件来具体说明上述结论。

设某系统的开环零、极点分布如图7-4所示，现要判断 p_2、z_2 之间的实轴线段上是否存在根轨迹。为此，可取线段上的任一点 s_d 为试验点。

图7-4中 p_4、p_5 为一对共轭复数极点。分别作各开环零、极点指向点 s_d 的向量。

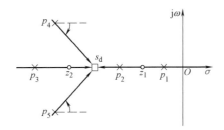

图7-4　实轴上的根轨迹

由图7-4可见，图中的一对共轭复数极点 p_4 和 p_5 指向点 s_d 的向量对称于实轴，因此一对共轭极点提供的相位相互抵消，其和为零或为360°。同理，对于共轭复数零点，该结论也成立。由根轨迹的相位条件可知，这些复数开环零、极点对轴上根轨迹的确定没有影响。

由图7-4可见，位于点 s_d 右侧实轴上的开环零、极点指向点 s_d 的向量相位均为 π，而位于点 s_d 左侧实轴上的开环零、极点指向点 s_d 的向量相位均为零。由此可见，实轴上根轨迹的确定完全取决于点 s_d 右侧开环零、极点之和的数目。假设 N_z 为点 s_d 右侧实轴上的开环零点总数，N_p 为点 s_d 右侧实轴上的开环极点总数，根据相位条件可得

$$(N_z + N_p)\pi = \pm(2q+1)\pi \qquad (q = 0,1,2,\cdots)$$

即　　　　　　　　　$$N_z + N_p = \pm(2q+1) \qquad (q = 0,1,2,\cdots)$$

显然，只有当 $(N_z + N_p)$ 为奇数时，才能满足根轨迹的相位条件。

对于图7-4所示的系统，利用上述规则易知，z_1 和 p_1 之间、z_2 和 p_2 之间以及 $-\infty$ 和 p_3 之间的实轴部分，都是根轨迹的一部分。

例 7-1 设控制系统的方框图如图 7-5 所示，试绘出系统的根轨迹。

解 由规则 2 可知，系统有三个开环极点，所以有三条根轨迹分支。系统的根轨迹在 $K_1=0$ 时分别从三个开环极点：$p_1=0$、$p_2=-3$ 和 $p_3=-4$ 出发；当 $K_1 \to \infty$ 时，根轨迹的两条分支趋向开环零点：$z_1=-1$ 和 $z_2=-2$，另一条趋向无穷远处。

由规则 3 可知，在实轴上的 0～-1 线段、-2～-3 线段和 -4～-∞ 线段上存在根轨迹。此系统的根轨迹如图 7-6 所示。

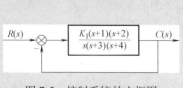

图 7-5 控制系统的方框图

图 7-6 系统的根轨迹

规则 4 根轨迹中（$n-m$）条趋向无穷远处分支的渐近线相位为

$$\varphi_a = \pm \frac{(2q+1)\pi}{n-m} \qquad (q=0,1,2,\cdots) \tag{7-12}$$

根轨迹的渐近线用来研究随着 $K_1 \to \infty$，（$n-m$）条趋向无限零点的根轨迹走向。

渐近线就是 s 值很大时的根轨迹。假设 s_d 为根轨迹上无穷远处一点，则 $[s]$ 平面上所有有限开环零点 z_j 和有限开环极点 p_i 到点 s_d 的向量，与实轴正方向的夹角可视为近似相等，并记为 φ_a，即

$$\angle (s-z_j) = \angle (s-p_i) = \varphi_a$$

于是，根据相位条件可得

$$\angle G(s)H(s) = (n-m)\varphi_a = \pm(2q+1)\pi \qquad (q=0,1,2,\cdots)$$

由此可得到式（7-12）。

由以上分析可知，当 $K_1 \to \infty$ 时，有从（$n-m$）个开环极点出发的根轨迹分支将按式（7-12）所示角度的渐近线趋向于无穷远处。显然，渐近线的数目就等于趋向于无穷远处的根轨迹的分支数。

规则 5 伸向无穷远处根轨迹的渐近线与实轴交于一点，其坐标为（σ_a，j0），其中 σ_a 为

$$\sigma_a = \frac{\displaystyle\sum_{i=1}^{n} p_i - \sum_{j=1}^{m} z_j}{n-m}$$

由规则 1 可知，渐近线必然对称于实轴。同时可以证明，各条渐近线在实轴上交于一点。下面简要证明。

利用多项式乘法和除法，由式（7-8）可得

$$G(s)H(s) = \frac{K_1 \left[s^m + \left(\displaystyle\sum_{j=1}^{m} -z_j \right) s^{m-1} + \cdots + \left(\displaystyle\prod_{j=1}^{m} -z_j \right) \right]}{s^n + \left(\displaystyle\sum_{i=1}^{n} -p_i \right) s^{n-1} + \cdots + \left(\displaystyle\prod_{i=1}^{n} -p_i \right)}$$

所以

$$G(s)H(s)=\cfrac{K_1}{s^{n-m}+\left[\left(\sum\limits_{i=1}^{n}-p_i\right)-\left(\sum\limits_{j=1}^{m}-z_j\right)\right]s^{n-m-1}+\cdots}\tag{7-13}$$

在 $n>m$ 的条件下，当 $K_1\to\infty$ 时，有 $(n-m)$ 条根轨迹分支趋向无穷远处，即 $s\to\infty$。这时可以只考虑高次项，将式（7-13）近似写为

$$G(s)H(s)\big|_{s\to\infty}\approx\cfrac{K_1}{s^{n-m}+\left[\left(\sum\limits_{i=1}^{n}-p_i\right)-\left(\sum\limits_{j=1}^{m}-z_j\right)\right]s^{n-m-1}}\tag{7-14}$$

对于无穷远处的根轨迹渐近线上的点而言，有限的开环零、极点的区别是可以忽略的。因此上述系统等效于一个具有 m 个开环零点和 n 个开环极点，并且所有零、极点都聚集在 σ_a 点的系统。此系统的开环传递函数 $P(s)$ 可用下式表示，即

$$P(s)=\cfrac{K_1}{(s-\sigma_a)^{n-m}}=\cfrac{K_1}{s^{n-m}+(n-m)(-\sigma_a)s^{n-m-1}+\cdots}\tag{7-15}$$

不难看出，此系统的根轨迹有 $(n-m)$ 条分支，它们都是由 $(\sigma_a,j0)$ 出发的射线，其相位为

$$\varphi_a=\pm\cfrac{(2q+1)\pi}{n-m}$$

如果选择

$$(n-m)(-\sigma_a)=\left(\sum\limits_{i=1}^{n}-p_i\right)-\left(\sum\limits_{j=1}^{m}-z_j\right)\tag{7-16}$$

则

$$\sigma_a=\cfrac{\sum\limits_{i=1}^{n}p_i-\sum\limits_{j=1}^{m}z_j}{n-m}\tag{7-17}$$

由于 $G(s)H(s)$ 和 $P(s)$ 分母中前两项高阶项完全相同，因而当 $s\to\infty$ 时，$G(s)H(s)$ 就能近似地用 $P(s)$ 来表征，方程 $1+G(s)H(s)=0$ 的 $(n-m)$ 条根轨迹分支便会趋向于方程 $1+P(s)=0$ 的根轨迹，即后者是前者的渐近线。

由于开环复数极点和复数零点都是成对出现的，因而 σ_a 总是一个实数，即根轨迹渐近线的交点在实轴上。

综上所述，根轨迹的渐近线是 $(n-m)$ 条与实轴交点为 σ_a、交角为 φ_a 的一组射线。

例 7-2　设某单位负反馈系统的开环传递函数为 $G(s)H(s)=\cfrac{K_1}{s(s+1)(s+2)}$，试确定该系统的根轨迹分支数、起点和终点，实轴上的根轨迹以及根轨迹渐近线与实轴的交角、交点。

解　由系统的开环传递函数可知，该系统有 3 个开环极点，分别为 $p_1=0$、$p_2=-1$ 和 $p_3=-2$，无开环零点，其开环零、极点分布如图 7-7 所示。应用以上介绍的规则可知：

1）由规则 2 知，系统有 3 条根轨迹分支；根轨迹的起点为开环极点 p_1、p_2 和 p_3；由于系统无开环零点，所以这 3 条根轨迹最终将沿着渐近线趋向于无穷远处。

2）由规则 3 知，实轴上的根轨迹存在于区间段 $[-1, 0]$ 和 $[-\infty, -2]$ 上。

3）由规则 4 知，系统有 3 条渐近线，它们与实轴正方向的夹角分别为

$$\varphi_a = \frac{(2q+1)\pi}{3} \qquad (q = 0, 1, 2)$$

4）由规则 5 知，系统渐近线与实轴的交点为

$$\sigma_a = \frac{\sum_{i=1}^{n} p_i - \sum_{j=1}^{m} z_j}{n - m} = \frac{0 + (-1) + (-2) - 0}{3 - 0} = -1$$

据此，根轨迹如图 7-7 中的粗实线所示。由图 7-7 可见，在根轨迹的 3 条分支中，一条分支从 $p_3 = -2$ 出发，随着 K_1 的增大，沿着负实轴方向最终趋向于无穷远处；另两条分支从 $p_1 = 0$ 和 $p_2 = -1$ 出发，随着 K_1 的增大，彼此沿着实轴相向移动，当 K_1 增大到某个特定的数值时，这两条分支汇合于实轴上的 b 点处，当 K_1 继续增大时，这两条根轨迹分支离开实轴，分别沿着与实轴正方向夹角为 $\pi/3$ 和 $5\pi/3$ 的两条渐近线向无穷远处延伸。在 $K_b < K_1 < K_c$ 时，系统处于欠阻尼状态，出现衰减振荡。而当 $K_1 > K_c$ 时，系统进入不稳定状态。

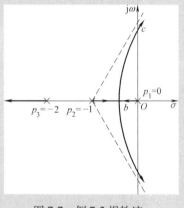

图 7-7 例 7-2 根轨迹

规则 6 复平面上根轨迹的分离点必须满足方程

$$\frac{dK_1}{ds} = 0 \qquad (7\text{-}18)$$

两条或者两条以上的根轨迹分支在 $[s]$ 平面上相遇后又立即分开的点，称为根轨迹的分离点或汇合点。

一般情况下，根轨迹的分离点和汇合点大多位于实轴上，但也有以共轭形式成对出现在复平面上的情形。

根轨迹的分离点和汇合点有如下几个性质：

1）如果根轨迹位于实轴上两个相邻的开环极点之间，其中一个可以是无限极点，则在这两个极点之间至少存在一个分离点。

2）如果根轨迹位于实轴上两个相邻的开环零点之间，其中一个可以是无限零点，则在这两个零点之间至少存在一个汇合点。

通过以上的分析可以知道，根轨迹的分离点或汇合点实质上对应的就是闭环特征方程式的重根，因此可以用求方程式重根的方法来确定它们在 $[s]$ 平面上的具体位置。分离点或汇合点的求法有多种，下面仅介绍按重根法求分离点或汇合点的方法。

设系统的开环传递函数为

$$G(s)H(s) = \frac{K_1 \prod_{j=1}^{m} (s - z_j)}{\prod_{i=1}^{n} (s - p_i)} = \frac{K_1 B(s)}{A(s)} \qquad (7\text{-}19)$$

可得相应的闭环特征方程式为

$$D(s)=A(s)+K_1B(s)=0 \tag{7-20}$$

设特征方程有重根 s_1，则有

$$D(s)=A(s)+K_1B(s)=(s-s_1)^2p(s) \tag{7-21}$$

式中，$p(s)$ 为 s 的 $(n-2)$ 次多项式。

$$\dot{D}(s)=\dot{A}(s)+K_1\dot{B}(s)=2(s-s_1)p(s)+(s-s_1)^2\dot{p}(s)=0 \tag{7-22}$$

将 $K_1=-\dfrac{A(s)}{B(s)}$ 代入式（7-22），得

$$\dot{A}(s)B(s)-A(s)\dot{B}(s)=0 \tag{7-23}$$

即

$$\frac{\mathrm{d}K_1}{\mathrm{d}s}=-\frac{\dot{A}(s)B(s)-A(s)\dot{B}(s)}{B^2(s)}=0 \tag{7-24}$$

综上所述，由式（7-23）或式（7-24）可确定根轨迹分离点或汇合点的坐标值。但是应当指出的是，规则 6 中用来确定分离点或汇合点的条件只是必要条件，而不是充分条件。也就是说，所有的分离点或汇合点必须满足规则 6 的条件，但是满足此条件的所有解却不一定都是分离点或汇合点。只有位于根轨迹上的那些重根才是实际的分离点或汇合点。因此，在求解出结果之后需要进行必要的检验。

例 7-3　试确定例 7-2 中系统根轨迹的分离点或汇合点的坐标值。

解　系统的特征方程为

$$1+G(s)H(s)=1+\frac{K_1}{s(s+1)(s+2)}=0$$

即

$$K_1=-s(s+1)(s+2)=-(s^3+3s^2+2s)$$

所以

$$\frac{\mathrm{d}K_1}{\mathrm{d}s}=-(3s^2+6s+2)=0$$

求解上述二次方程，得到 $s_1=-0.423$，$s_2=-1.577$。

由于实轴上根轨迹的区间段为 $[-1,0]$ 和 $[-\infty,-2]$，据此可知 $s_2=-1.577$ 不在根轨迹上，应舍去，而 $s_1=-0.423$ 才是根轨迹的实际分离点。

在上述讨论分离点和汇合点的基础上，以下引入分离角和汇合角的概念。

所谓分离角（汇合角）是指根轨迹进入分离点（汇合点）的切线方向与离开分离点（汇合点）的切线方向之间的夹角。分离角或汇合角的大小可由下式决定

$$\pm\frac{(2q+1)\pi}{r} \qquad (q=0,1,2,\cdots,r-1)$$

式中，r 为进入分离点或汇合点并立即离开的根轨迹的分支数。

显然，当 $r=2$ 时，分离角或汇合角必为直角。

规则 7　在开环复数极点处根轨迹的出射角为

$$\varphi_p=\pm(2q+1)\pi+\varphi \qquad (q=0,1,2,\cdots) \tag{7-25}$$

在开环复数零点处根轨迹的入射角为

$$\varphi_z = \pm(2q+1)\pi - \varphi \qquad (q=0,1,2,\cdots) \qquad (7\text{-}26)$$

式中，φ 为其他开环零、极点对出射点或入射点提供的相位，即

$$\varphi = \sum\theta_z - \sum\theta_p$$

根轨迹的出射角是指根轨迹离开开环复数极点处的切线与实轴正方向的夹角；根轨迹的入射角是指根轨迹进入开环复数零点处的切线与实轴正方向的夹角。

确定根轨迹出射角和入射角的目的，在于了解根轨迹相应分支的起始方向和终止方向，便于更加准确地绘制出系统的根轨迹图。下面利用根轨迹的相位条件推导出根轨迹出射角和入射角的计算公式。

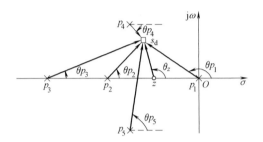

图 7-8　根轨迹出射角的确定

设系统开环零、极点的分布如图 7-8 所示。设 s_d 为距 p_4 很近的根轨迹上的一点，可以认为 $\angle(s_d-p_4)$ 即为 p_4 处的出射角 θ_{p_4}。s_d 位于根轨迹上，应当满足相位条件，即

$$\theta_z - (\theta_{p_1}+\theta_{p_2}+\theta_{p_3}+\theta_{p_4}+\theta_{p_5}) = \pm(2q+1)\pi \qquad (q=0,1,2,\cdots)$$

因 $\theta_{p_4}=\varphi_p$ 即为出射角，由上式可化为

$$\varphi_p = \mp(2q+1)\pi+\varphi = \pm(2q+1)\pi+\varphi \qquad (q=0,1,2,\cdots)$$

而 $\varphi = \theta_z - (\theta_{p_1}+\theta_{p_2}+\theta_{p_3}+\theta_{p_5}) = \sum\theta_z - \sum\theta_p$ 为其他开环零、极点对出射角提供的相位。

同理，可以证明入射角的公式。

一般情况，假设开环系统有 m 个有限零点和 n 个有限极点，其中点 p_l 为待求出射角的开环复数极点。在十分靠近点 p_l 的根轨迹上，取一点 s_d 作为试验点。既然点 s_d 在根轨迹上，那么它必须满足根轨迹的相位条件，即

$$\sum_{j=1}^{m}\angle(s_d-z_j) - \sum_{\substack{i=1\\i\neq l}}^{n}\angle(s_d-p_i) - \angle(s_d-p_l)$$

$$= \pm(2q+1)\pi \qquad (l=1,2,\cdots,n;\ q=0,1,2,\cdots)$$

当点 s_d 沿根轨迹无限趋近于点 p_l 时，可以认为除点 p_l 外的其他开环极点和所有开环零点指向点 s_d 的向量的相位就等于它们指向点 p_l 的向量的相位，而点 p_l 到点 s_d 的向量的相位即为该点的出射角。记 θ_{pl} 为待求开环复数极点 p_l 的出射角，θ_i 为第 i 个开环极点指向点 p_l 的向量的相位，φ_j 为第 j 个开环零点指向点 p_l 的相位。将它们代入上面的相位条件中，得到

$$\sum_{j=1}^{m}\varphi_j - \sum_{\substack{i=1\\i\neq l}}^{n}\theta_i - \theta_{pl} = \pm(2q+1)\pi \qquad (l=1,2,\cdots,n;q=0,1,2,\cdots)$$

移项可得出射角计算公式为

$$\theta_{pl} = \pm(2q+1)\pi - \sum_{\substack{i=1\\i\neq l}}^{n}\theta_i + \sum_{j=1}^{m}\varphi_j \qquad (l=1,2,\cdots,n;\ q=0,1,2,\cdots) \qquad (7\text{-}27)$$

同理，若记 φ_{zg} 为待求开环复数零点 z_g 的入射角，θ_i 为第 i 个开环极点指向点 z_g 的向量的相位，φ_j 为第 j 个开环零点指向点 z_g 的向量的相位，则入射角计算公式为

$$\varphi_{zg} = \pm(2q+1)\pi - \sum_{\substack{j=1\\j\neq g}}^{m}\varphi_j + \sum_{i=1}^{n}\theta_i \qquad (g=1,2,\cdots,m;\ q=0,1,2,\cdots) \qquad (7\text{-}28)$$

式（7-27）和式（7-28）即为求解根轨迹出射角和入射角的计算公式。用文字表述如下：

从开环复数极点 p_l 出发的出射角＝±$(2q+1)\pi$＋从所有开环零点到点 p_l 的向量的相位和－从其他开环极点到点 p_l 的向量的相位和。

到达开环复数零点 z_g 的入射角＝±$(2q+1)\pi$＋从所有开环极点到达 z_g 的向量的相位和－从其他开环零点到点 z_g 的向量的相位和。

例 7-4　已知系统的开环传递函数为 $G(s)H(s)=\dfrac{K_1(s+2)}{s(s+3)(s^2+2s+2)}$，试确定根轨迹离开共轭复极点的出射角。

解　由开环传递函数可知，该系统有 1 个开环零点和 4 个开环极点，分别为 $z_1=-2$，$p_1=0$，$p_2=-3$，$p_3=-1-j$ 和 $p_4=-1+j$。系统的零、极点分布如图 7-9 所示。

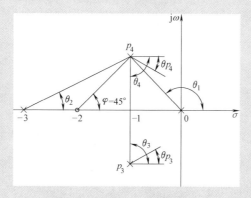

图 7-9　系统的零、极点分布

从零、极点分布图易知：$\theta_1=135°$，$\theta_3=90°$，$\varphi=45°$。又因 $\tan\theta_2=0.5$，故 $\theta_2=26.6°$。由式（7-27）可得，系统根轨迹在点 p_4 处的出射角为

$$\theta_{p_4}=180°+\varphi-\theta_1-\theta_2-\theta_3=180°+45°-135°-26.6°-90°=-26.6°$$

根据对称性，可知点 p_3 处的出射角为 $\theta_{p_3}=26.6°$。

规则 8　根轨迹与虚轴的交点可用 $s=j\omega$ 代入特征方程求解，或者利用劳斯判据确定。

当根轨迹与虚轴相交时，意味着闭环特征方程式有一对纯虚根 $\pm j\omega$，此时系统处于临界稳定状态，交点处对应的 K_1 值就称为临界开环根轨迹增益。一旦根轨迹越过虚轴进入 $[s]$ 平面的右半平面，系统将变得不稳定。因此，正确确定根轨迹与虚轴的交点及其相关参数就显得尤为重要。一般用于求解根轨迹及与虚轴交点的方法有两种，一种是利用劳斯判据确定，另一种是令闭环特征方程式 $1+G(s)H(s)=0$ 中的 $s=j\omega$，然后分别令其实部和虚部为零求得。下面通过实例来具体介绍这两种方法的求解过程。

例 7-5　试求例 7-2 中系统的根轨迹与虚轴的交点。

解　系统的特征方程为

$$s(s+1)(s+2)+K_1=s^3+3s^2+2s+K_1=0$$

1）用 $s=j\omega$ 代入闭环特征方程式直接求解。将 $s=j\omega$ 代入系统的闭环特征方程式中，得到

$$(j\omega)^3+3(j\omega)^2+2j\omega+K_1=0$$

由两复数相等，则其实部和虚部分别相等得

$$K_1-3\omega^2=0$$
$$2\omega-\omega^3=0$$

所以可得：$\omega=\pm\sqrt{2}$，$K_1=6$。即根轨迹与虚轴的交点为 $\pm j\sqrt{2}$，系统的临界增益为 $K_1=6$。

2）用劳斯判据计算。根据系统的闭环特征方程式，可以列出如下的劳斯表

$$
\begin{array}{c|cc}
s^3 & 1 & 2 \\
s^2 & 3 & K_1 \\
s^1 & \dfrac{6-K_1}{3} & 0 \\
s^0 & K_1 &
\end{array}
$$

当系统特征方程式有共轭复根时，劳斯表中某一行的元素全部为零。此时，共轭复根由该行上面一行元素为系数组成的辅助方程求解得到。

按照这种思想，先令 s^1 行元素全为零，此时，$K_1=6$。然后按照 s^2 行元素构成辅助方程 $3s^2+K_1=0$，即 $3s^2+6=0$。于是，解得 $s_{1,2}=\pm j\sqrt{2}$。这表示图 7-7 所示的根轨迹中有两条分支分别与虚轴交于点 $s_1=+j\sqrt{2}$ 和点 $s_2=-j\sqrt{2}$ 处，对应的临界开环根轨迹增益为 $K_1=6$。

再令劳斯表中 s^0 的元素全为零，得 $K_1=0$，然后由 s^1 行元素组成下列辅助方程

$$\frac{6-K_1}{3}s+0=0$$

解得：$s=0$。即当 $K_1=0$ 时，根轨迹与虚轴的交点为 0。显然，这个不是欲求之解。

规则 9 如果 $(n-m)\geq2$，则当 K_1 由 $0\rightarrow\infty$ 变化时，闭环特征方程式的所有特征根之和恒等于开环极点之和。

将描述的系统开环传递函数的分子、分母分别展开，得到

$$G(s)H(s)=\frac{K_1\prod_{j=1}^{m}(s-z_j)}{\prod_{i=1}^{n}(s-p_i)}=\frac{K_1\left[s^m-\sum_{j=1}^{m}z_js^{m-1}+\cdots+(-1)^m\prod_{j=1}^{m}z_j\right]}{s^n-\sum_{i=1}^{n}p_is^{n-1}+\cdots+(-1)^n\prod_{i=1}^{n}p_i}$$

如果该系统满足条件 $(n-m)\geq2$，则其闭环特征方程式可化为

$$D(s)=s^n-\sum_{i=1}^{n}p_is^{n-1}+\cdots+\left[(-1)^n\prod_{i=1}^{n}p_i+(-1)^mK_1\prod_{j=1}^{m}z_j\right]=0 \tag{7-29}$$

若以 $s_i(i=1,2,\cdots,n)$ 表示闭环特征方程式的根，则该闭环特征方程式又可写为

$$D(s)=\prod_{i=1}^{n}(s-s_i)=s^n-\sum_{i=1}^{n}s_is^{n-1}+\cdots+(-1)^n\prod_{i=1}^{n}s_i \tag{7-30}$$

比较式（7-29）和式（7-30）中对应项前的系数，应有下面的结论成立，即

$$\sum_{i=1}^{n}s_i=\sum_{i=1}^{n}p_i \tag{7-31}$$

$$(-1)^n\prod_{i=1}^{n}s_i=(-1)^n\prod_{i=1}^{n}p_i+(-1)^mK_1\prod_{j=1}^{m}z_j \tag{7-32}$$

式（7-31）和式（7-32）分别表示了闭环特征根与开环零、极点之间的关系。其中，式（7-31）揭示了根轨迹的一个重要性质，即当 K_1 由 $0\to\infty$ 变化时，闭环特征方程式的所有特征根之和恒等于开环极点之和。这就是说，随着 K_1 增大，如果有一部分根轨迹的分支向左移动，那么另一部分根轨迹的分支必向右移动。利用这一性质，可以来估计根轨迹分支的大致走向。

若系统无开环零点，则闭环特征根之积的表达式（7-32）可简化为如下形式

$$(-1)^n\prod_{i=1}^{n}s_i=(-1)^n\prod_{i=1}^{n}p_i+K_1 \tag{7-33}$$

利用这一关系，可用来求解已知闭环特征根所对应的 K_1 值。

例 7-6 系统的开环传递函数为 $G(s)H(s)=\dfrac{K_1}{s(s+1)(s+2)}$，若已知该系统的根轨迹与虚轴的交点为 $s_{1,2}=\pm j\sqrt{2}$，求系统的第 3 个闭环极点 s_3，并确定根轨迹与虚轴交点处的临界开环根轨迹增益的 K_1 值。

解 由开环传递函数的表达式可知，系统有 3 个开环极点，分别为 $p_1=0$，$p_2=-1$ 和 $p_3=-2$，无开环零点。因为 $n=3$，$m=0$ 满足关系式 $(n-m)\geq2$，于是，根据式（7-31）可得 $s_1+s_2+s_3=p_1+p_2+p_3$，即

$$-j\sqrt{2}+j\sqrt{2}+s_3=0+(-1)+(-2)$$

解得系统的第 3 个闭环极点 $s_3=-3$。

因系统有零值开环极点 p_1，因此 $(-1)^n\prod_{i=1}^{n}p_i=0$，从而由式（7-33）可得

$$K_1=(-1)^3\prod_{i=1}^{3}s_i=(-1)^3\times(-j\sqrt{2})\times(j\sqrt{2})\times(-3)=6$$

由此可见，按照上述方法解得的临界开环根轨迹增益与例 7-5 中求得的结果一致。

以上介绍了用于绘制根轨迹的 9 条基本规则。熟练应用这些规则，就可以快速地绘制出根轨迹的大致形状。

例 7-7 设一反馈控制系统的开环传递函数为 $G(s)H(s)=\dfrac{K_1}{s(s+4)(s^2+4s+20)}$，试绘制 K_1 变化时系统特征方程的根轨迹。

解 此系统的开环极点为：$p_1=0$，$p_2=-4$，$p_{3,4}=-2\pm j4$，无开环零点，开环极点的分布如图 7-10 所示。

据规则2可知，根轨迹共有4条分支，$K_1 = 0$ 时分别从4个开环极点出发，$K_1 \to \infty$ 时趋向无穷远处。

由规则3可知，在实轴上的 $-4 \leqslant s \leqslant 0$ 线段上有根轨迹存在。

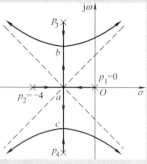

图7-10 系统根轨迹

由规则4和规则5可求出4条渐近线的相位和交点为

$$\varphi_a = \pm \frac{(2q+1)\pi}{4} = \pm 45°, \pm 135° \qquad (q = 0,1)$$

$$\sigma_a = \frac{\sum\limits_{i=1}^{n} p_i - \sum\limits_{j=1}^{m} z_j}{n - m} = \frac{-4 - 2 - 2}{4} = -2$$

由规则6可确定根轨迹的分离点。由系统的特征方程可得

$$K_1 = -s(s+4)(s^2+4s+20) = -(s^4 + 8s^3 + 36s^2 + 80s)$$

令

$$\frac{\mathrm{d}K_1}{\mathrm{d}s} = -(4s^3 + 24s^2 + 72s + 80) = 0$$

上式的根为：$s_1 = -2$，$s_{2,3} = -2 \pm \mathrm{j}2.45$。显然，$s_1 = -2$ 为根轨迹与实轴的交点（分离点）。根据相位条件可知，分离角为 $\pm 90°$。对应于分离点的 K_1 值可按下式求得

$$K_1 = -(s^4 + 8s^3 + 36s^2 + 80s)\big|_{s=-2} = 64$$

还有两个共轭复数分离点在 $s = -2 \pm \mathrm{j}2.45$ 处，分离角为 $\pm 180°$。

根据规则7可求出根轨迹在 p_3 处的出射角：

$$\varphi_p = 180°(2q+1) + 0° - [\angle(p_3 - p_1) + \angle(p_3 - p_2) + \angle(p_3 - p_4)]$$
$$= 180°(2q+1) - (116.6° + 63.4° + 90°) = -90° \quad (q = 0)$$

而 p_4 处的出射角为 $90°$。

最后，由规则8确定根轨迹的两条分支与虚轴的交点，此处利用劳斯判据。系统的特征方程为

$$s(s+4)(s^2+4s+20) + K_1 = s^4 + 8s^3 + 36s^2 + 80s + K_1 = 0$$

利用劳斯判据写出

s^4	1	36	K_1
s^3	8	80	0
s^2	26	K_1	0
s^1	$\dfrac{2080 - 8K_1}{26}$	0	0
s^0	K_1	0	0

令劳斯表中 s^1 行的首项为零，求得 $K_1 = 260$。根据表中 s^2 行的系数写出辅助方程，即

$$26s^2 + K_1 = 26s^2 + 260 = 0$$

得到：$s_{1,2} = \pm \mathrm{j}\sqrt{10}$。可见，根轨迹的两条分支与虚轴交于 $s = \pm \mathrm{j}\sqrt{10}$ 处，对应的 K_1 值为260。系统完整的根轨迹如图7-10所示。

7.3　用根轨迹分析控制系统的性能

当作出控制系统的根轨迹后，就可以对系统进行定性分析和定量计算了。下面介绍用根轨迹分析控制系统的实例。

7.3.1　确定具有指定阻尼比 ξ 的闭环极点和单位阶跃响应

根据指定的阻尼比 ξ 值，由根轨迹图的坐标原点作一与负实轴夹角为 $\theta = \arccos\xi$ 的射线。该射线与根轨迹的交点就是所求的一对闭环主导极点，由幅值条件再确定这对极点所对应的 K_1 值，然后用上述的方法，确定闭环系统的其他极点。下面以图 7-11 所示的系统为例来说明。

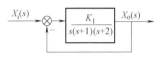

图 7-11　控制系统的方框图

例 7-8　已知单位负反馈系统的方框图如图 7-11 所示，其根轨迹如图 7-7 所示。设系统闭环主导极点的阻尼比 $\xi = 0.5$，试求：①系统的闭环极点和相应的增益 K_1；②在单位阶跃信号作用下的输出响应。

解　由图 7-7 所示的根轨迹可知，系统的一对闭环主导极点位于经过坐标原点且与负实轴成夹角为 $\theta = \arccos 0.5 = \pm 60°$ 的两条射线上。显然，这两条射线与根轨迹的两条分支必然相交，交点 $s_{1,2}$ 就是所求的一对闭环主导极点。

系统的特征方程为

$$s^3 + 3s^2 + 2s + K_1 = 0$$

由图 7-7 可知

$$s_{1,2} = -a \pm j\sqrt{3}\,a$$

将 s_1 和 s_2 代入到特征方程中，求得

$$s_1 = -0.33 + j0.58$$
$$K_1 = 1.05$$

根据规则 9 可得

$$s_1 + s_2 + s_3 = -0.33 + j0.58 - 0.33 - j0.58 + s_3 = -3$$

所以，$s_3 = -2.34$。

由于极点 s_3 距虚轴的距离是极点 $s_{1,2}$ 距虚轴距离的 7 倍多。因而 $s_{1,2}$ 是系统的闭环主导极点。与 $K_1 = 1.05$ 相应的闭环传递函数为

$$\frac{X_o(s)}{X_i(s)} = \frac{1.05}{(s+2.34)\left[(s+0.33)^2 + 0.58^2\right]}$$

若令

$$X_i(s) = \frac{1}{s}$$

则

$$X_o(s) = \frac{1.05}{s(s+2.34)\left[(s+0.33)^2 + 0.58^2\right]}$$

$$= \frac{A_0}{s} + \frac{A_1}{s+2.34} + \frac{Bs+C}{(s+0.33)^2+0.58^2}$$

解之得 $A_0=1, A_1=-0.1, B=-0.9, C=-0.82$。

所以

$$X_o(s) = \frac{1}{s} + \frac{-0.1}{s+2.34} + \frac{-0.9s-0.82}{(s+0.33)^2+0.58^2}$$

于是可得

$$x_o(t) = 1 - 0.1e^{-2.34t} - 0.9e^{-0.33t}(\cos 0.58t + \sin 0.58t)$$

其中，等号右边第一项是输出的稳态分量，第二、三项为瞬态分量。基于第二项的幅值小，衰减速度快，因而它对系统的响应仅在起始阶段起作用。对系统响应起主导作用的是式中第三项。

7.3.2 指定 K_1 时的闭环传递函数

控制系统的闭环零点由开环传递函数中 $G(s)$ 的零点和 $H(s)$ 的极点组成，它们一般为已知。系统的闭环极点与根轨迹的增益 K_1 有关。如果 K_1 已知，就可以沿着特定的根轨迹分支，根据根轨迹的幅值条件，用试探法求得相应的极点。

例 7-9 已知的系统开环传递函数为

$$G(s)H(s) = \frac{K_1}{s(s+1)(s+2)}$$

其根轨迹图如图 7-7 所示，求 $K_1=0.5$ 时系统的闭环极点。

解 由该系统的根轨迹图 7-7 可知，在分离点 $s=b=-0.423$ 处，根据幅值条件求得 $K_1=0.385$。当 $K_1=0.5$ 时，该系统的闭环极点为一对共轭复根和一个实根，且由绘制根轨迹的规则 9 知，此实根最小值为 -3，因此实根位于 $-2 \sim -3$ 之间。据此，如取 $s_3=-2.2$ 作为试验点，由幅值条件求得相应的 K_1 值为

$$K_1 = |s_3| |s_3+1| |s_3+2| = 2.2 \times 1.2 \times 0.2 = 0.528$$

显然，所求的 K_1 值略大于指定值 0.5。为此再取 $s_3=-2.192$ 作试探，求得 $K_1=0.501$。这表示 $K_1 \approx 0.5$ 时，$s_3=-2.192$ 是闭环的一个极点。它的一对共轭复数极点可按下述的方法求取。

因为 $K_1=0.5$ 时的闭环特征多项式为

$$s(s+1)(s+2) + 0.5 = s^3 + 3s^2 + 2s + 0.5$$

用上式除以因式 $(s+2.192)$，求得商为 $s^2+0.808s+0.229$。

令

$$s^2 + 0.808s + 0.229 = 0$$

求得

$$s_{1,2} = -0.404 \pm j0.256$$

相应系统的闭环传递函数为

$$\frac{X_o(s)}{X_i(s)} = \frac{0.5}{(s+2.192)[(s+0.404)^2+0.256^2]}$$

7.3.3　用根轨迹确定系统的有关参数

控制系统可供选择的参数并不局限于开环增益 K 一个参数，有时还需要对其他的一些参数进行选择。对于这种情况，也可以用根轨迹法。

例7-10　系统如图 7-12 所示。试选择参数 K_1 和 K_2，使系统同时满足下列性能指标的要求。

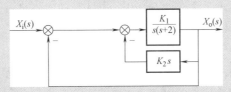

图 7-12　控制系统

1）当输入信号为斜坡输入时，系统的稳态误差 $\Delta_s \leqslant 0.35$。

2）闭环极点的阻尼比 $\xi \geqslant 0.707$。

3）调整时间 $t_s \leqslant 3s$。

解　系统的开环传递函数为

$$G(s) = \frac{K_1}{s(s+2+K_1 K_2)}$$

相应地，静态速度误差系数为

$$K_v = \frac{K_1}{2+K_1 K_2}$$

由题意得

$$\Delta_{ss} = \frac{1}{K_v} = \frac{2+K_1 K_2}{K_1} \leqslant 0.35$$

由上式可知，如要满足系统稳态误差的要求，K_2 必须取最小值，K_1 必须取最大值。

在 $[s]$ 平面的左半平面上，过坐标原点作与负实轴成 $45°$ 角的直线，在此直线上闭环极点的阻尼比 ξ 均为 0.707。

要求调整时间为

$$t_s = \frac{4}{\xi \omega_n} = \frac{4}{\sigma} \leqslant 3s$$

因而闭环极点实部的绝对值 σ 必须 >4/3。为了同时满足 ξ 和 t_s 的要求，闭环极点应位于图 7-13 所示的阴影区域内，即 $\xi \geqslant 0.707$。

令 $\alpha = K_1$，$\beta = K_2 K_1$，则图 7-12 所示系统的特征方程式为

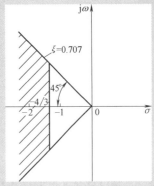

图 7-13　在 $[s]$ 平面上期望极点的区域

$$1+G(s)=s^2+2s+\beta s+\alpha=0 \tag{7-34}$$

设 $\beta=0$，则式（7-34）变为

$$s^2+2s+\alpha=0$$

或

$$1+\frac{\alpha}{s(s+2)}=0 \tag{7-35}$$

据此，作出以 α 为参变量的根轨迹，如图 7-14 所示。

为了满足静态性能要求，取 $K_1=\alpha=20$，式（7-34）可改写为

$$1+\frac{\beta s}{s^2+2s+20}=0 \tag{7-36}$$

其中，开环传递函数的极点为 $s=-1\pm j4.36$，以 β 为参变量的根轨迹如图 7-15 所示。经过该图的坐标原点作一条与负实轴成 45°角的直线，并与根轨迹相交于点 $-3.15\pm j3.17$。由根轨迹的幅值条件，求出 $\beta=4.3=20K_2$，即 $K_2=0.215$。

由于所求闭环极点实部的绝对值 $\sigma=3.15$，因而系统的调整时间为

$$t_s=\frac{4}{3.15}\text{s}=1.27\text{s}\leqslant 3\text{s}$$

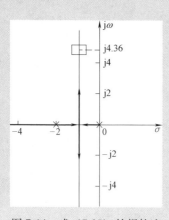

图 7-14　式（7-35）的根轨迹

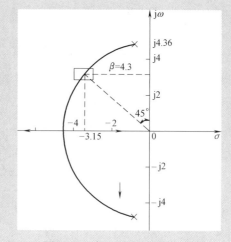

图 7-15　式（7-36）的根轨迹

在单位斜坡输入时，系统的稳态误差为

$$\Delta_{ss}=\frac{2+K_1K_2}{K_1}=\frac{2+20\times 0.215}{20}=0.315\leqslant 0.35$$

由此可知，$K_1=20$、$K_2=0.215$ 能使系统达到预定的性能要求。

7.4　利用 MATLAB 绘制系统根轨迹

由于求解高次方程的根异常困难，以前通常利用开环传递函数绘制控制系统闭环特征方程的根轨迹方法进行分析。然而，随着时代的不断进步，科学技术飞速发展，特别是计算技术

与计算机硬、软件技术的日新月异，还有 MATLAB 系统的开发与运用，现在求解高阶系统特征方程的问题已经迎刃而解，求解高阶系统的各种响应，以及直接绘制出各种系统的根轨迹很简单易行。本节的学习，可以使读者熟悉并学会使用软件操作的函数指令，进而对系统进行根轨迹分析。本节中最重要的 MATLAB 的函数命令有：pzmap（ ）、rlocus（ ）、rlofind（ ）、rltool（ ）。

按根轨迹法的绘制规则，理论上可绘制出系统的根轨迹图。但人工绘制根轨迹图非常繁琐，费时费力，劳动强度大，又不易画准确，绘图过程中甚至要求解高次方程。而在 MATLAB 中，系统专门提供了函数：rlocus （ ）用来求系统根轨迹；rlofind （ ）用来计算给定根轨迹的增益；pzmap （ ）用来绘制系统零、极点图等，这些函数都能够方便、简单、快捷地绘制根轨迹或者进行有关根轨迹的计算。

应用 MATLAB 提供的绘制根轨迹的函数与其他函数命令，编制成 MATLAB 程序。这种在 MATLAB 的指令方式下进行仿真是最常用的方法。

1. 根轨迹分析的 MATLAB 实现的函数指令格式

（1）绘制系统开环零、极点图的函数 pzmap （ ）

函数命令调用格式：

［p，z］= pzmap （sys）

pzmap （p，z）

输入变量 sys 是 LTI 对象。当不带输出变量引用函数时，pzmap （ ）函数可在当前图形窗口中绘出系统的零极点图。在图中，极点用 "×" 表示，零点用 "○" 表示。当带有输出变量引用函数时，可返回系统零极点位置的数据，而不直接绘制零极点图。零点数据保存在变量 z 中，极点数据保存在变量 p 中。如果需要，可以再用 pzmap （p，z）绘制零极点图。

pzmap （p，z）函数可在复平面里绘制零极点图，其中变量 p 为极点，变量 z 为零点。这个函数命令用于直接绘制给定的零极点图。

> **例 7-11**　设一高阶系统的开环传递函数为
>
> $$G_k(s) = \frac{0.0001s^3 + 0.0218s^2 + 1.0436s + 9.3599}{0.0006s^3 + 0.0268s^2 + 0.6365s + 6.2711}$$
>
> 试绘制该系统的开环零极点图。
>
> **解**　n1 = ［0.0001　0.0218　1.0436　9.3599］
>
> d1 = ［0.0006　0.0268　0.6365　6.2711］
>
> sys = tf （n1，d1）
>
> pzmap （sys）
>
> ［p，z］= pzmap （sys）
>
> 程序执行后绘制零极点图，如图 7-16 所示。还计算出系统三个极点与三个零点的数据：
>
> p = −13.3371 + i20.0754
>
> 　　 −13.3371 − i20.0754
>
> 　　 −17.9925
>
> z = −154.2949

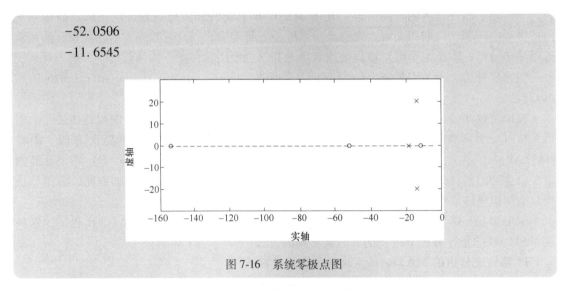

-52.0506

-11.6545

图 7-16　系统零极点图

（2）求系统根轨迹的函数 rlocus( )　函数命令调用格式：

rlocus（sys）

rlocus（sys, k）

［r, k］= rlocus（sys）

rlocus（sys）函数命令指令可用来绘制 SISO 的 LTI 对象的根轨迹图。给定前向通道传递函数 $G(s)$，反馈增益为 K 的受控对象（反馈增益向量取值为 $K = 0 \sim \infty$），其闭环传递函数为

$$G_b(s) = \frac{G(s)}{1 + KG(s)}$$

当不带输出变量引用函数时，函数可在当前图形窗口中绘制出系统的根轨迹图。函数既适用于连续时间系统，也适用于离散时间系统。

rlocus（sys, k）可以用指定的反馈增益向量 K 来绘制系统的根轨迹图。

［r, k］= rlocus（sys）这种带有输出变量的引用函数，返回系统根位置的复数矩阵 r 及其相应的增益向量 K，而不直接绘制出零极点图。

例 7-12　设一高阶系统的开环传递函数为

$$G_k(s) = \frac{0.0001s^3 + 0.0218s^2 + 1.0436s + 9.3599}{0.0006s^3 + 0.0268s^2 + 0.6365s + 6.2711}$$

试绘制出该系统闭环的根轨迹图。

解　n1 = ［0.0001　0.0218　1.0436　9.3599］

d1 = ［0.0006　0.0268　0.6365　6.2711］

sys = tf（n1, d1）

rlocus（sys）

执行程序后可得到高阶连续系统的根轨迹图，如图 7-17 所示。

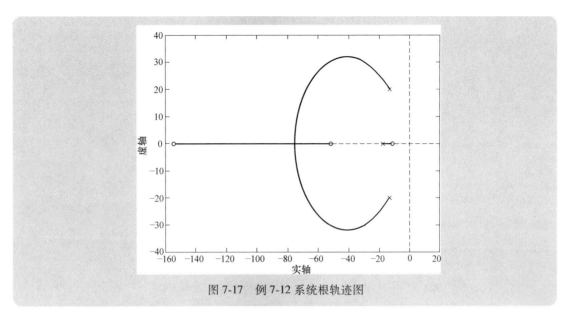

图 7-17　例 7-12 系统根轨迹图

（3）计算一组根的系统根轨迹增益函数 rlofind（）　函数命令格式：

［k，poles］= rlofind（sys）

［k，poles］= rlofind（sys，p）

［k，poles］= rlofind（sys）函数输入变量 sys 后，可以得到函数 tf（）、zpk（）、ss（）中任何一个建立的 LTI 对象模型。函数命令执行后，可在根轨迹图形窗口中显示鼠标指针，当用户选择了根轨迹上某一点时，其相应的增益由变量为 K 的图记录，与增益相对应的所有极点记录在 poles 中。函数既适用于连续时间系统，也适用于离散时间系统。

［k，poles］= rlofind（sys，p）函数可对给定根 p 计算对应的增益 K 与极点 poles。

例 7-13　已知一单位负反馈系统的开环传递函数为

$$G_k(s) = \frac{K}{s(0.5s+1)(4s+1)}$$

试绘制系统闭环的根轨迹图，并在根轨迹图上任选一点，试计算该点的增益 K 及其所有极点的位置。

解　在程序文件方式下执行以下程序 j11203. m：

```
%MATLAB  PROGRAM  j11203. m
n1 = 1
d1 = conv（［1  0］，［0.5  1］，［4  1］）
s1 = tf（n1，d1）
rlocus（s1）
［k，poles］= rlofind（s1）
```

程序执行后可得单位反馈系统的根轨迹图，如图 7-18 所示。

该程序执行的方法是：在 MATLAB 命令窗口里输入文件名"j11203"并按〈Enter〉键后，在根轨迹图窗口上有纵横两条坐标线，其交点随鼠标而移动。将交点指在复平面

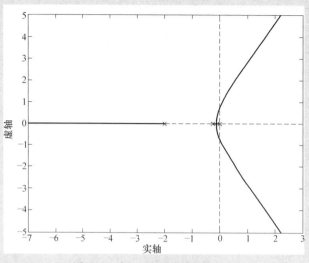

图 7-18 例 7-13 系统根轨迹图

纵坐标与根轨迹交点附近的某点时，其相应的增益由变量为 K 的图记录，与其相关的所有极点记录在变量 poles 中。其数据是：

K = 2.4587

poles = −2.2685

    0.0092394+i0.73609

    0.0092394−i0.73609

由程序运行计算的数据可以得知，在复平面纵坐标与根轨迹交点附近的某点（已偏到复平面的右半面了），其相应的增益为 $K=2.4587$；与交点相应的两个极点分别为

$$p_1 = 0.0092394+i0.73609; p_2 = 0.0092394−i0.73609$$

函数命令 rlofind (sys, p)，对给定根 p 计算对应的增益 K 与极点 poles。如执行以下语句：

n1 = 1

d1 = conv ([1 0], conv ([0.5 1], [4 1]))

s1 = tf (n1, d1)

[k, poles] = rlofind (s1, 0.0092394+i0.73609) 的增益与极点为

K = 2.4586

poles = −2.2685

    0.0092+i0.7361

    0.0092−i0.7361

2. 利用 MATLAB 进行根轨迹分析的实例

例 7-14　设系统的开环传递函数为

$$G(s)H(s) = \frac{K(s+1.5)(s+2+j)(s+2-j)}{s(s+2.5)(s+0.5+j1.5)(s+0.5-j1.5)}$$

174

1）试绘制该系统的根轨迹。

2）在根轨迹的实轴两个区段上，计算两组系统根轨迹增益与闭环极点。

3）绘制其对应系统的阶跃响应曲线并比较分析。

解　1）绘制该系统的根轨迹。

程序方式下运行程序 j11204.m。

```
%MATLAB    j11204.m
n=conv（[1  1.5]，[1  2+j]，[1  2-j]）
d=conv（[1  0]，[1  2.5]，[1  0.5+j1.5]，[1  0.5-j1.5]）
sys=tf（n，d）
rlocus（sys）
```

程序执行后，可得到系统的根轨迹图，如图 7-19 所示。

2）在根轨迹的（0，-1）区段上用鼠标左键单击一点，得到：$K = 0.594$，poles $=-0.456$。

① 求闭环特征式。

```
Syms  s n d
n=expand（0.594*（s+2-j）*（s+2+j）*（s+1.5））
d=expand（s*（s+2.5）*（s+0.5+j*1.5）*（s+0.5-j*1.5））
D=n+d
```

程序运行结果：

$n = 297/500 * s^3 + 3267/1000 * s^2 + 3267/500 * s + 891/200$

$D = 2047/500 * s^3 + 8267/1000 * s^2 + 1598/125 * s + 891/200 + s^4$

② 绘制系统阶跃响应曲线。

```
n=[297/500  3267/1000  3267/500  891/200]
D=[1 2047/500  8267/1000  1598/125  891/200]
sys=tf（n，D）
step=（sys）
```

程序运行后，绘制系统阶跃响应曲线如图 7-20 所示。

3）在根轨迹实轴（-2.5，-∞）上用鼠标左键单击一点，得到 $K=6.93$，poles $=-3.98$。

① 求闭环特征式。

```
Syms  s n d
n=expand（6.93*（s+2+j）*（s+2-j）*（s+1.5））
d=expand（s*（s+2.5）*（s+0.5+j*1.5）*（s+0.5-j*1.5））
D=n+d
```

程序运行结果：

$n = 693/100 * s^3 + 7623/200 * s^2 + 7623/100 * s + 2079/40$

$D = 1043/100 * s^3 + 8623/200 * s^2 + 2062/25 * s + 2079/40 + s^4$

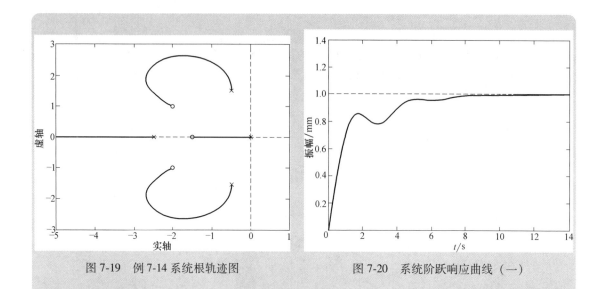

图 7-19　例 7-14 系统根轨迹图　　　　　　　图 7-20　系统阶跃响应曲线（一）

② 绘制系统阶跃响应曲线。

n = [693/100　7623/200　7623/100　2079/40]

d = [1 1043/100　8623/200　2062/25　2079/40]

sys = tf (n, d)

step (sys)

程序运行后，绘制系统阶跃响应曲线如图 7-21 所示。

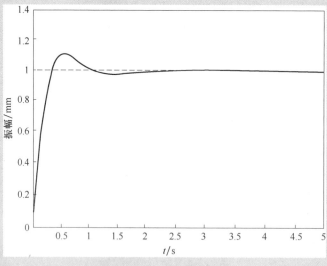

图 7-21　系统阶跃响应曲线（二）

4）两条系统阶跃响应曲线比较分析。

对于 $K = 0.594$ 的曲线，单位阶跃响应应虽不超调，但调节时间拖得很长 $[t_s(5\%) > 5s]$。对于 $K = 6.93$ 的曲线，单位阶跃响应应虽超调，但超调的不多（约 10%），调节时间却大大缩短 $[t_s(5\%) < 1s]$，即系统快速性能大大提高。

例7-15 设系统的开环传递函数为

$$G(s)H(s)=\frac{K_1(s^2+2s+2)}{(s+1)^4}$$

绘制系统根轨迹图。

解 n=[1 2 2]

d=conv ([1 1], [1 1], [1 1], [1 1])

sys=tf (n, d)

rlocus (sys)

程序执行后可得系统的根轨迹图，如图 7-22 所示。

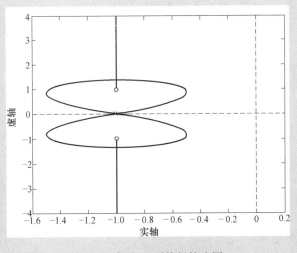

图 7-22 例 7-15 系统根轨迹图

例7-16 设系统结构如图 7-23 所示，试绘制速度反馈系数 T_a（由 0→∞）变动时闭环系统的根轨迹，并计算其零极点。

解 1）由系统结构图可得系统的开环传递函数为

$$G(s)H(s)=\frac{5(T_a s+1)}{s(5s+1)}$$

其闭环特征方程为

$$D(s)=5s^2+(1+5T_a)s+5=0$$

2）构造新的等效单位负反馈系统如图 7-24 所示，使之具有相同闭环特征方程。

3）执行以下程序，绘制 T_a 由 0→∞ 时系统的根轨迹。

n=[5 0]

d=[5 1 5]

sys=tf (n, d)

[p, s]=pzmap (sys)

rlocus（sys）

程序执行后可计算出系统的极点与零点：

p = -0.1000+i0.9950

= -0.1000-i0.9950

z = 0

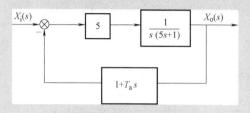

图 7-23　例 7-16 系统结构框图

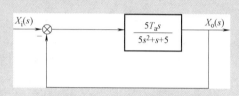

图 7-24　等效单位负反馈系统

绘制出根轨迹图，如图 7-25 所示。

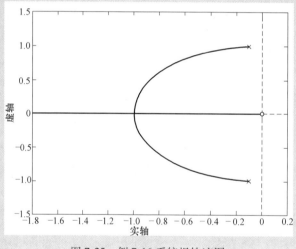

图 7-25　例 7-16 系统根轨迹图

习　　题

7-1　设单位负反馈控制系统的开环传递函数为

$$G(s) = \frac{K(3s+1)}{s(2s+1)}$$

试用解析法绘制开环增益 K 从 0→∞ 时的闭环根轨迹图。

7-2　已知开环传递函数为

$$G(s)H(s) = \frac{K}{s(s+4)(s^2+4s+20)}$$

试概略绘制闭环系统根轨迹图。

7-3　设单位负反馈系统开环传递函数如下，试概略绘制相应的闭环根轨迹图。

（1）　$G(s)=\dfrac{K}{s(0.2s+1)(0.5s+1)}$

（2）　$G(s)=\dfrac{K(s+1)}{s(2s+1)}$

7-4　单位反馈控制系统开环传递函数为

$$G(s)=\frac{K(s+2)}{s(s+3)(s^2+2s+2)}$$

试绘制该系统的根轨迹图。

7-5　绘制参量根轨迹图。设随动系统如图 7-26 所示。加入速度负反馈 K_a 后，试分析 K_a 对系统性能的影响。

7-6　已知单位负反馈控制系统的开环传递函数为

$$G(s)=\frac{K_1}{s(s^2+14s+45)}$$

（1）　试求系统无超调的 K_1 值范围。

（2）　确定使系统产生持续振荡的 K_1 值，并求此时的振荡频率。

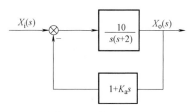

图 7-26　题 7-5 图

7-7　设一单位负反馈控制系统，已知前向通道传递函数为

$$G(s)=\frac{K_1}{s(s+1)(s+2)(s+8)}$$

为了使系统闭环主导极点具有阻尼比 $\xi=0.5$，试确定 K（K 为系统开环增益，即 K_v 值）。

7-8　单位负反馈控制系统的开环传递函数为 $G(s)=\dfrac{K}{s(Ts+1)}(K>0,T>0)$，在 T 不变时，单纯调整 K 为什么不能得到快速性和振荡性都好的闭环响应过程？叙述一种通过改变系统结构以改善系统性能的方案，并简述理由。

第 **8** 章　控制系统的分析与校正

前几章介绍了在时域和频域内分析系统性能的方法，即在控制系统数学模型已知的情况下分析系统的稳定性、动态性能和稳态精度，这为控制系统的设计提供了必要的理论基础。本章将重点介绍经典控制理论中系统设计的基本内容，即控制系统的分析与校正。

根据被控对象及其技术要求设计控制系统，需要进行大量的分析计算，考虑的问题是多方面的，既要保证有良好的控制性能，又要兼顾工艺性、经济性等方面。本章只是从控制的观点讨论系统的分析与校正问题。主要考虑的是，当给定的被控对象不能满足所要求的性能指标时，如何对原已选定的系统增加必要的元件或环节，使系统具有满意的性能指标，即满足稳定、准确、快速性的要求，这就是系统的分析与校正。

本章主要介绍用频域分析法对单输入单输出线性定常系统进行分析和校正的步骤和方法，频域法设计是目前应用最广泛的工程方法之一。

8.1　控制系统校正的基本概念

8.1.1　控制系统的校正与校正装置

系统是由被控对象和控制器组成的。被控对象是指要求实现自动控制的机器、设备或生产过程；而控制器是指对被控对象起控制作用的整个装置，包括测量及信号转换装置、信号放大及功率放大装置、实现控制指令的执行机构等基本组成部分。当被控对象已知，性能指标已知，附加相应的限制条件后，即可着手设计控制器的基本组成部分。将控制器基本组成部分（比例部分）与被控对象一起称为系统的"原有部分"，也称为系统的"固有部分"或"不可变部分"。用控制器的基本组成部分和被控对象，就能组成基本的反馈控制系统（其中仅放大器的增益可调），但此时系统往往不能同时满足控制系统各项性能指标的要求，甚至反馈控制系统可能会不稳定。

当仅改变增益不能同时满足瞬态性能和稳态性能时，就必须在系统中引入一些附加校正装置 $G_c(s)$，用来改善系统的瞬态和稳态性能。这些为改善系统性能而有目的地引入的装置称为校正装置。校正装置是控制器的一部分，它与控制器的基本组成部分一起构成完整的控制器。控制系统的校正，就是指按给定的系统原有部分和要求的性能指标设计校正装置。

校正的实质就是通过引入校正装置的零点或极点，来改变整个系统的零点和极点分布，从而改变系统的频率特性或根轨迹的形状，使系统频率特性的低、中、高频段满足期望的性能或使系统的根轨迹穿越期望的闭环主导极点，即使得系统满足期望的动、静态性能指标要求。

8.1.2　控制系统的性能指标

控制系统的静态指标通常用系统的稳态误差或开环放大倍数 K 来描述。控制系统的动态指标通常有两种提法，一种是时域指标，通常用调节时间 t_s 和超调量 M_p 来描述；另一种是频域指标，一般用开环系统的相位裕度 $\gamma(\omega)$、幅值裕度 $K_g(\omega)$ 和幅值穿越频率（剪切频率）ω_c 来表示，或用闭环系统的谐振峰值 M_r、谐振频率 ω_r 和截止频率 ω_b 来描述。时域性能指标可以应用有关公式转换为频域指标。二阶系统频域指标和时域指标之间有严格的解析关系式，高阶系统可以用近似的关系式进行转换。

在控制系统的设计中，系统的瞬态响应特性通常是最直观、最重要的。在频域法中，能以频域的一些性能指标来表征系统的瞬态响应特性。虽然瞬态响应和频率响应之间的关系是间接的，但是频域指标给在伯德图上进行控制系统的分析和校正带来了方便。因此，实际应用时并不困难。

8.1.3　校正方式

工程上习惯于用频率特性法进行校正，频率特性法设计校正装置主要通过伯德图进行，设计方法可分为分析法和期望频率特性法。

1. 分析法

这种方法是根据设计要求和原有系统特性，依靠分析和经验，首先选择一种校正装置加入到系统中去，然后计算校正后系统的性能指标。如能满足要求，则可确定校正装置的结构和参数，否则，重选校正装置，重新计算，直到满足设计指标为止。这种方法设计出的校正装置比较典型、易于实现，但其设计进程与设计者的经验密切相关。

2. 期望频率特性法

先由给定的性能指标确定出期望的对数幅频特性，再由期望的对数幅频特性减去原系统固有的对数幅频特性，从而得出需增加的校正装置的对数幅频特性，然后校验校正后系统的性能。若满足要求，则可确定校正装置的结构和参数，否则取一裕度更大的期望值对数幅频特性重复上述过程，直到满足设计要求为止。通常这种方法理论设计往往能一次成功，但校正装置物理实现较为困难。另外需注意：这种方法只适用于最小相位系统，因其幅频特性和相频特性之间有确定的对应关系，故根据幅频特性的形状就能确定系统的性能。

根据校正装置 $G_c(s)$ 在系统中的位置，一般将其分为以下几种：

（1）串联校正　校正装置 $G_c(s)$ 串联在前向通道中，如图 8-1a 所示，这种连接方式简单、易实现。为避免功率损失，串联校正装置通常放在前向通道中能量较低的部位，多采用有源校正网络构成。

（2）反馈校正　从系统中某一环节引出反馈信号，通过校正装置 $G_c(s)$ 构成局部反馈回路，如图 8-1b 所示。称这种形式的校正为（局部）反馈校正，又称并联校正。采用这种校正方式时，信号是从高功率点流向低功率点，所以一般采用无源网络。

（3）复合校正　包括按给定量顺馈补偿的复合校正（图 8-1c）和按扰动量前馈补偿的复合校正（图 8-1d）。这种复合校正控制既能改善系统的稳态性能，又能改善系统的动态性能。

究竟选择何种校正装置，主要取决于系统本身的结构特点、采用的元件、信号的性质、经济条件及设计者的经验等。

控制系统的校正不像系统分析那样只有单一答案，最终确定校正方案时，应根据技术和经济及其他一些附加限制条件综合考虑。

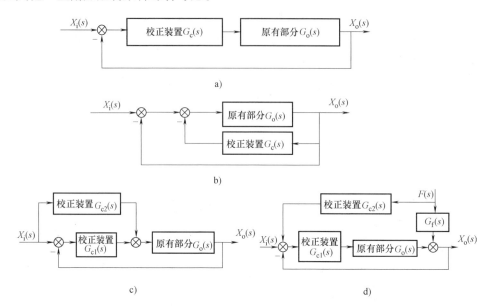

图 8-1 校正方式

a）串联校正 b）反馈校正 c）按给定量顺馈补偿的复合校正 d）按扰动量前馈补偿的复合校正

8.2 校正装置及其特性

8.2.1 超前校正装置

1. 传递函数

超前校正装置的传递函数通常表示为

$$G_c(s) = \alpha \frac{\tau s + 1}{\alpha \tau s + 1} = \frac{s + 1/\tau}{s + 1/(\alpha \tau)} = \frac{s - z_c}{s - p_c} \quad (\alpha < 1) \tag{8-1}$$

2. 伯德图

超前校正装置的频率特性为

$$G_c(j\omega) = \alpha \frac{j\omega \tau + 1}{j\omega \alpha \tau + 1}$$

相频特性为

$$\varphi(\omega) = \arctan\omega \tau - \arctan\alpha\omega \tau > 0 \tag{8-2}$$

其伯德图如图 8-2 所示，可见其转角频率分别为 $1/\tau$、$1/(\alpha \tau)$，且具有正的相位特性。利用 $\mathrm{d}\varphi/\mathrm{d}\omega = 0$，可求出最大超前相位的频率为

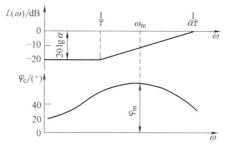

图 8-2　相位超前校正网络的伯德图

$$\omega_m = \frac{1}{\tau\sqrt{\alpha}} \qquad (8\text{-}3)$$

式（8-3）表明，ω_m 是频率特性的两个转角频率的几何中心。

将式（8-3）代入式（8-2）可得最大超前相位为

$$\varphi_m = \arcsin\frac{1-\alpha}{1+\alpha} \qquad (8\text{-}4)$$

式（8-4）又可写成

$$\alpha = \frac{1-\sin\varphi_m}{1+\sin\varphi_m} \qquad (8\text{-}5)$$

由此可见，φ_m 仅与 α 值有关，α 值越小，输出相位超前越多，但系统的开环增益下降。α 值越小，通过网络后信号幅值衰减也越严重，所以，为满足稳态精度要求，要保持系统有一定的开环增益，超前网络的衰减损失就必须用提高放大器的增益来补偿。

在选择 α 的数值时，另一个需要考虑的是系统高频噪声。超前校正网络具有高通滤波特性，α 值过小对抑制系统高频噪声不利。为了保持较高的系统信噪比，一般实际中选用的 α 不小于 0.07，通常选择 $\alpha = 0.1$ 较为有利。

3. 超前校正装置的作用

超前校正装置的作用主要是通过校正装置产生的超前相位，补偿原有系统过大的相位滞后，即补偿系统开环频率特性在幅值穿越频率 ω_c 处的相位滞后，以增加系统的相位稳定裕度，从而提高系统的稳定性，改善系统的动态性能。

4. 超前校正装置的网络实现

（1）无源超前校正的网络实现　如图 8-3 所示，其传递函数为

$$G_c(s) = \frac{U_o(s)}{U_i(s)} = \frac{R_2}{R_2 + \dfrac{R_1\dfrac{1}{C_1 s}}{R_1 + \dfrac{1}{C_1 s}}} = \frac{R_2}{R_1 + R_2}\frac{R_1 C_1 s + 1}{\dfrac{R_2}{R_1 + R_2}R_1 C_1 s + 1} = \alpha\frac{\tau s + 1}{\alpha\tau s + 1}$$

其中

$$\alpha = \frac{R_2}{R_1 + R_2} < 1, \tau = R_1 C_1$$

（2）有源超前校正的网络实现　如图 8-4 所示，其传递函数为

$$G_c(s) = \frac{U_o(s)}{U_i(s)} = -K\frac{Ts + 1}{T_1 s + 1}$$

其中
$$K = \frac{R_2 + R_3}{R_1}, T_1 = R_4 C, T = \left(\frac{R_2 R_3}{R_2 + R_3} + R_4\right) C$$

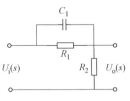

图 8-3　无源超前校正网络

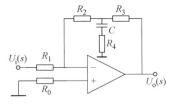

图 8-4　有源超前校正网络

8.2.2　滞后校正装置

1. 传递函数

滞后校正装置的传递函数通常表示为

$$G_c(s) = \frac{\tau s + 1}{\beta \tau s + 1} = \frac{1}{\beta} \frac{s + 1/\tau}{s + 1/(\beta \tau)} = \frac{1}{\beta} \frac{s - z_c}{s - p_c} \quad (\beta > 1) \tag{8-6}$$

2. 伯德图

滞后校正装置的频率特性为

$$G_c(j\omega) = \frac{j\omega \tau + 1}{j\beta \omega \tau + 1}$$

相频特性为

$$\varphi(\omega) = \arctan \omega \tau - \arctan \beta \omega \tau < 0 \tag{8-7}$$

其伯德图如图 8-5 所示。由于 $\beta > 1$，所以校正网络输出信号的相位滞后于输入信号。与相位超前网络类似，相位滞后网络的最大滞后角 ω_m 位于 $1/(\beta \tau)$ 与 $1/\tau$ 的几何中心 $\omega_m = 1/(\tau \sqrt{\beta})$ 处。

图 8-5 还表明相位滞后校正网络实际是一低通滤波器。它对低频信号基本没有衰减作用，但能削弱高频噪声。β 越大，抑制噪声的能力越强。通常选择 $\beta = 10$ 左右较合适。

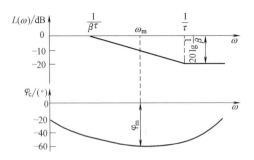

图 8-5　相位滞后校正网络的伯德图

3. 滞后校正装置的作用

滞后校正适用于系统的动态性能满意但稳态精度差的场合，或者用于系统的稳态精度差且稳定性也不好，而且对快速性要求不高的场合。其作用有二，一是提高系统低频响应的增益，减小系统的稳态误差，同时基本保持系统的瞬态性能不变；二是滞后校正装置的低通滤波器特性，或高频幅值衰减特性，将使系统高频响应的增益衰减，降低系统的幅值穿越频率 ω_c，使系统的相位稳定裕度 $\gamma(\omega)$ 维持在合理水平，以改善系统的稳定性和某些瞬态性能。

注意：应避免使最大滞后相位发生在校正后系统的开环对数频率特性的幅值穿越频率 ω_c 附近，以免对瞬态响应产生不良影响，一般可取

$$\frac{1}{\tau} = \frac{\omega_c}{4} \sim \frac{\omega_c}{10} \tag{8-8}$$

4. 滞后校正装置的网络实现

（1）无源滞后校正的网络实现　如图 8-6 所示，其传递函数为

$$G_c(s) = \frac{U_o(s)}{U_i(s)} = \frac{R_2 + 1/(Cs)}{R_1 + R_2 + 1/(Cs)} = \frac{R_2 Cs + 1}{(R_1 + R_2)Cs + 1} = \frac{\tau s + 1}{\beta \tau s + 1}$$

其中

$$\beta = \frac{R_1 + R_2}{R_2} > 1, \tau = R_2 C$$

（2）有源滞后校正的网络实现　如图 8-7 所示，其传递函数为

$$G_c(s) = \frac{U_o(s)}{U_i(s)} = -K \frac{\tau s + 1}{\varphi \tau s + 1}$$

其中

$$K = \frac{R_2 + R_3}{R_1}, \tau = \frac{R_2 R_3}{R_2 + R_3} C, \varphi = \frac{R_2 + R_3}{R_2} > 1$$

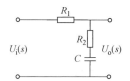
图 8-6　无源滞后校正网络

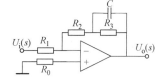
图 8-7　有源滞后校正网络

8.2.3　滞后-超前校正装置

1. 传递函数

滞后-超前校正装置的传递函数通常表示为

$$G_c(s) = \frac{(\tau_1 s + 1)(\tau_2 s + 1)}{(\beta \tau_1 s + 1)\left(\frac{1}{\beta}\tau_2 s + 1\right)} = \frac{(s + 1/\tau_1)(s + 1/\tau_2)}{\left(s + \frac{1}{\beta \tau_1}\right)\left(s + \frac{\beta}{\tau_2}\right)} \quad (\beta > 1, \tau_1 > \tau_2) \tag{8-9}$$

2. 伯德图

滞后-超前校正装置的频率特性为

$$G_c(j\omega) = \frac{(j\omega \tau_1 + 1)(j\omega \tau_2 + 1)}{(j\beta \omega \tau_1 + 1)(j\omega \tau_2 / \beta + 1)}$$

其伯德图如图 8-8 所示。由图 8-8 可见，ω 由 0 增至 ω_1 的频带中，此网络有滞后的相位特性；ω 由 ω_1 增至 ∞ 的频带中，此网络有超前的相位特性；在 $\omega = \omega_1$ 处，相位为零。

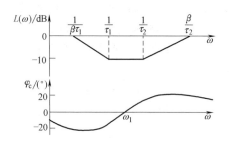

图 8-8 相位滞后-超前校正网络的伯德图

3. 滞后-超前校正装置的作用

单纯采用超前校正或滞后校正均只能改善系统瞬态或稳态一个方面的性能。若未校正系统不稳定，并且对校正后系统的稳态和瞬态都有较高要求时，宜采用滞后-超前校正装置。利用校正网络中的超前部分可以改善系统的瞬态性能，而利用校正网络的滞后部分则可提高系统的稳态精度。

4. 滞后-超前校正装置的网络实现

（1）无源滞后-超前校正的网络实现 如图 8-9 所示，其传递函数为

$$G_c(s)=\frac{U_o(s)}{U_i(s)}=\frac{(\tau_1 s+1)(\tau_2 s+1)}{\tau_1\tau_2 s^2+(\tau_1+\tau_2+\tau_{12})s+1}$$

其中

$$\tau_1=R_1 C_1,\tau_2=R_2 C_2,\tau_{12}=R_1 C_2$$

若适当选择参量，使其具有两个不相等的负实数极点，则有

$$G_c(s)=\frac{U_o(s)}{U_i(s)}=\frac{(\tau_1 s+1)(\tau_2 s+1)}{(T_1 s+1)(T_2 s+1)},\text{且 } T_1>\tau_1>\tau_2>T_2,\frac{T_1}{\tau_1}=\frac{\tau_2}{T_2}=\beta$$

（2）有源滞后-超前校正的网络实现 如图 8-10 所示，其传递函数为

$$G_c(s)=\frac{U_o(s)}{U_i(s)}=\frac{(\tau_1 s+1)(\tau_2 s+1)}{Ts}$$

其中

$$\tau_1=R_1 C_1,\tau_2=R_2 C_2,T=R_1 C_2$$

上式也可写成另一种形式，即

$$G_c(s)=\frac{U_o(s)}{U_i(s)}=-K_p\left(1+\frac{1}{T_1 s}+T_d s\right)$$

其中

$$K_p=\frac{\tau_1+\tau_2}{T},\quad T_1=\tau_1+\tau_2,\quad T_d=\frac{\tau_1\tau_2}{\tau_1+\tau_2}$$

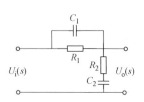

图 8-9 无源滞后-超前校正网络

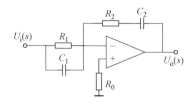

图 8-10 有源滞后-超前校正网络

8.3　串联校正

利用频率特性法对系统进行分析和校正，实际上就是根据控制系统的性能指标来调节系统开环增益或选择校正装置，对系统的开环伯德图进行整形。

8.3.1　相位超前校正

超前校正的基本原理是利用超前校正网络的相位超前特性增大系统的相位裕度，改善系统的瞬态响应，因此在设计校正装置时应使最大的超前相位尽可能出现在校正后系统的幅值穿越频率 ω_c 处。设计步骤大致如下：

1）根据给定的系统稳态性能指标，确定系统的开环增益 K。

2）绘制确定 K 值下的系统伯德图，并计算相位裕度 $\gamma_0(\omega)$。

3）根据给定的期望相位裕度 $\gamma(\omega)$，计算所需增加的相位超前量 $\varphi_0(\omega) = \gamma(\omega) - \gamma_0(\omega) + \varepsilon$。

上式中 $\varepsilon = 5° \sim 20°$，这是考虑到加入相位超前校正装置会使 ω_c 右移，从而造成 $G_0(j\omega)$ 的相位滞后增加，为补偿这一因素的影响而留出的裕量。

4）令超前校正装置最大超前角 $\varphi_m(\omega) = \varphi_0(\omega)$，并由 $\alpha = \dfrac{1 - \sin\varphi_m}{1 + \sin\varphi_m}$ 计算 α。

5）计算校正装置在 ω_m 处的增益 $10\lg\dfrac{1}{\alpha}$，并确定未校正系统伯德图曲线上增益为 $-10\lg\dfrac{1}{\alpha}$ 处的频率，此频率即为校正后系统的剪切频率 ω_c，$\omega_c = \omega_m$。

6）确定串联超前校正装置的转角频率，即由 $\omega_m = \dfrac{1}{\tau\sqrt{\alpha}}$ 可得 $\omega_1 = \dfrac{1}{\tau} = \omega_m\sqrt{\alpha}$，$\omega_2 = \dfrac{1}{\alpha\tau} = \dfrac{\omega_m}{\sqrt{\alpha}}$。为补偿超前校正网络衰减的开环增益，放大倍数需要再提高 $1/\alpha$ 倍，进而校正装置的传递函数为

$$G_c(s) = \frac{s/\omega_1 + 1}{s/\omega_2 + 1}$$

7）画出校正后系统伯德图，验算相位稳定裕度，如不满足要求，可增大 ε 从步骤 3）重新计算，直到满足要求。

8）校验其他性能指标，直到满足全部性能指标，最后用网络实现校正装置。

例 8-1　设单位反馈系统原有部分的开环传递函数为 $G_k(s) = \dfrac{K}{s(s+1)}$，要求设计串联校正装置，使系统 $K = 12$，$\gamma = 40°$，$\omega_c \geq 4\text{rad/s}$。

解　1）当 $K = 12$ 时，未校正系统的伯德图如图 8-11 中的曲线 G_0 所示，由图可以计算出剪切频率（或幅值穿越频率）。

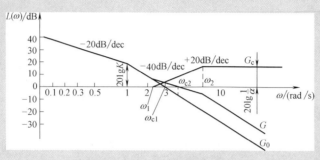

图 8-11　例 8-1 系统的伯德图

由于伯德曲线自 $\omega = 1\text{rad}/\text{s}$ 开始以 $-40\text{dB}/\text{dec}$ 的频率与零分贝线相交于 ω_{c1}，故存在关系：$20\lg 12 = 40\lg (\omega_{c1}/1)$，可得 $\omega_{c1} = \sqrt{12}\,\text{rad}/\text{s} = 3.46\text{rad}/\text{s}$。于是未校正系统的相位裕度为 $\gamma_0 = 180° - 90° - \arctan\omega_{c1} = 16.12° < 40°$，不满足设计要求。

为使系统相位裕度和剪切频率满足要求，引入串联超前校正网络。

2）所需相位超前量为

$$\varphi_0 = 40° - 16.12° + 6.12° = 30° \quad (\text{取 } \varepsilon = 6.12°)$$

3）令 $\varphi_m = 30°$，则

$$\alpha = \frac{1 - \sin 30°}{1 + \sin 30°} = 0.334$$

4）超前校正装置在 ω_m 处的增益为 $10\lg(1/\alpha) = 10\lg(1/0.334)\text{dB} = 4.77\text{dB}$。

根据前面计算 ω_{c1} 的原理，可以计算出未校正系统增益为 -4.77dB 处的频率，即为校正后系统的剪切频率 ω_{c2}，即由 $10\lg(1/0.334) = 40\lg(\omega_{c2}/\omega_{c1})$ 可得

$$\omega_{c2} = \omega_{c1}\sqrt[4]{3} = 4.55\text{rad}/\text{s} = \omega_m$$

5）校正网络的两个转角频率分别为

$$\omega_1 = \frac{1}{\tau} = \omega_m\sqrt{\alpha} = 2.63\text{rad}/\text{s}, \omega_2 = \frac{1}{\alpha\tau} = \frac{\omega_m}{\sqrt{\alpha}} = 7.9\text{rad}/\text{s}$$

所以，校正装置的传递函数为

$$G_c(s) = \frac{s/2.63 + 1}{s/7.9 + 1}$$

6）经超前校正后，系统开环传递函数为

$$G(s) = G_k(s)G_c(s) = \frac{12(s/2.63 + 1)}{s(s+1)(s/7.9 + 1)}$$

其剪切频率为 $\omega_c = \omega_{c2} = 4.55\text{rad}/\text{s} > 4\text{rad}/\text{s}$，相位稳定裕度为

$$\gamma_0 = 180° - 90° + \arctan 4.55/2.63 - \arctan 4.55 - \arctan 4.55/7.9 = 42.4° > 40°$$

均符合要求。

综上所述，串联超前校正使系统的相位裕度增大，从而降低系统响应的超调量，同时增加了系统的 ω_c，即增加了系统的带宽 ω_b，使系统的响应速度加快。

8.3.2　相位滞后校正

一般设计串联滞后校正装置的步骤大致如下：

1）根据给定的系统稳态性能要求，确定系统的开环增益 K。

2）绘制未校正系统在已确定 K 下的系统伯德图，并求出其相位裕度 $\gamma_0(\omega)$。

3）求出未校正系统伯德图上相位裕度为 $\gamma_2(\omega) = \gamma(\omega) + \varepsilon$ 处的频率 ω_{c2}，其中 $\gamma(\omega)$ 是要求的相位裕度，而 $\varepsilon = 10° \sim 15°$ 则是为了补偿滞后校正装置在 ω_{c2} 处的相位滞后。ω_{c2} 即是校正后系统的剪切频率 ω_c。

4）令未校正系统伯德图在 ω_{c2} 处的增益等于 $20\lg\beta$，由此确定滞后网络的 β 值。

5）按下列关系式确定滞后校正网络的转角频率：$\omega_1 = \dfrac{1}{\beta\tau}$，$\omega_2 = \dfrac{1}{\tau} = \dfrac{\omega_{c2}}{4} \sim \dfrac{\omega_{c2}}{10}$，进而校正装置的传递函数为

$$G_c(s) = \frac{s/\omega_2 + 1}{s/\omega_1 + 1}$$

6）画出校正后系统伯德图，验算相位裕度。

7）校验其他性能指标，如不满足要求，重新选定 ω_2 或 τ，但 τ 不宜选得过大，只要满足要求即可，以免校正网络难以实现。

例 8-2　已知未校正系统原有部分的开环传递函数为 $G_k(s) = \dfrac{K}{s(s+1)(0.25s+1)}$，试设计串联校正装置，使系统满足下列性能指标：$K \geqslant 5$，$\gamma \geqslant 40°$，$\omega_c \geqslant 0.5\mathrm{rad/s}$。

解　1）$K = 5$ 时，未校正系统的伯德图如图 8-12 中的曲线 G_0 所示。由图可以算得未校正系统的剪切频率 ω_{c1}。由于在 $\omega = 1\mathrm{rad/s}$ 处，系统的开环增益为 $20\lg5\mathrm{dB}$，而穿过剪切频率 ω_{c1} 的系统伯德曲线的斜率为 $-40\mathrm{dB/dec}$，所以有 $40\lg(\omega_{c1}/1) = 20\lg5$，得 $\omega_{c1} = \sqrt{5}\,\mathrm{rad/s} = 2.24\mathrm{rad/s} > 0.5\mathrm{rad/s}$，相应的相位稳定裕度为 $\gamma_0 = 180° - 90° - \arctan\omega_{c1} - \arctan0.25\omega_{c1} = -5.1°$，说明未校正系统是不稳定的。由于 $\omega_{c1} > 0.5\mathrm{rad/s}$，所以考虑采用串联滞后校正装置。

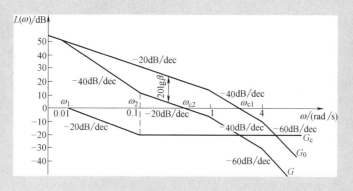

图 8-12　例 8-2 系统的伯德图

2）计算未校正系统相频特性中对应于相位裕度为 $\gamma_2(\omega)=\gamma(\omega)+\varepsilon=40°+15°=55°$ 时的频率 ω_{c2}。由于 $\gamma_2=180°-90°-\arctan\omega_{c2}-\arctan0.25\omega_{c2}=55°$，即由 $\arctan\omega_{c2}+\arctan0.25\omega_{c2}=35°$，则可解得 $\omega_{c2}=0.52\text{rad/s}$，此值符合系统剪切频率 $\omega_c\geqslant0.5\text{rad/s}$ 的要求，故可选为校正后系统的剪切频率，即选定 $\omega_c=0.52\text{rad/s}$。

3）当 $\omega=\omega_c=0.52\text{rad/s}$ 时，令未校正系统的开环增益为 $20\lg\beta$，从而求出串联滞后校正装置的系数 β。由于未校正系统的增益在 $\omega=1\text{rad/s}$ 时为 $20\lg5$，故有

$$20\lg\beta=20\lg5+20\lg\frac{1}{0.52}=20\lg\frac{5}{0.52}$$

于是选 $\beta=\dfrac{5}{0.52}=9.62\approx10$。

4）确定滞后装置的转角频率：选 $\omega_2=\dfrac{1}{\tau}=\dfrac{\omega_c}{4}=\dfrac{0.52}{4}\text{rad/s}=0.13\text{rad/s}$，即 $\tau=\dfrac{1}{0.13}\text{s}=7.7\text{s}$，则

$$\omega_1=1/(\beta\tau)=0.013\text{rad/s}$$

于是，滞后校正装置的传递函数为

$$G_c(s)=\frac{s/\omega_2+1}{s/\omega_1+1}=\frac{7.7s+1}{77s+1}$$

5）校验校正后系统的相位稳定裕度。校正后系统的开环传递函数为

$$G(s)=G_k(s)G_c(s)=\frac{5(7.7s+1)}{s(77s+1)(s+1)(0.25s+1)}$$

$\gamma=180°-90°-\arctan77\omega_c-\arctan\omega_c-\arctan0.25\omega_c+\arctan7.7\omega_c=42.53°>40°$，满足要求。

8.3.3　串联滞后-超前校正

设计滞后-超前校正装置，更多的是按期望特性法设计。现以例题说明其设计步骤。

例8-3　设未校正系统原有部分的开环传递函数为 $G_k(s)=\dfrac{K}{s(0.5s+1)(0.167s+1)}$，试设计串联校正装置，使系统满足下列性能指标：$K\geqslant180$，$\gamma>40°$，$3\text{rad/s}<\omega_c<5\text{rad/s}$。

解　1）首先绘制未校正系统在 $K=180$ 时的伯德图，如图8-13中的曲线 G_0 所示。可以计算未校正系统的剪切频率 ω_{c1}。由于未校正系统在 $\omega=1\text{rad/s}$ 时的开环增益为 $20\lg180\text{dB}$，故增益与各交接频率间存在下述关系：

$$20\lg2+40\lg\frac{6}{2}+60\lg\frac{\omega_{c1}}{6}=20\lg180，则\ \omega_{c1}=12.9\text{rad/s}$$

未校正系统的相位裕度为

$$\gamma_0=180°-90°-\arctan0.167\omega_{c1}-\arctan0.5\omega_{c1}=-56.35°$$

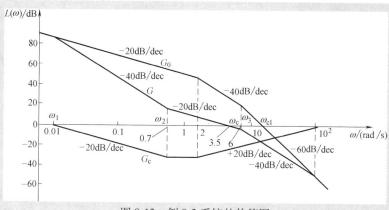

图 8-13　例 8-3 系统的伯德图

表明未校正系统不稳定。

由此可以得出不能单纯采用超前校正，因为未校正系统的剪切频率已是 12.9rad/s，若再加超前校正网络，为保持 $K \geqslant 180$，剪切频率将会更大，不满足 3rad/s$<\omega_c<$5rad/s 的要求。另外，补偿超前相位需达到 100°以上，这样的超前校正装置不容易实现。

如果考虑只用滞后校正装置，未校正系统中对应于 $\gamma_2(\omega) = 40°+15° = 55°$ 的频率由 $180°-90°-\arctan 0.167\omega_{c1} - \arctan 0.5\omega_{c1} = 55°$，可得 $\omega_{c1} = 0.97$rad/s$<$3rad/s，也不满足 3rad/s$<\omega_c<$5rad/s 的要求。

因此，单纯使用串联超前或滞后校正装置将难于满足全部性能指标的要求，故只能用相位滞后-超前校正装置。

2）用期望频率特性法设计系统校正装置，需先确定系统的期望开环对数幅频特性。

① 中频段。期望特性中频段（幅值穿越频率 ω_c 附近的频率范围）开环频率特性 $L(\omega)$ 的形状决定了系统的稳定性及动态品质，ω_c 的大小决定了系统的快速性。为使控制系统具有足够的稳定裕度，即 $\gamma = 40° \sim 60°$，$L(\omega)$ 穿越 0dB 线的斜率一般应为 -20dB/dec。同时系统的稳定裕度还与中频段的宽度 $h = \omega_3/\omega_2$（ω_2、ω_3 分别为中频段两端的转角频率）有关，h 与谐振峰值 M_r 的关系为 $h = \dfrac{M_r+1}{M_r-1}$，$M_r \approx \dfrac{1}{\sin\gamma}$（证明从略），$h$ 越大，γ 越大，系统的相对稳定性越好。一般校正后系统的 ω_c 通常可选为原系统的相位穿越频率 ω_g，即由 $-90°-\arctan 0.5\omega_c - \arctan 0.167\omega_c = -180°$，选定系统期望频率特性的剪切频率为 $\omega_c = 3.5$rad/s，然后过 ω_c 作一斜率为 -20dB/dec 的直线，作为期望特性的中频段。

② 低频段。期望特性低频段的增益应满足稳态误差的要求。为使控制系统以足够小的误差跟踪输入，期望在低频段提供足够高的增益。如若根据稳态误差的要求已经确定了系统的无差度（相当于系统的类型）和开环增益 K，则期望特性的低频段渐近线或它的延长线必须在 $\omega = 1$rad/s 处大于或等于 20lg$K$。

为了满足 $K = 180$，低频段的期望特性应与未校正系统特性相同。为此，需在期望特性的中频段与低频段之间用一斜率为 -40dB/dec 的直线连接，连线与中频段交点处的频率 ω_2 不宜离 ω_c 太近，否则难以保证系统相位裕度的要求。

现按 $\omega_2 = \dfrac{\omega_c}{4} \sim \dfrac{\omega_c}{10}$ 的原则选取 $\omega_2 = \dfrac{\omega_c}{5} = 0.7\text{rad/s}$。

③ 高频段。期望特性的高频段，开环 $L(\omega)$ 曲线的形状决定了系统的抗干扰能力，为减小高频噪声的影响，期望在高频区内 $L(\omega)$ 曲线应尽可能迅速衰减。但为了使校正装置不过于复杂，期望特性的高频段应尽量与未校正系统特性一致。由于未校正系统高频段特性的斜率是-60dB/dec，故期望特性中频段与高频段之间也应有一斜率为-40dB/dec 的直线作为连接线，此连接线与中频段期望特性相交，其交接频率 ω_3 距 ω_c 不宜过近，否则也影响系统的相位裕度。考虑到未校正系统有一个交接频率为 6rad/s 的惯性环节，为使校正装置尽可能易于实现，取 $\omega_3 = 6\text{rad/s}$。

于是，绘制出系统的期望特性如图 8-13 中的 G 所示。

3）由 G 减去 G_0，就得到串联校正装置的对数幅频特性，如图 8-13 中的 G_c 所示，此为串联相位滞后-超前校正装置的期望特性。

由 $\omega_2 = 0.7\text{rad/s} = 1/\tau_1$，得 $\tau_1 = 1/0.7\text{s} = 1.43\text{s}$；由图 8-13 知：$\tau_2 = 0.5\text{s}$。

4）确定 β 值。期望特性在 $\omega = 0.7\text{rad/s}$ 处的增益为 $20\lg\dfrac{3.5}{0.7}\text{dB} = 14\text{dB}$；未校正系统在 $\omega = 0.7\text{rad/s}$ 处的增益为 $20\lg180\text{dB} + 20\lg\dfrac{1}{0.7}\text{dB} = 48.2\text{dB}$。所以，校正装置在 $\omega = 0.7\text{rad/s}$ 处的增益为-34.2dB，即 $20\lg\dfrac{1/\tau_1}{1/(\beta\tau_1)} = 20\lg\beta = 32.4$，得 $\beta = 51.3$。

因此，串联相位滞后-超前校正装置的传递函数为

$$G_c(s) = \dfrac{(\tau_1 s + 1)(\tau_2 s + 1)}{(\beta\tau_1 s + 1)\left(\dfrac{1}{\beta}\tau_2 s + 1\right)} = \dfrac{(1.43s + 1)(0.5s + 1)}{(73.3s + 1)(0.0097s + 1)}$$

5）校正后系统的开环传递函数为

$$G(s) = G_0(s)G_c(s) = \dfrac{180(1.43s + 1)}{s(73.3s + 1)(0.167s + 1)(0.0097s + 1)}$$

校验系统相位裕度为

$$\gamma = 180° - 90° - \arctan73.3\omega_c + \arctan1.43\omega_c - \arctan0.167\omega_c + \arctan0.0097\omega_c = 46.7°$$

采用串联相位滞后-超前校正装置，能使校正后系统满足全部性能指标的要求。

8.4 反馈校正和复合校正

在控制工程实践中，为了提高控制系统的性能，除了采用串联校正外，还经常采用反馈校正和复合校正。尤其，反馈校正与串联校正相比有其突出优点，它能有效地改变被包围部分的结构或参数，在一定条件下甚至能取代被包围部分，从而可以去除或削弱被包围部分给系统造成的不利影响。因此，当系统参数经常变化而又能取出适当的反馈信号时，一般来说，采用反馈校正是合适的。

8.4.1　反馈校正

1. 削弱被包围部分的影响

最简单的反馈校正控制系统如图 8-14 所示。$G_c(s)$ 为反馈校正装置的传递函数。图 8-14所示系统的开环传递函数为

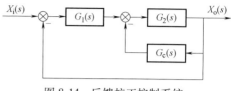

图 8-14　反馈校正控制系统

$$G_k(s) = G_1(s)\frac{G_2(s)}{1+G_2(s)G_c(s)}$$

在能够影响系统动态性能的频率范围内，如果能使 $|G_2(s)G_c(s)| \gg 1$，则系统开环传递函数可近似地表示为

$$G_k(s) \approx \frac{G_1(s)}{G_c(s)}$$

可见，反馈校正系统的特性几乎与被反馈校正装置包围的环节 $G_2(s)$ 无关，而为反馈校正装置频率特性的倒数。这里，反馈校正的作用是：用反馈校正装置包围未校正系统中对动态特性有不利影响的环节，形成一个局部反馈回路。在局部反馈回路的开环频率特性幅值远大于 1 的条件下，局部反馈的特性主要取决于反馈校正装置，而与被包围部分的元件特性无关。

因此，可以在局部反馈回路的范围内使 $|G_2(s)G_c(s)| \gg 1$，改善被包围部分的性能。例如，削弱被包围部分非线性的影响，减小被包围环节的时间常数，降低对被包围元件参数变化的敏感性，降低噪声的影响等。

2. 减小被包围环节的时间常数

例如，在随动系统中，电动机的机械惯性（时间常数）较大，常常是影响系统性能指标的重要因素。但是电动机的机械惯性又很难减小，这时就可以用反馈校正装置来改善系统的性能。通常的做法是在电动机轴上装一个测速发电机，并将其输出信号反馈到放大器的输入端。如图 8-15 所示，图中 K_c 为测速发电机的增益。

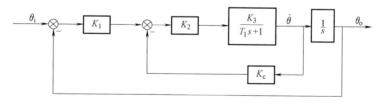

图 8-15　随动系统并联校正作用

由图 8-15 可得局部反馈回路的传递函数为

$$\frac{\dot{\theta}(s)}{U_o(s)} = \frac{\dfrac{K_2K_3}{T_1s+1}}{1+\dfrac{K_2K_3K_c}{T_1s+1}} = \frac{K_2K_3}{T_1s+K_2K_3K_c+1} = \frac{\dfrac{K_2K_3}{K_2K_3K_c+1}}{\dfrac{T_1}{K_2K_3K_c+1}s+1}$$

由此可见，反馈校正使回路的放大倍数和时间常数都下降为原来的 $\dfrac{1}{K_2K_3K_c+1}$，时间常

数的减少将使系统快速性得到改善。

3. 降低对被包围元件参数变化的敏感性

一般来说，串联校正比反馈校正简单，它的主要缺点是系统中其他元件参数不稳定会影响串联校正的效果。因此在使用串联校正装置时，通常要对系统元件特性的稳定性提出较高的要求。

反馈校正的优点是它削弱了被包围元件特性对整个系统的影响，故应用反馈校正装置时，对系统中各元件特性的稳定性要求较低。

在如图 8-14 所示的反馈校正控制系统中，考察被反馈校正装置所包围的局部反馈回路，如图 8-16 所示。$G_2(s)$ 没有被反馈校正装置包围时，其输出为 $X_o(s) = G_2(s)X_i(s)$。若 $G_2(s)$ 的元件参数发生 $\Delta G_2(s)$ 变化，由此引起输出变化为 $\Delta X_o(s) = \Delta G_2(s)X_i(s)$。

采用反馈校正后，当 $G_2(s)$ 的元件参数同样产生 $\Delta G_2(s)$ 变化时，则局部反馈回路的输出为

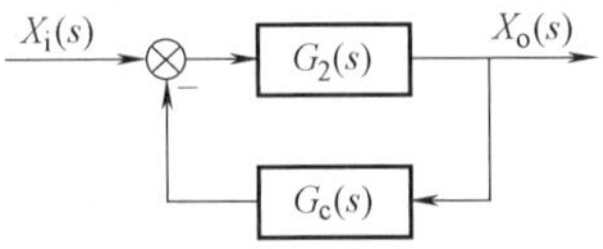

图 8-16 图 8-14 所示系统的局部反馈回路

$$X_o + \Delta X_o(s) = \frac{G_2(s) + \Delta G_2(s)}{1 + [G_2(s) + \Delta G_2(s)]G_c(s)}X_i(s)$$

通常 $G_2(s) \gg \Delta G_2(s)$，则近似地有

$$X_o + \Delta X_o(s) \approx \frac{G_2(s)}{1 + G_2(s)G_c(s)}X_i(s) + \frac{\Delta G_2(s)}{1 + G_2(s)G_c(s)}X_i(s)$$

所以

$$\Delta X_o(s) \approx \frac{\Delta G_2(s)}{1 + G_2(s)G_c(s)}X_i(s)$$

一般 $1 + G_2(s)G_c(s) \gg 1$，因此采用反馈校正能大大削弱被包围元件参数变化给系统带来的影响。

4. 等效地替代串联校正

可以用反馈校正装置来实现等效的串联校正。例如，图 8-17a 所示的系统是用硬反馈包围一个惯性环节。所谓硬反馈，是指局部反馈为比例负反馈。被包围的惯性环节的传递函数为

$$G_2(s) = \frac{K}{T_2 s + 1}$$

用硬反馈包围后的传递函数为

$$G_2'(s) = \frac{K}{T_2 s + 1 + rK} = \frac{1}{1 + rK} \cdot \frac{T_2 s + 1}{\dfrac{T_2}{1 + rK}s + 1} \cdot \frac{K}{T_2 s + 1} = \frac{1}{\alpha_i} \cdot \frac{T_2 s + 1}{\dfrac{T_2}{\alpha_i}s + 1}G_2(s)$$

其中，$\alpha_i = 1 + rK > 1$。上式便是校正后的传递函数，而其前半段就是超前校正的传递函数。由此可见，惯性环节被硬包围后，相当于串接一个超前校正网络。

又如图 8-17 所示是用软反馈包围一个惯性环节。所谓软反馈，是指局部反馈为微分负反馈。被包围惯性环节的传递函数与硬反馈包围的相同，则用软反馈包围后的传递函数为

$$G_2'(s) = \frac{K(\tau s + 1)}{\tau T_2 s^2 + [(1 + rK)\tau + T_2]s + 1} \approx \frac{\tau s + 1}{\alpha \tau s + 1} \cdot \frac{T_2 s + 1}{\dfrac{T_2}{\alpha}s + 1} \cdot \frac{K}{T_2 s + 1} = \frac{\tau s + 1}{\alpha \tau s + 1} \cdot \frac{T_2 s + 1}{\dfrac{T_2}{\alpha}s + 1}G_2(s)$$

其中，$\tau > T_2$，$\alpha = 1 + rK \gg 1$。

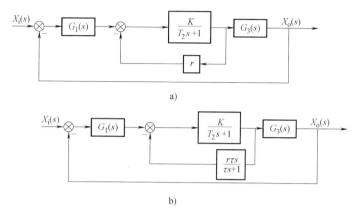

图 8-17　反馈包围

a）硬反馈包围　b）软反馈包围

可见，以软反馈包围一个惯性环节，实际上相当于串联一个滞后-超前校正网络。

这里的反馈校正的缺点是其校正装置常需由一些昂贵而庞大的部件所构成，例如，测速发电机、电流互感器等就是常用的反馈校正装置。另外，反馈校正装置的设计也比较繁琐。

在机电控制工程实践中，串联校正和反馈校正都得到了广泛的应用。而且在很多情况下将这两种方式结合起来，可以收到更好的效果。

8.4.2　复合校正

利用串联校正和反馈校正在一定程度上可以改善系统的性能。闭环控制系统中，控制作用是由偏差产生的，是靠偏差来消除误差，因此偏差是不可避免的。对于稳态精度要求很高的系统，为了减少误差，通常会提高系统的开环增益或提高系统的型次。但这样做往往会导致系统稳定性变差，甚至使系统不稳定。为了解决这个矛盾，常常把开环控制与闭环控制结合起来，形成前馈控制，如图 8-18 所示。这种控制有两个通道，一个是由 $G_c(s)$、$G_2(s)$ 组成的顺馈补偿通道，这是按开环控制的；另一个是由 $G_1(s)$、$G_2(s)$ 组成的主控制通道，这是按闭环控制的。系统的输出量不仅与误差值有关，而且还与补偿信号有关，后者的输出作用可补偿原来的误差。

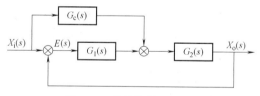

图 8-18　前馈控制系统图

1. 顺馈补偿

下面通过对图 8-18 所示系统传递函数的分析，了解顺馈补偿的作用。系统按偏差 $E(s)$ 控制时的闭环传递函数为

$$G(s) = \frac{G_1(s)\,G_2(s)}{1 + G_1(s)\,G_2(s)} \tag{8-10}$$

在加入顺馈补偿通道后，顺馈控制系统的传递函数推导如下：

$$X_o(s) = \left[\,G_c(s)X_i(s) + G_1(s)\,E(s)\,\right]G_2(s)$$
$$= G_c(s)\,G_2(s)X_i(s) + G_1(s)\,G_2(s)\left[\,X_i(s) - X_o(s)\,\right]$$

$$= G_c(s)G_2(s)X_i(s) + G_1(s)G_2(s)X_i(s) - G_1(s)G_2(s)X_o(s)$$

整理后即得顺馈控制系统的传递函数为

$$G(s) = \frac{X_o(s)}{X_i(s)} = \frac{[G_1(s) + G_c(s)]G_2(s)}{1 + G_1(s)G_2(s)} \tag{8-11}$$

分析式 (8-10) 和式 (8-11) 可知，顺馈校正后的系统特征多项式与未校正的闭环系统的特征多项式是完全一致的。因此，系统虽增加了补偿通道，但其稳定性不受影响。

现在来分析稳态精度和快速性方面的影响。加入顺馈补偿通道后，系统的偏差传递函数推导如下：

$$E(s) = X_i(s) - X_o(s)$$
$$= X_i(s) - [G_c(s)G_2(s)X_i(s) + G_1(s)G_2(s)E(s)]$$

整理后即得系统的偏差传递函数为

$$G_\varepsilon(s) = \frac{E(s)}{X_i(s)} = \frac{1 - G_c(s)G_2(s)}{1 + G_1(s)G_2(s)} \tag{8-12}$$

系统偏差为

$$E(s) = \frac{1 - G_c(s)G_2(s)}{1 + G_1(s)G_2(s)} X_i(s) \tag{8-13}$$

若选择

$$G_c(s) = \frac{1}{G_2(s)} \tag{8-14}$$

则

$$E(s) = 0$$

因此，系统的输出 $X_o(s)$ 就能完全复现输入信号 $X_i(s)$，使得系统既没有动态误差，也没有稳态误差，并可以把系统看成是一个无惯性系统，快速性能达到最佳状态。

这就是采用顺馈校正既能消除稳态误差，又能保证系统动态性能的基本原理。

应当指出，在工程实际中要完全满足式 (8-14) 的条件往往是困难的，因为它意味着系统要以极大的速度运动，需要极大的功率。因此，通常采用部分顺馈 [即 $G_c(s) \approx 1/G_2(s)$] 的办法来补偿。另外，如果通过顺馈补偿能把系统的无差度提高到 2 或 3，则可有效地减小速度和加速度误差。

2. 前馈补偿

如果扰动信号是可以测量的，则可以采用前馈补偿的办法，在扰动信号产生不良影响之前将它抵消掉，如图 8-19 所示。

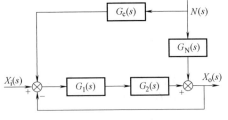

图 8-19　前馈补偿后的系统方框图

此时系统输出为

$$X_o(s) = [X_i(s) - X_o(s)]G_1(s)G_2(s) + [G_c(s)G_1(s)G_2(s) + G_N(s)]N(s)$$

仅考虑扰动信号 $N(s)$ 时，可令 $X_i(s) = 0$，则有

$$X_o(s) = \frac{G_c(s)G_1(s)G_2(s) + G_N(s)}{1 + G_1(s)G_2(s)} N(s)$$

故当 $G_c(s) = -\dfrac{G_N(s)}{G_1(s)\ G_2(s)}$ 时，$X_o(s) = 0$，便实现了对扰动信号的完全抵消。

以上介绍的控制器（校正装置）的各种设计方法实际上是一种试凑法。设计质量的高低在很大程度上取决于设计者的经验。随着控制理论和计算机技术的迅速发展，控制系统计算机辅助设计（CADCS）技术也迅猛发展，特别是应用 MATLAB 工具设计控制系统，为控制理论和工程应用架起了一座便捷的桥梁，大大提高了设计效率和质量。

8.5　典型控制器的控制规律及设计

控制器是指用机器设备或系统代替人完成某种生产任务，或者代替人实现某种过程。控制器的形式虽然很多，有不用外加能源的（无源的），有需要外加能源的（有源的）。但从控制规律来看，基本控制规律只有有限的几种，它们都是长期生产实践经验的总结。

所谓的控制规律是指控制器的输出信号与输入信号之间的关系。在研究控制器的控制规律时，通常是将控制器和系统断开，即只在开环时单独研究控制器本身的特性。不同的控制规律适应于不同的生产要求，必须按生产要求来选用适当的控制规律。如选用不当，不但不能起到好的作用，反而会使控制过程恶化，甚至造成事故。要选用合适的控制器，首先必须了解常用的几种控制规律的特点与使用条件，然后，根据过渡过程指标要求，结合具体对象特性做出正确的选择。

8.5.1　控制器的类型

控制器虽然有很多种类型，但不管是哪一种，所包括的基本控制规律都是一样的，目前主要有比例控制、积分控制以及微分控制这三种基本形式。这三种控制规律，既可以单独使用，也可以组合使用，而实际中组合使用的比较多。在控制系统中，控制器的输入通常取输入信号的偏差，简称为输入偏差。

1. 比例控制

比例控制是指输出变化与控制器的输入偏差成比例关系，一般偏差越大则输出越大。但要注意的是，如果比例度太大，那么实际控制作用就会很弱，使得控制质量变差，不利于系统克服干扰；相反地，则会使控制作用变得很强，削弱系统的稳定性，从而引发振荡。

根据上述说明，可知被控对象如果反应很灵敏，且有很强的放大能力，那么应使比例度稍微小一点；而被控对象如果反应比较迟钝，且放大能力比较弱，那么应使比例度稍微大一点。

2. 积分控制

在积分控制中，积分是指累积的意思，其输出与输入偏差对时间的积分成正比，也就是说，输出不仅与输入偏差有关，还与时间有关。所以只要存在偏差，就会存在累积，除非没有偏差，才不会进行累积。因此，得出的规律是：积分时间越小，控制作用越强，反之则越弱。

虽然说，积分控制能够消除偏差，但是它存在一个缺点，那就是控制不及时，不能对干扰进行及时有效的克服，因此对系统的稳定性不是很有利。所以，积分控制一般不单独使用，而是与比例控制结合使用，从而构成比例积分控制，来实现比较理想的过程控制。

3. 微分控制

这种控制，它的输出只与输入偏差的变化速度有关，与其他因素无关。只要偏差不变化，那么控制器的控制就不起作用。微分时间与微分作用成正比，因此具有超前调节的功能，但是不能消除偏差。

8.5.2 典型控制器

在工业设备中，经常采用电子元件构成的组合型校正装置。其由比例（P，Proportional）单元 K_p、微分（D，Derivative）单元 $K_d s$ 和积分（I，Integral）单元 $1/(T_i s)$ 构成，这三种单元可灵活组成 PD（比例微分）、PI（比例积分）和 PID（比例积分微分）三种控制调节器（或称校正器）。

1. PD 控制调节器

PD 控制调节器的传递函数为

$$G_c(s) = K_p + K_d s \qquad (8-15)$$

又可改写成

$$G_c(s) = K_p\left(1 + \frac{K_d}{K_p}s\right) = K_p(1 + T_d s)$$

P（比例）控制的输出与输入一一对应，且无延迟。比例控制适用于干扰小、对象滞后小且时间常数大、控制精度要求不高的场合。

PD（比例微分）控制的幅频特性是低频段为一条水平线，高频段为一斜率为 20dB/dec 的上升直线，有放大作用，因而能抑制高频振荡。相频特性是低频段相角接近 0°，高频段超前角接近 90°。微分环节只在高频段起作用。其作用相当于超前校正。

2. PI 控制调节器

PI 控制调节器的传递函数为

$$G_c(s) = K_p + \frac{1}{T_i s} = \frac{K_p T_i s + 1}{T_i s} \qquad (8-16)$$

PI（比例积分）控制的输出是比例与积分两部分之和，比例部分是快速的，而积分部分是缓慢渐变的，其相频特性在低频段滞后 90°，在高频段逐渐接近于零。其作用相当于滞后校正，但静态增益为无穷大，静态误差为零。

3. PID 控制调节器

PID 控制调节器又称比例-积分-微分校正，其传递函数为

$$G_c(s) = K_p + K_d s + \frac{1}{T_i s} = \frac{K_d T_i s^2 + K_p T_i s + 1}{T_i s} \qquad (8-17)$$

PID（比例积分微分）控制的输出是比例、积分和微分三种控制作用的叠加。其作用相当于前述的滞后—超前校正。

8.5.3 控制规律的实现

控制器的控制规律通常由其相应的校正装置来实现。这些校正装置的物理属性可以是电气的、机械的、液压的、气动的或者是它们的组合形式。究竟采用哪种形式的校正装置为宜，在很大程度上取决于被控对象的性质。如果不存在发生火灾的危险，则一般都愿意采用电气校正装置（即电网络），因为它实现起来最方便。在机械工业中也经常采用机械、液压或气动的校正装置。

本节主要介绍有源和无源电网络及机械网络控制器的控制规律实现，并研究它们的结构形式与特性。

1. PD 控制规律的实现

（1）PD 校正装置　PD 控制可用图 8-20 所示的有源电网络来实现，它由运算放大器和电阻、电容组成。按复阻抗计算有

$$Z_1(s) = \frac{R_1}{R_1 C_1 s + 1}, Z_2(s) = R_2$$

若将 A 点视为零电位并不考虑方向性，则有

$$\frac{U_i(s)}{Z_1(s)} = \frac{U_o(s)}{Z_2(s)}$$

将 $Z_1(s)$、$Z_2(s)$ 代入上式，整理后即得有源电网络的传递函数为

$$G_c(s) = K_p(1 + T_d s) \tag{8-18}$$

其中

$$T_d = R_1 C_1, K_p = R_2/R_1$$

可见，式（8-18）为典型的 PD 控制器的传递函数，故该有源电网络可以作为 PD 校正装置。

（2）近似 PD 校正装置　图 8-21a 所示的无源阻容电网络可用来近似地实现 PD 控制规律。其传递函数为

$$G_c(s) = \frac{U_o(s)}{U_i(s)} = \frac{1}{\alpha_i} \frac{T_d s + 1}{\dfrac{T_d}{\alpha_i} s + 1} \tag{8-19}$$

其中

$$T_d = R_1 C_1, \alpha_i = \frac{R_1 + R_2}{R_2} > 1$$

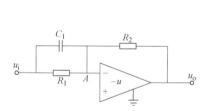

图 8-20　PD 校正装置

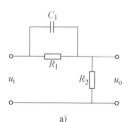

图 8-21　近似 PD 校正装置

如果取 $|\alpha_i| \gg |T_d|$，则近似有

$$G_c(s) = \frac{1}{\alpha_i}(T_d s + 1) \tag{8-20}$$

式（8-20）即为理想的 PD 控制规律。但实际上 α_i 取值不能太大，否则衰减太严重，一般取 $\alpha_i \leqslant 20$，故这一电网络只能近似地实现 PD 控制。因此，它又被称为实用微分校正电路。近似 PD 控制规律也可用图 8-21b 所示的机械网络校正装置来实现。该装置由一个阻尼器和两个弹簧组成。忽略负载的影响，其传递函数同样可写成如式（8-19）的形式，即

$$G_c(s) = \frac{U_o(s)}{U_i(s)} = \frac{1}{\alpha_i} \frac{T_d s + 1}{\dfrac{T_d}{\alpha_i} s + 1} \tag{8-21}$$

其中
$$T_{d} = \frac{B_{1}}{K_{1}}, \alpha_{i} = \frac{K_{1}+K_{2}}{K_{1}} > 1$$

下面分析近似 PD 校正装置（无源校正网络）的特性。

根据近似 PD 校正装置的传递函数式（8-21）可得出其频率特性为

$$G_{c}(j\omega) = \frac{1}{\alpha_{i}} \frac{jT_{d}\omega + 1}{j\frac{T_{d}}{\alpha_{i}}\omega + 1}$$

由上式可见，采用近似 PD 校正装置进行串联校正时，整个系统的开环增益要下降为原来的 $\frac{1}{\alpha_{i}}$。如果这个增益衰减量已由提高增益的放大器所补偿，则近似 PD 校正装置的频率特性可写为

$$\alpha_{i} G_{c}(j\omega) = \frac{jT_{d}\omega + 1}{j\frac{T_{d}}{\alpha_{i}}\omega + 1}$$

图 8-22 所示为近似 PD 校正装置的伯德图，其转角频率分别为 $\omega_{1} = \frac{1}{T_{d}}$ 和 $\omega_{2} = \frac{\alpha_{i}}{T_{d}}$。从伯德图可见，该装置在整个频率范围内都产生相位超前，故近似 PD 校正也称为相位超前校正。其超前的相位为

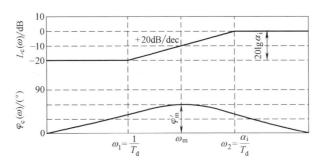

图 8-22　近似 PD 校正装置的伯德图

$$\varphi_{c}(\omega) = \arctan T_{d}\omega - \arctan \frac{T_{d}}{\alpha_{i}}\omega \qquad (8-22)$$

令 $\frac{d}{d\omega}\varphi_{c}(\omega) = 0$，可求出产生最大超前相位时的频率为

$$\omega_{m} = \frac{\sqrt{\alpha_{i}}}{T_{d}} \qquad (8-23)$$

因此有
$$\omega_{m}^{2} = \omega_{1}\omega_{2} \quad 和 \quad \frac{\omega_{2}}{\omega_{m}} = \frac{\omega_{m}}{\omega_{1}}$$

在对数坐标中，则有
$$\lg\omega_{2} - \lg\omega_{m} = \lg\omega_{m} - \lg\omega_{1}$$

上式表明，ω_{m} 是频率特性的两个转角频率 ω_{1} 和 ω_{2} 的几何中心。

将式（8-23）代入式（8-22），可得最大超前相位为

$$\varphi_c(\omega) = \arcsin \frac{\alpha_i - 1}{\alpha_i + 1} \qquad (8\text{-}24)$$

上式又可以写为

$$\alpha_i = \frac{1 + \sin\varphi_m}{1 - \sin\varphi_m} \qquad (8\text{-}25)$$

可见 φ_m 仅与 α_i 值有关。α_i 越大，φ_m 就越大，即相位超前越多，但通过校正装置的信号幅值衰减也越严重。为了满足稳态精度的要求，保持系统有一定的开环增益，就必须提高放大器的增益来予以补偿。

另外，在选择 α_i 值时，还需要考虑系统高频噪声的问题。相位超前校正装置具有高通滤波特性，α_i 值过大对抑制系统高频噪声不利。为了保持较高的系统信噪比，通常选择 $\alpha_i = 10$ 较为适宜。

2. PI 控制规律的实现

（1）PI 校正装置　PI 控制可用图 8-23 所示的有源电网络来实现，其传递函数为

$$G_c(s) = \frac{U_o(s)}{U_i(s)} = \frac{T_i s + 1}{\tau s} = \frac{T_i}{\tau}\left(1 + \frac{1}{T_i s}\right) = K_p\left(1 + \frac{1}{T_i s}\right) \qquad (8\text{-}26)$$

其中

$$T_i = R_2 C_2,\ K_p = R_2/R_1,\ \tau = R_1 C_2$$

由式（8-26）可见，这就是标准 PI 控制器的传递函数，故图 8-23 所示的有源电网络可以用作 PI 校正装置。

（2）近似 PI 校正装置　如图 8-24a 所示的无源阻容电网络和图 8-24b 所示的机械网络都可以用来近似地实现 PI 控制规律。它们的传递函数相同，均为

$$G_c(s) = \frac{U_o(s)}{U_i(s)} = \frac{X_2(s)}{X_1(s)} = \frac{T_i s + 1}{\alpha_j T_i s + 1} \qquad (8\text{-}27)$$

当 $\alpha_j \gg 1$ 时，上式可近似地写成

$$G_c(s) = \frac{T_i s}{\alpha_j T_i s + 1} + \frac{1}{\alpha_j T_i s + 1} \approx \frac{1}{\alpha_j}\left(1 + \frac{1}{T_i s}\right) = K_p\left(1 + \frac{1}{T_i s}\right)$$

其中

$$T_i = R_2 C_2\ \text{或}\ \frac{B_2}{K_2},\ \alpha_j = \frac{R_1 + R_2}{R_2}\ \text{或}\ \frac{B_1 + B_2}{B_2},\ K_p = \frac{1}{\alpha_j}$$

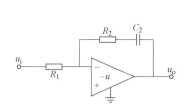

图 8-23　PI 校正装置

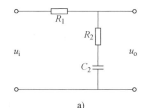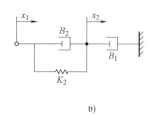

图 8-24　近似 PI 校正装置

下面分析近似 PI 校正装置的特性。根据式（8-27）可写出其频率特性为

$$G_c(j\omega) = \frac{jT_i\omega + 1}{j\alpha_j T_i\omega + 1}$$

由此可画出近似 PI 校正装置的伯德图，如图 8-25 所示。其转角频率分别为 $\omega_1 = \dfrac{1}{\alpha_j T_i}$ 和

$\omega_2 = \dfrac{1}{T_i}$。由图 8-25 可见该校正装置在整个频率范围内相位都滞后，故近似 PI 校正也称为相位滞后校正。其滞后的相位为

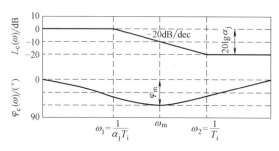

图 8-25　近似 PI 校正装置的伯德图

$$\varphi_c(\omega) = \arctan T_i\omega - \arctan\alpha_j T_i\omega \tag{8-28}$$

令 $\dfrac{d}{d\omega}\varphi_c(\omega) = 0$，可求出产生最大滞后相位时的频率为

$$\omega_m = \frac{1}{\sqrt{\alpha_j}\,T_i} = \omega_1\omega_2 \tag{8-29}$$

则有 $\qquad\qquad\qquad \lg\omega_2 - \lg\omega_m = \lg\omega_m - \lg\omega_1$

上式表明，ω_m 是频率特性的两个转角频率 ω_1 和 ω_2 的几何中心。其最大滞后相位为

$$\varphi'_m(\omega) = -\arcsin\frac{\alpha_j - 1}{\alpha_j + 1} \tag{8-30}$$

$$\alpha_j = \frac{1 + \sin(-\varphi'_m)}{1 - \sin(-\varphi'_m)} \tag{8-31}$$

可见，φ_m 与 α_j 值有关。α_j 越大，相位滞后越严重。必须指出，应尽量使产生最大滞后相位的频率 ω_m 远离校正后系统的幅值穿越频率 ω_{c2}，否则会对系统的动态性能产生不利影响，一般可取 $\omega_2 = \dfrac{1}{T_i} = \dfrac{\omega_{c2}}{10} \sim \dfrac{\omega_{c2}}{2}$。

另外，相位滞后校正装置实质上是一个低通滤波器，它对低频信号基本上无衰减作用，但能削弱高频噪声，α_j 越大，抑制噪声能力越强。通常以选 $\alpha_j = 10$ 左右为宜。

3. PID 控制规律的实现

（1）PID 校正装置　PID 控制可用图 8-26 所示的有源电网络来实现，其传递函数为

$$G_c(s) = \frac{U_o(s)}{U_i(s)} = \frac{(T_1 s + 1)(T_2 s + 1)}{\tau s} = \frac{T_1 + T_2}{\tau}\left[1 + \frac{1}{(T_1 + T_2)s} + \frac{T_1 T_2}{T_1 + T_2}s\right] \tag{8-32}$$

其中 $\qquad\qquad\qquad T_1 = R_1 C_1, T_2 = R_2 C_2, \tau = R_1 C_2$

由式（8-32）可见，这就是标准 PID 控制器的传递函数，故图 8-26 所示的有源电网络可以用作 PID 校正装置。

（2）近似 PID 校正装置　如图 8-27a 所示的无源电网络和图 8-27b 所示的机械网络都可以用来近似地实现 PID 控制规律。无源电网络的传递函数为

$$G_{c}(s)=\frac{U_{o}(s)}{U_{i}(s)}=\frac{(T_{1}s+1)(T_{2}s+1)}{T_{1}T_{2}s^{2}+(T_{1}+\alpha T_{2})s+1} \qquad (8\text{-}33)$$

其中　　　　　　$T_{1}=R_{1}C_{1}, T_{2}=R_{2}C_{2}, T_{1}+\alpha T_{2}=R_{1}C_{1}+R_{2}C_{2}+R_{1}C_{2}, \alpha=\dfrac{R_{1}+R_{2}}{R_{2}}$

设 $T_{2}>T_{1}$，且 $\alpha\gg1$，则 $T_{1}+\alpha T_{2}\approx\dfrac{T_{1}}{\alpha}+\alpha T_{2}$。

于是无源电网络的传递函数式（8-33）可以近似地写成

$$G_{c}(s)=\frac{T_{1}s+1}{\dfrac{T_{1}}{\alpha}s+1}\frac{T_{2}s+1}{\alpha T_{2}s+1} \qquad (8\text{-}34)$$

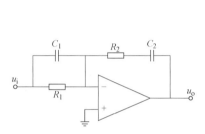

图 8-26　PID 校正装置

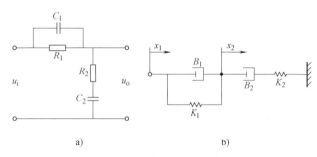

a)　　　　　　　b)

图 8-27　近似 PID 校正装置

由式（8-34）可见，这是滞后和超前校正的组合，等式右边第一项是超前校正装置的传递函数；第二项为滞后校正装置的传递函数。故近似 PID 校正装置又称为滞后-超前校正装置。

对于图 8-27b 所示的机械网络，其传递函数为

$$G_{c}(s)=\frac{X_{2}(s)}{X_{1}(s)}=\frac{(K_{1}+B_{1}s)(K_{2}+B_{2}s)}{(K_{1}+B_{1}s)(K_{2}+B_{2}s)+K_{2}B_{2}s} \qquad (8\text{-}35)$$

令 $T_{1}=\dfrac{B_{1}}{K_{1}}$，$T_{2}=\dfrac{B_{2}}{K_{2}}$，$\alpha=\dfrac{K_{1}+K_{2}}{K_{1}}\gg1$，则 $\dfrac{B_{1}}{K_{1}}+\dfrac{B_{2}}{K_{2}}+\dfrac{B_{2}}{K_{1}}=T_{1}+\alpha T_{2}\approx\dfrac{T_{1}}{\alpha}+\alpha T_{2}$。

将以上关系式代入式（8-35）便得与式（8-34）相同的传递函数，即

$$G_{c}(s)=\frac{X_{2}(s)}{X_{1}(s)}=\frac{T_{1}s+1}{\dfrac{T_{1}}{\alpha}s+1}\frac{T_{2}s+1}{\alpha T_{2}s+1}$$

下面分析近似 PID 校正装置的特性。由式（8-34）可知，其频率特性为

$$G_{c}(j\omega)=\frac{jT_{1}\omega+1}{j\dfrac{T_{1}}{\alpha}\omega+1}\frac{jT_{2}\omega+1}{j\alpha T_{2}\omega+1}$$

近似 PID 校正装置的伯德图如图 8-28 所示。由图可见，频率特性的前半段是相位滞后部分，由于具有使增益衰减的作用，所以允许在低频段提高增益，以改善系统的稳态性能。频率特性的后半段是相位超前部分，故有增加相位的作用，使相位裕度增大，加大幅值穿越

频率，从而改善系统的动态性能。

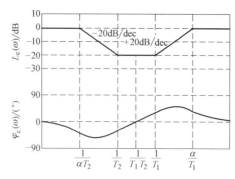

图 8-28　近似 PID 校正装置的伯德图

8.6　控制系统的最优设计模型

为了对控制系统进行定性和定量的分析研究，深刻地揭示控制科学的内在规律，建立控制系统的数学模型已成为一项必不可少的工作。现在，任何控制工程问题在开始设计阶段就需要理解如何平衡性能、稳定性、成本和效率之间的关系，掌握控制系统的性能指标，以实现最优控制。

8.6.1　伯德图形状对控制系统性能指标的影响

在控制系统分析和设计中，通常将频率特性绘制成曲线，根据频率特性曲线可以对系统进行直观、简便的分析和研究。频率特性的图像表示方法有奈奎斯特图和对数频率特性曲线。对数幅频特性曲线可通过将环节串联组成的系统，转换为各组成环节的对数幅频特性的线性叠加而获得。因此，掌握对数频率特性曲线具有重要意义。

在工程上，通常将系统的开环对数幅频特性曲线划分为三个频段。下面讨论单位负反馈系统开环对数幅频特性曲线在三个频段上对闭环系统性能指标的影响。

1. 低频段

低频段一般指开环对数幅频渐近线在第一个转角频率以前的频率区段。低频段的开环频率特性可表示为

$$G(\omega) = \frac{K}{(j\omega)^\lambda} \tag{8-36}$$

式（8-36）表明，低频段的开环对数幅频特性曲线的形状完全由开环增益 K 和系统的型号 λ 决定。因此，开环对数幅频特性曲线低频段的形状表征了闭环系统的稳态性能。

如果低频段曲线较陡且位置较高，说明系统的型号 λ、开环增益 K 都较大，则系统的稳态误差 Δ_{ss} 较小；如果低频段曲线较平直，且位置较低，说明系统的型号 λ、开环增益 K 都较小，则系统的稳态误差 Δ_{ss} 较大。

2. 中频段

中频段是指开环对数幅频渐近线在 0dB 线附近的频率区段，即剪切频率 ω_c 附近的频率

区段。

中频段集中地反映了控制系统的动态性能。为了使系统具有良好的相对稳定性，使相位裕度 γ 在 $30°\sim60°$ 之间，一般要求最小相位系统的开环对数幅频特性在 ω_c 附近的斜率为 $-20\mathrm{dB/dec}$，且该段的区域较宽；如果在 ω_c 附近的斜率为 $-40\mathrm{dB/dec}$，则对应的系统可能不稳定，或者系统即使能稳定，但因为相位裕度较小，其稳定性也较差；如果在 ω_c 附近的斜率为 $-60\mathrm{dB/dec}$，则对应的系统总是不稳定的。下面通过例子进行说明。

设最小相位系统的开环对数幅频特性曲线如图 8-29 所示。

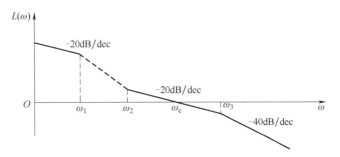

图 8-29　最小相位系统的开环对数幅频特性曲线

假设 $\omega<\omega_1$ 部分的斜率为 $-20\mathrm{dB/dec}$，$\omega>\omega_3$ 部分的斜率为 $-40\mathrm{dB/dec}$，且设 $\omega_c/\omega_2=\omega_3/\omega_c=3$，则考虑以下三种情况：

1）当 $\omega_1<\omega<\omega_2$ 区间的斜率为 $-40\mathrm{dB/dec}$，$\omega_2<\omega<\omega_3$ 区间的斜率为 $-20\mathrm{dB/dec}$ 时，对应的系统开环频率特性为

$$G(\mathrm{j}\omega)=\frac{K\left(1+\mathrm{j}\dfrac{\omega}{\omega_2}\right)}{\mathrm{j}\omega\left(1+\mathrm{j}\dfrac{\omega}{\omega_1}\right)\left(1+\mathrm{j}\dfrac{\omega}{\omega_3}\right)}$$

系统在 ω_c 处的相角为

$$\varphi(\omega_c)=\arctan\frac{\omega_c}{\omega_2}-90°-\arctan\frac{\omega_c}{\omega_1}-\arctan\frac{\omega_c}{\omega_3} \tag{8-37}$$

式（8-37）中的 ω_1 虽然未确定，但角度 $\arctan(\omega_c/\omega_1)$ 的变化范围一般在 $72°\sim90°$ 之间。由于 $\arctan\omega_c/\omega_2=\arctan3\approx72°$ 和 $\arctan\omega_3/\omega_c=\arctan(1/3)\approx18°$，则有

$$\varphi(\omega_c)=72°-90°-(72°\sim90°)-18°=-108°\sim-126°$$
$$\gamma=180+\varphi(\omega_c)$$

因此，相位裕度 γ 在 $72°\sim54°$ 之间。

2）当 $\omega_1<\omega<\omega_2$ 区间的斜率为 $-60\mathrm{dB/dec}$，$\omega_2<\omega<\omega_3$ 区间的斜率为 $-20\mathrm{dB/dec}$ 时，对应的系统开环频率特性为

$$G(\mathrm{j}\omega)=\frac{K\left(1+\mathrm{j}\dfrac{\omega}{\omega_2}\right)^2}{\mathrm{j}\omega\left(1+\mathrm{j}\dfrac{\omega}{\omega_1}\right)^2\left(1+\mathrm{j}\dfrac{\omega}{\omega_3}\right)}$$

系统在 ω_c 处的相角为

$$\varphi(\omega_c) = 2\arctan\frac{\omega_c}{\omega_2} - 90° - 2\arctan\frac{\omega_c}{\omega_1} - \arctan\frac{\omega_c}{\omega_3} \tag{8-38}$$

同样可确定 $\varphi(\omega_c)$ 的变化范围为 $-108° \sim -144°$。

因此，相位裕度 γ 在 $72° \sim 36°$ 之间。

3）当 $\omega_1 < \omega < \omega_2$ 区间的斜率为 -60dB/dec，$\omega > \omega_2$ 的斜率为 -40dB/dec 时，对应的系统开环频率特性为

$$G(j\omega) = \frac{K\left(1+j\dfrac{\omega}{\omega_2}\right)}{j\omega\left(1+j\dfrac{\omega}{\omega_1}\right)^2}$$

系统在 ω_c 处的相角为

$$\varphi(\omega_c) = \arctan\frac{\omega_c}{\omega_2} - 90° - 2\arctan\frac{\omega_c}{\omega_1} \tag{8-39}$$

同样可确定 $\varphi(\omega_c)$ 的变化范围为 $-162° \sim -198°$。

因此，相位裕度 γ 在 $18° \sim -18°$ 之间。

上述计算结果表明系统的开环对数幅频特性如果在 ω_c 处中频段的斜率为 -20dB/dec，系统就有可能稳定并具有足够大的相位裕度。这个条件只是必要而不是充分的。在设计控制系统时，开环对数幅频特性在 ω_c 处中频段的斜率和系统的相对稳定性的这一关系通常是很有用的。

3. 高频段

高频段是指中频段之后的频段，一般高频段的频率 ω 具有 $\omega > 10\omega_c$ 的特性。

开环对数幅频渐近线在高频段的形状表示系统的复杂性和滤波性。高频段曲线应尽量低些、陡些，这样可以使系统的输出幅值在高频段尽快衰减，以消除高频噪声的影响。

应当指出的是，这三个频段的划分并没有严格的确定准则。但是，利用三个频段的概念，为直接利用开环对数幅频特性来分析闭环系统的性能提供了方便。

8.6.2　典型的系统最优模型

工程上常采用两种典型的期望对数频率特性：二阶系统最优模型和三阶系统最优模型，确定有源校正网络的参数。

1. 二阶系统最优模型

典型二阶系统的开环伯德图如图 8-30 所示。其开环传递函数为

$$G_k(s) = \frac{K}{s(Ts+1)} \tag{8-40}$$

闭环传递函数为

$$G(s) = \frac{K}{Ts^2+s+K} = \frac{\omega_n^2}{s^2+2\xi\omega_n s+\omega_n^2} \tag{8-41}$$

其中，无阻尼固有频率 $\omega_n = \sqrt{\dfrac{K}{T}}$，阻尼比 $\xi = \dfrac{1}{2\sqrt{KT}}$。

当阻尼比 $\xi = 0.707$ 时，超调量 $M_p = 4.3\%$，调节时间 $t_p = 6T$，故 $\xi = 0.707$ 的阻尼比称为工程最佳阻尼系数。此时转角频率 $\dfrac{1}{T} = 2\omega_c$。然而，要保证 $\xi = 0.707$ 并不容易，常取 $0.4 \leqslant \xi \leqslant 0.8$。

2. 三阶系统最优模型

图 8-31 所示为三阶系统最优模型的开环伯德图。由图 8-31 可见，这个模型既保证了中频段斜率为 $-20\mathrm{dB/dec}$，又使低频段有更大的斜率，提高了系统的稳态精度。显而易见，它的性能比二阶最优模型更好，因此工程上也常常采用这种模型。

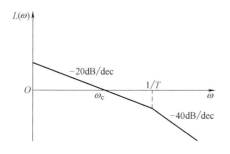

图 8-30　典型二阶系统的开环伯德图

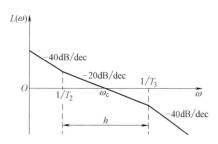

图 8-31　三阶系统最优模型的开环伯德图

在一般情况下，$T_3 \left(\dfrac{1}{\omega_3} \right)$ 是不变部分的参数，一般不能变动。只有 $T_2 \left(\dfrac{1}{\omega_2} \right)$ 和开环增益 K 可以改变。变动 T_2 相当于改变中频段宽度 h，变动 K 相当于改变 ω_c 值。K 值增加，稳态误差系数加大，提高了系统的稳态精度，同时幅值穿越频率 ω_c 也增大，提高了系统的快速性。但相位裕度将减小，降低了系统的稳定性。T_2 增加，带宽 h 加大，可提高系统的稳定性。

在初步设计时，可取 $\omega_c = \dfrac{1}{2}\omega_3$，$h \left(h = \dfrac{\omega_3}{\omega_2} \right)$ 选在 7 ~ 12 之间，如希望进一步增大稳定裕度，可把 h 增大至 15 ~ 18 之间。

8.6.3　期望开环对数频率特性的高频段

由前可知，二阶和三阶最优模型的高频段的对数幅频特性曲线斜率均为 $-40\mathrm{dB/dec}$。控制系统还存在一些时间常数小的部件，致使高频段的斜率出现在 $-60 \sim -100\mathrm{dB/dec}$，如图 8-32 所示。高频段对数幅频特性曲线以很陡的斜率下降，有利于降低噪声，提高系统抗高频干扰的能力。但是，这些小时间常数的部件也将使系统的相位裕度减小。

无源网络校正装置的参数确定与有源网络类似。当系统的不变部分选定之后，调整开环放大系数，以保证系统的稳态性能。经常是稳态性能满足要求时，系统的动态性能不能满足要求。

为了改善系统的动态性能，可采用串联超前校正（近似 PD 控制）、串联滞后校正（近似 PI 控制）或串联滞后-超前校正（近似 PID 控制）。具体采用何种校正方式，要根据未校正系统的特性来确定，然后确定校正装置的参数。

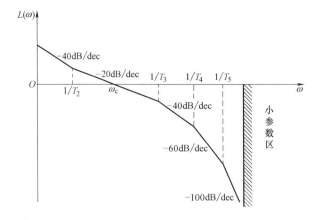

图 8-32　控制系统的高频段

8.7　工程中的控制系统设计实例

例 8-4　如图 8-33 所示系统，$T_1 = 0.00315\text{s}$，$T_2 = 0.262\text{s}$。要求：

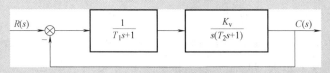

图 8-33　系统方框图

1）穿越频率 $\omega_c \geqslant 44\text{rad/s}$。

2）相位裕度 $\gamma > 50°$。

3）跟踪给定信号的稳态误差为零。

解　1）在低增益情况下，按动态设计指标采用串联校正综合系统。取 $K_v = 100\text{s}^{-1}$，根据给出的参数，画出未校正系统的开环对数幅频特性，如图 8-34 中的曲线 G 所示。

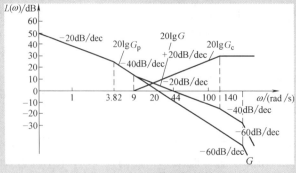

图 8-34　开环对数幅频特性

校正前系统快速性和相对稳定性均不满足要求。根据要求的 $\omega_c = 44\text{rad/s}$，采用串联校正，取 $\omega_2 = 140\text{rad/s}$，过点 $\omega_c = 44\text{rad/s}$ 作 -20dB/dec 斜率的直线，分别交于 $\omega_2 = 140\text{rad/s}$ 的垂线和校正前幅频特性曲线于 $\omega_1 = 9\text{rad/s}$ 处，得校正后开环幅频特性，并得校正后开环传递函数为

$$G(s) = \frac{100(0.11s+1)}{s(0.262s+1)(0.00714s+1)(0.00315s+1)}$$

从而求得校正装置的传递函数为 $G_c(s) = \dfrac{0.11s+1}{0.00714s+1}$

校验相位裕度，即

$$\gamma = \pi - \frac{\pi}{2} - \arctan\frac{44}{3.82} + \arctan\frac{44}{9} - \arctan\frac{44}{140} - \arctan\frac{44}{317.5} = 56° > 50°$$

满足动态指标的要求。

2）根据精度要求加入顺馈校正。加入顺馈校正后的系统方框图如图 8-35 所示。

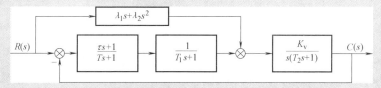

图 8-35　加入顺馈校正后的系统方框图

系统的等效误差传递函数为

$$\Phi_{\text{de}} = \frac{s(T_1s+1)(T_2s+1)(Ts+1) - K_v(T_1s+1)(Ts+1)(\lambda_1 s + \lambda_2 s^2)}{s(T_1s+1)(T_2s+1)(Ts+1) + K_v(\tau s+1)}$$

$$= \frac{(T_1s+1)(Ts+1)(T_2s^2 + s - K_v\lambda_1 s - K_v\lambda_2 s^2)}{s(T_1s+1)(T_2s+1)(Ts+1) + K_v(\tau s+1)}$$

故当 $\lambda_1 = \dfrac{1}{K_v}$，$\lambda_2 = \dfrac{T_2}{K_v}$ 时，系统的跟踪误差为零，满足全补偿条件。

此例中，$\lambda_1 = \dfrac{1}{K_v} = 0.01$，$\lambda_2 = \dfrac{T_2}{K_v} = 0.00262$，故顺馈校正装置的传递函数为

$$G_{\text{CL}}(s) = 0.01s + 0.00262s^2 = 0.01s(1 + 0.262s)$$

例 8-5　试设计如图 8-36 所示某位置随动系统的有源串联校正装置，使系统速度误差系数 $K_v \geqslant 40$，幅值穿越频率 $\omega_c \geqslant 50\text{rad/s}$，相位裕度 $\gamma(\omega_c) \geqslant 50°$。已知 $K_3 = 1.3$，$K_4 = 0.0933$，$\tau = 5 \times 10^{-3}$，$K_d = 22.785$，$T_d = 0.15\text{s}$，$T_3 = 0.877 \times 10^{-3}\text{s}$。

解　1）根据稳态精度的要求确定开环放大系数。由图 8-36 可知，未校正系统开环传递函数为

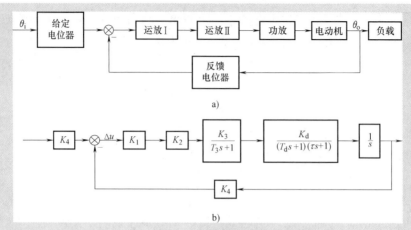

图 8-36 某位置随动系统

a) 系统结构 b) 系统方框图

$$G_0(s) = \frac{K_1 K_2 K_3 K_4 K_d}{s(T_d s+1)(T_3 s+1)(\tau s+1)} = \frac{K}{s(T_d s+1)(T_3 s+1)(\tau s+1)}$$

可见，未校正系统为 I 型系统，故 $K = K_v$。按设计要求选 $K = K_v = 40$。

取 $K_1 = 3$，$K_2 = 4.8$，则 $K = K_1 K_2 K_3 K_4 K_d = 40$，得未校正系统的开环传递函数为

$$G_0(s) = \frac{40}{s(0.15s+1)(0.877 \times 10^{-3} s+1)(5 \times 10^{-3} s+1)}$$

作未校正系统的伯德图，如图 8-37 中的曲线 1 所示。得 $\omega_c = 16\text{rad/s}$，$\gamma(\omega_c) = 17.25°$。

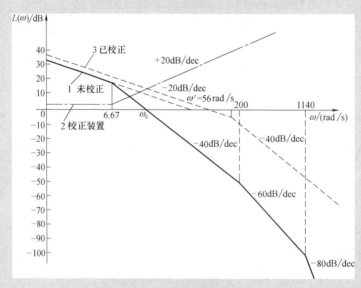

图 8-37 例 8-5 的系统伯德图

2）确定校正装置。原系统的 ω_c、$\gamma(\omega_c)$ 均小于设计要求，为保证系统的稳态精度，

并提高系统的动态性能，选用串联 PD 校正。其校正装置为如图 8-20 所示的有源电网络。选择图 8-30 所示的最优二阶模型为期望特性。为使原系统结构简单，对未校正部分的高频段小惯性环节作等效处理如下

因为

$$\frac{1}{(T_3 s+1)}\frac{1}{(\tau s+1)}=\frac{1}{T_3\tau s^2+(T_3+\tau)s+1}$$

而

$$T_3\tau=0.877\times10^{-3}\times5\times10^{-3}\,s^2=4.385\times10^{-6}\,s^2$$

$$T_3'=T_3+\tau=(0.877\times10^{-3}+5\times10^{-3})\,s=5.877\times10^{-3}\,s$$

略去高阶微分项 $T_3\tau$ 故有

$$\frac{1}{(T_3 s+1)}\frac{1}{(\tau s+1)}\approx\frac{1}{T_3's+1}$$

所以未校正系统的开环传递函数可近似为

$$G(s)=\frac{K}{s(T_d s+1)(T_3's+1)}=\frac{40}{s(0.15s+1)(5.877\times10^{-3}s+1)}$$

已知 PD 校正装置的传递函数为

$$G_c(s)=K_p(Ts+1)$$

为使校正后的开环伯德图为期望二阶最优模型，可消去未校正系统的一个极点，即

$$G(s)G_c(s)=\frac{K}{s(T_d s+1)(T_3's+1)}K_p(Ts+1)$$

令

$$T=T_d=0.15\,s$$

则

$$G(s)G_c(s)=\frac{KK_p}{s(T_3's+1)}$$

由图 8-37 可知，校正后的系统开环放大系数 $K'=\omega_c'$。根据性能要求 $\omega_c'\geq50\text{rad/s}$，故选 $K_p=1.4$。

3）验算。校正后的系统开环传递函数为

$$G(s)G_c(s)=\frac{40}{s(0.15s+1)(5.877\times10^{-3}s+1)}\times1.4(0.15s+1)=\frac{56}{s(5.877\times10^{-3}s+1)}$$

作出校正装置的对数幅频特性和校正后系统开环对数幅频特性，分别如图 8-37 中曲线 2 和 3 所示。

由图 8-37 得校正后系统的幅值穿越频率 $\omega_c'=56\text{rad/s}$。相位裕度为

$$\gamma(\omega_c')=180°-90°-\arctan T_3'\omega_c'=90°-\arctan(5.877\times10^{-3}\times56)=71.78°$$

由于 $\omega_c'=K=K_v=56>40$（指数值上），故校正后系统的动态和稳态性能均满足要求。

4）有源电网络参数确定。由图 8-20 可知，$K_p=\dfrac{R_2}{R_1}=1.4$，而 $T=R_1C_1=0.15\text{s}$。故选 $C_1=1\mu\text{F}$，$R_1=150\text{k}\Omega$，$R_2=210\text{k}\Omega$。

必须指出：在本例中，采用串联 PD 校正装置后，会给系统带来较大噪声，因此在实用上有点欠缺。如果改用近似 PD 校正装置，情况将得到显著改善，详见例 8-6。

例 8-6 设有一单位负反馈控制系统，其开环传递函数为

$$G(s) = \frac{K}{s(s+1)}$$

若要求系统在单位速度输入作用下，速度稳态误差 $\Delta_{ss} \leq 0.1$，系统开环频率特性的幅值穿越频率 $\omega_c \geq 4.4 \text{rad/s}$，相位裕度 $\gamma(\omega_c) \geq 45°$，幅值裕度 $K_g \geq 10\text{dB}$，试设计无源校正装置。

解 1）根据稳态性能的要求，确定开环放大系数 K。

因为 $\Delta_{ssv} = \frac{1}{K_v} = \frac{1}{K} \leq 0.1$，所以取 $K = 10$ 可满足稳态误差的要求。故系统开环传递函数为

$$G(s) = \frac{10}{s(s+1)}$$

2）选择校正装置并计算其参数 α_i 和 T_1。

作原系统的伯德图，如图 8-38 所示。由图得未校正系统的幅值穿越频率 $\omega_c = 3.1 \text{rad/s}$，则相位裕度为 $\gamma(\omega_c) = 180° - 90° - \arctan\omega_c = 90° - \arctan 3.1 = 18°$。因为是二阶系统，所以 $K_g = \infty$。

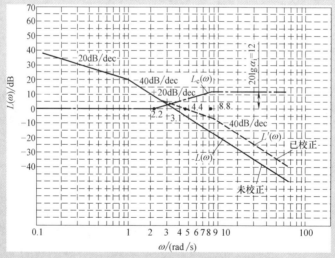

图 8-38 例 8-6 系统伯德图

可见，虽然系统的稳态性能得到了保证，但系统的 ω_c 和 $\gamma(\omega_c)$ 均小于性能指标所提出的要求，故应选串联超前校正。

试选校正后的幅值穿越频率 $\omega_c' = 4.4 \text{rad/s}$，由图 8-38 查得未校正系统特性曲线在 $\omega_c' = 4.4 \text{rad/s}$ 时，对数幅值 $L(\omega_c') = -6\text{dB}$。

为保证校正网络的最大超前相位出现在 ω_c' 处，故令

$$L_c(\omega_m) + L(\omega_c') = 0 \tag{8-42}$$

式中，$L_c(\omega_m)$ 为校正网络在 ω_m 处的对数幅值的分贝数。

为使式（8-42）成立，必须有：$L_c(\omega_m)=20\lg\sqrt{\alpha_i}=6\text{dB}$，因而 $\alpha_i\approx 4$。

又因为 $\omega_m=\dfrac{\sqrt{\alpha_i}}{T_1}$，所以

$$T_1=\frac{\sqrt{\alpha_i}}{\omega_m}=\frac{2}{4.4}\text{s}=0.455\text{s}，\quad \frac{T_1}{\alpha_i}=0.113\text{s}$$

故超前校正网络的传递函数为

$$\alpha_i G_c(s)=\frac{T_1 s+1}{\dfrac{T_1}{\alpha_i}s+1}=\frac{0.455s+1}{0.113s+1}$$

3）验算。校正后系统的开环传递函数为

$$\alpha_i G_c(s)G(s)=\frac{10(0.455s+1)}{s(s+1)(0.113s+1)}$$

故校正后系统的相位裕度为

$$\gamma(\omega_c')=180°-90°-\arctan\omega_c'-\arctan(0.113\omega_c')+\arctan(0.445\omega_c')$$
$$=90°-\arctan4.4-\arctan(0.113\times4.4)+\arctan(0.445\times4.4)\approx49.8°$$
$$K_g=\infty>10\text{dB}$$

若校正后系统的性能仍不能满足要求，则应改变 ω_c' 重新设计，直至满足性能要求为止。

4）选择和计算无源网络的元件值。选择图 8-21a 所示无源电网络为超前校正装置。由于对校正电网络的输入阻抗有不同要求，元件值的选择有多样性。如选电容 $C_1=4.7\mu\text{F}$，则

$$R_1=\frac{T_1}{C_1}=\frac{0.455}{4.7\times10^{-6}}\text{k}\Omega=96.8\text{k}\Omega$$

所以

$$R_2=\frac{R_1}{\alpha_i-1}=\frac{96.8}{4-1}\text{k}\Omega=32.3\text{k}\Omega$$

例 8-7　已知某快速位置随动系统为单位负反馈系统，其开环传递函数为

$$G(s)=\frac{K}{s(s+1)(0.25s+1)}$$

要求系统校正后，稳态速度误差系数 $K_v=10$，相位裕度 $\gamma(\omega_c')\geqslant30°$，试设计串联无源校正网络。

解　1）根据稳态精度的要求确定系统开环放大系数。由于原系统为 I 型系统，所以

$$K=K_v=10$$

作出原系统的开环伯德图，如图 8-39 所示。由图得 $\omega_c=3.16\text{rad/s}$，$\gamma(\omega_c)=-20.7°$。可见原系统不稳定。

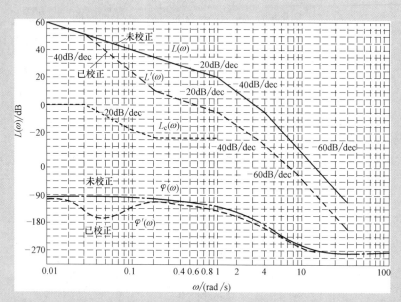

图 8-39 例 8-7 的系统伯德图

2）确定校正装置。因为原系统不稳定，如果采用一级超前校正，无法实现相位裕度的要求，若采用两级超前校正，虽有可能实现要求，但校正装置复杂，且高频衰减特性大大降低，不能抵抗高频干扰。

由于性能指标未对校正后的幅值穿越频率 ω'_c 提出具体要求，故可考虑牺牲快速性来提高稳定性，采用无源滞后网络来校正。

滞后校正装置串入系统后，将使原系统相位滞后，虽然在设计时力图使最大滞后相位远离校正后的系统幅值穿越频率 ω'_c，但在 ω'_c 处它还会有影响，而使总的相位有所滞后，使校正后的系统相位裕度减少。所以，在设计滞后校正装置时，必须考虑这个因素，预先增加 15° 的补偿裕度，故预选 $\gamma(\omega'_c) = 45°$。在伯德图上查原系统对数相频特性曲线，选 $\gamma(\omega'_c) = 45°$ 时对应的频率 $\omega'_c = 0.7 \text{rad/s}$，作为校正后的系统幅值穿越频率。

在伯德图上查原系统在 ω'_c 处对数幅频特性的分贝值，$L(\omega'_c) = 23.1 \text{dB}$，为使校正后系统的幅值在频率 $\omega'_c = 0.7 \text{rad/s}$ 处穿越零分贝线，必须使 $L(\omega'_c) - 20\lg\alpha_i = 0$。

所以 $\qquad\qquad\qquad\qquad 20\lg\alpha_i = 23.1 \text{dB}$

故得滞后校正网络的参数 $\alpha_i = 14.3$。

为了使校正装置的最大滞后相位远离校正后的幅值穿越频率 ω'_c，故选校正装置的一个转角频率为

$$\omega_2 = \frac{1}{T_2} = \frac{1}{3.5}\omega'_c = 0.2 \text{rad/s}$$

另一个转角频率为

$$\omega_1 = \frac{1}{\alpha_i T_2} = 0.02 \text{rad/s}$$

则校正装置的传递函数为

$$G_c(s) = \frac{T_2 s + 1}{\alpha_i T_2 s + 1} = \frac{(s/0.2)+1}{(s/0.02)+1} = \frac{5s+1}{50s+1}$$

3）验算。校正后系统的开环传递函数为

$$G(s)G_c(s) = \frac{10(5s+1)}{s(s+1)(0.25s+1)(50s+1)}$$

相位裕度为

$$\gamma(\omega_c') = 180° - 90° - \arctan\omega_c' - \arctan 0.25\omega_c' - \arctan 50\omega_c' + \arctan 5\omega_c' = 30.8°$$

故满足系统相位裕度的要求。

4）校正装置参数的选择与计算。选择图 8-6 所示的无源网络滞后校正装置。因为 $T_2 = 3.5\text{s}$，故选 $R_2 = 350\text{k}\Omega$，则 $C_2 = 10\mu\text{F}$。

根据 $\alpha_i = \dfrac{R_1 + R_2}{R_2} = 14.3$，得 $R_1 = 4.72\text{M}\Omega$。

例 8-8　某电液伺服系统具有单位负反馈，其开环传递函数为

$$G(s) = \frac{K}{s(s+1)(0.5s+1)}$$

要求稳态速度误差系数 $K_v = 10$，相位裕度 $\gamma(\omega_c') \geq 50°$，幅值裕度 $K_g \geq 10\text{dB}$，幅值穿越频率 $\omega_c' \geq 1.2\text{rad/s}$，试设计无源串联校正装置。

解　1）根据稳态误差的要求确定系统开环放大系数 K。因为原系统为 I 型系统，所以 $K = K_v = 10$。当 $K = 10$ 时，画出原系统的开环伯德图，如图 8-40 所示。

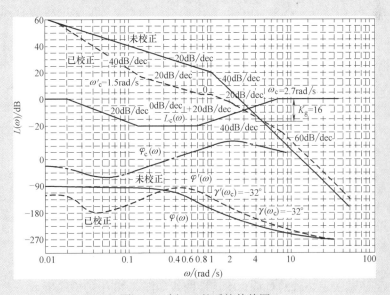

图 8-40　例 8-8 的系统伯德图

由图可得 $\omega_c = 2.7\mathrm{rad/s}$，$\gamma(\omega_c) = -32°$，说明未校正系统是不稳定的。

2）选择校正方式。先分析采用何种校正方式，方能满足性能指标的要求。显然采用一级超前校正无法实现如此大的相位超前；若采用两级超前校正，虽可以实现需要的相位超前，但响应速度将远远超出性能指标的要求，带宽过大，抗高频干扰能力变差，同时需要放大器，系统结构复杂，故本例不宜采用超前校正。如采用串联滞后校正，虽可实现相位裕度的要求，但响应速度又不能满足要求，同时滞后校正装置的转角频率必须远离 ω_c'，则校正装置的时间常数 T_2 将大大增加，物理上难以实现，故也不宜采取滞后校正。现拟采用无源串联滞后-超前网络来校正。

3）设计滞后-超前校正装置。首先是选择校正后系统的穿越频率 ω_c'。从原系统的伯德图可以看出，当 $\omega = 1.5\mathrm{rad/s}$ 时，原系统的相位为 $\varphi(\omega) = -180°$。故选择校正后的系统幅值穿越频率 $\omega_c' = 1.5\mathrm{rad/s}$ 较为方便。这样在 $\omega = 1.5\mathrm{rad/s}$ 处，所需相位超前角应 $\geq 50°$。

当 ω_c' 选定之后，下一步工作是确定滞后-超前校正网络相位滞后部分的转角频率 $\omega_1 = \dfrac{1}{T_2}$。

选 $\omega_1 = 0.1\omega_c'$，且取 $\alpha = 10$，则滞后部分的另一转角频率 $\omega_2 = \dfrac{1}{\alpha T_2} = 0.015\mathrm{rad/s}$，故滞后-超前校正网络滞后部分的传递函数 $G_{c1}(s)$ 就可确定为

$$G_{c1}(s) = \frac{\dfrac{1}{0.15}s+1}{\dfrac{1}{0.015}s+1} = \frac{6.67s+1}{66.7s+1}$$

滞后-超前校正网络超前部分可确定如下：

因为校正后的幅值穿越频率 ω_c' 选为 $1.5\mathrm{rad/s}$，从图8-40可以得出，未校正系统在 $\omega = \omega_c'$ 处对数幅值 $L(\omega_c') = 13\mathrm{dB}$。因此，如果滞后-超前校正网络在 $\omega = 1.5\mathrm{rad/s}$ 处产生 $-13\mathrm{dB}$ 幅值，则校正后的幅值穿越频率即为所求。根据这一要求，通过点（$1.5\mathrm{rad/s}$，$-13\mathrm{dB}$）作一条斜率为 $20\mathrm{dB/dec}$ 的斜线，该斜线与零分贝线及 $-20\mathrm{dB}$ 线的交点，就确定了超前部分的转角频率。从图8-40得超前部分的两个转角频率分别为 $1/T_1 = 0.7\mathrm{rad/s}$ 和 $\alpha/T_1 = 7\mathrm{rad/s}$，所以超前部分的传递函数为

$$G_{c2}(s) = \frac{\dfrac{1}{0.7}s+1}{\dfrac{1}{7}s+1} = \frac{1.43s+1}{0.143s+1}$$

将校正网络的滞后和超前两部分的传递函数组合在一起，就得到滞后-超前校正装置的传递函数为

$$G_c(s) = G_{c1}(s)G_{c2}(s) = \frac{(6.67s+1)(1.43s+1)}{(66.7s+1)(0.143s+1)}$$

上述滞后-超前校正装置的对数频率特性曲线如图8-40中的虚线所示。

4）验算性能指标。校正后系统的开环传递函数为

$$G(s)G_c(s) = \frac{10(6.67s+1)(1.43s+1)}{s(s+1)(0.5s+1)(66.7s+1)(0.143s+1)}$$

计算得校正后系统的相位裕度 $\gamma(\omega_c') = 50°$，幅值裕度 $K_g = 16\text{dB}$，且稳态速度误差系数 $K_v = 10$，幅值穿越频率 $\omega_c' = 1.5\text{rad/s}$。各项性能指标均满足要求。

5）确定校正网络参数。其方法与超前和滞后校正相同，此处从略。

习　题

8-1　试回答下列问题：

（1）如果期望 I 型系统在校正后成为 II 型系统，应当采用哪种控制规律可以满足要求，且能保证系统稳定工作？

（2）串联超前校正装置能改善系统的什么性能？能否用反馈校正来实现？

（3）在什么情况下，可以采用串联滞后校正来提高系统的稳定性？

8-2　如校正环节传递函数为 $\dfrac{T_1 s+1}{T_2 s+1}$，若要求作为超前-滞后校正环节，T_1 和 T_2 之间的关系应如何？

8-3　超前校正装置的传递函数分别为

（1）$G_1(s) = 0.1\left(\dfrac{s+1}{0.1s+1}\right)$

（2）$G_2(s) = 0.3\left(\dfrac{s+1}{0.3s+1}\right)$

（3）$G_3(s) = 0.9\left(\dfrac{s+1}{0.9s+1}\right)$

绘制它们的伯德图，并进行比较分析 α 大小对相位超前校正装置特性的影响。

8-4　滞后校正装置的传递函数分别为

（1）$G_1(s) = \dfrac{s+1}{5s+1}$

（2）$G_2(s) = \dfrac{s+1}{10s+1}$

（3）$G_3(s) = \dfrac{s+1}{20s+1}$

绘制它们的伯德图，并进行比较分析 β 大小对相位滞后校正装置特性的影响。

8-5　控制系统的开环传递函数为

$$G(s) = \frac{10}{s(0.5s+1)(0.1s+1)}$$

（1）绘制系统的伯德图，并求相位裕度。

（2）采用传递函数为 $G_c(s) = \dfrac{0.37s+1}{0.049s+1}$ 的串联超前校正装置。绘制校正后系统的伯德图，并求系统的相位裕度，讨论校正后系统的性能有何改进。

8-6　单位反馈系统的开环传递函数为

$$G(s) = \frac{4}{s(2s+1)}$$

设计一串联滞后校正装置，使系统的相位裕度 $\gamma(\omega) \geqslant 40°$，并保持原有的开环增益值。

8-7 单位反馈系统的开环传递函数为

$$G(s) = \frac{K}{s(s+1)}$$

设计串联超前校正装置，使系统满足下列要求：

（1）阻尼比 $\xi = 0.7$。

（2）调整时间 $t_s = 1.4s$。

（3）系统开环增益 $K = 2$。

8-8 设单位反馈系统的开环传递函数为

$$G(s) = \frac{126}{s\left(\frac{1}{10}s+1\right)\left(\frac{1}{60}s+1\right)}$$

设计一串联校正装置，使系统满足下列性能指标：

（1）斜坡输入信号为 1rad/s 时，稳态误差不大于 1/126rad。

（2）系统的开环增益不变。

（3）相位裕度不小于 30°，剪切频率为 20rad/s。

8-9 为了满足稳态性能，某单位反馈伺服系统的开环传递函数为

$$G(s) = \frac{200}{s(0.1s+1)}$$

试设计无源校正网络，使校正后系统的相位裕度 $\gamma(\omega_c') \geq 45°$，幅值穿越频率 $\omega_{c2} \geq 50$rad/s。

8-10 某单位反馈系统的开环传递函数为

$$G(s) = \frac{K}{s(0.5s+1)(0.1s+1)}$$

要求校正后系统的速度误差系数 $K_v \geq 7$，幅值裕度 $K_g \geq 15$dB，相位裕度 $\gamma(\omega_{c2}) \geq 45°$，若采用串联无源校正网络，试问采用何种校正方式？

8-11 某单位反馈系统的开环传递函数为

$$G(s) = \frac{K}{s\left(\frac{1}{10}s+1\right)\left(\frac{1}{60}s+1\right)}$$

当输入速度为 1rad/s 时，稳态位置误差为 $\Delta_{ss} = 1/126$rad，相位裕度 $\gamma(\omega_{c2}) \geq 30°$，幅值穿越频率 $\omega_{c2} \geq 20$rad/s。试确定采用何种无源校正网络，并说明为什么。

参 考 文 献

[1]   易孟林，陈彬. 现代控制工程原理［M］. 武汉：华中科技大学出版社，2008.
[2]   房丰洲. 机械工程控制基础［M］. 哈尔滨：黑龙江科学技术出版社，1989.
[3]   董玉红. 机械控制工程基础［M］. 2 版. 哈尔滨：哈尔滨工业大学出版社，2009.
[4]   陈康宁，机械工程控制基础［M］. 西安：西安交通大学出版社，1997.
[5]   王积伟，吴振顺. 控制工程基础［M］. 3 版. 北京：高等教育出版社，2019.
[6]   彭珍瑞，董海棠. 控制工程基础［M］. 2 版. 北京：高等教育出版社，2015.
[7]   玄兆燕. 机械控制工程基础［M］. 2 版. 北京：电子工业出版社，2016.
[8]   曾荣芳. 机械控制工程基础［M］. 北京：北京理工大学出版社，1988.
[9]   彭珍瑞. 控制工程基础［M］. 北京：中国铁道出版社，2005.
[10]   姚伯威. 控制工程基础［M］. 成都：电子科技大学出版社，1995.
[11]   王益群，孔祥东. 控制工程基础［M］. 北京：机械工业出版社，2001.
[12]   刘恒玉. 机电控制工程基础［M］. 北京：中央广播电视大学出版社，2001.
[13]   韩致信，袁朗，姚运萍. 机械自动控制工程［M］. 北京：科学出版社，2004.
[14]   张若青，罗学科，王民. 控制工程基础及 MATLAB 实践［M］. 北京：高等教育出版社，2008.
[15]   梁其俊，张永相. 控制工程基础［M］. 重庆：重庆大学出版社，1994.
[16]   曹军. 控制工程基础［M］. 哈尔滨：东北林业大学出版社，2002.
[17]   柳洪义，罗忠，宋伟刚，等. 机械工程控制基础［M］. 2 版. 北京：科学出版社，2011.
[18]   王益群，钟毓宁. 机械控制工程基础［M］. 武汉：武汉理工大学出版社，2001.
[19]   冯淑华. 机械控制工程基础［M］. 北京：北京理工大学出版社，1991.
[20]   胡贞，李明秋. 控制工程基础［M］. 北京：国防工业出版社，2006.
[21]   祝守新，邢英杰，关英俊. 机械工程控制基础［M］. 2 版. 北京：清华大学出版社，2015.
[22]   杨叔子，杨克冲，吴波，等. 机械工程控制基础［M］. 7 版. 武汉：华中科技大学出版社，2017.